“十四五”江苏省高等学校重点教材

单片机原理与工程应用设计开发教程

主　编　张青春　白秋产
副主编　付丽辉　郑蓉建
参　编　段卫平　陈　云　袁　尧

本书配有以下教学资源：
☆ 教学课件
☆ 习题答案

机 械 工 业 出 版 社

本书针对应用型本科教育和新工科的特点，结合相关专业类国家工程教育认证标准，为适应当今社会对专业人才的需求，以提升学生实践应用能力为目标，精心组织内容。本书主要内容包括微型计算机基础、MCS-51单片机的结构及原理、MCS-51单片机的指令系统与汇编语言程序设计、C51语言程序设计、单片机应用系统的开发工具，以及MCS-51单片机的中断系统、定时/计数器、串行接口和单片机接口技术应用设计等。

本书在编写体系上有所创新，组织结构合理，内容安排符合学习规律，注重工程实践训练和创新能力的培养，突出案例化、项目化、实践性和应用性的特点，是一本以单片机技术与工程应用为主线的特色教材。

本书可作为电气工程、自动化、测控技术与仪器、电子信息、通信、物联网、应用物理、机器人等应用型本科专业的教材，也可作为相关专业技术人员的参考资料。

本书配有免费的电子课件和习题答案，欢迎选用本书作教材的老师发邮件到 jinacmp@163.com 索取，或登录 www.cmpedu.com 注册下载。

图书在版编目（CIP）数据

单片机原理与工程应用设计开发教程/张青春，白秋产主编. —北京：机械工业出版社，2022.12（2025.2重印）

“十四五”江苏省高等学校重点教材

ISBN 978-7-111-71885-7

Ⅰ.①单… Ⅱ.①张… ②白… Ⅲ.①单片微型计算机—程序设计—高等学校—教材 Ⅳ.①TP368.1

中国版本图书馆CIP数据核字（2022）第198122号

机械工业出版社（北京市百万庄大街22号 邮政编码100037）
策划编辑：吉 玲 责任编辑：吉 玲 杨晓花
责任校对：肖 琳 李 婷 封面设计：张 静
责任印制：张 博
北京建宏印刷有限公司印刷
2025年2月第1版第4次印刷
184mm×260mm · 14.75印张 · 374千字
标准书号：ISBN 978-7-111-71885-7
定价：48.00元

电话服务
客服电话：010-88361066
010-88379833
010-68326294

网络服务
机 工 官 网：www.cmpbook.com
机 工 官 博：weibo.com/cmp1952
金 书 网：www.golden-book.com
机工教育服务网：www.cmpedu.com

前　言

本书是“十四五”江苏省高等学校重点教材，内容体系基于教材编写团队完成的2018年教育部高等学校仪器类专业新工科建设项目（2018C012）成果。

单片机技术是现代电子系统设计、智能控制的核心技术，其相关课程是电子信息、电气工程及其自动化、测控技术与仪器、自动化、物联网技术、机器人、机电一体化、计算机应用等相关专业的必修课程。为顺应新经济发展的要求，培养具有工程意识、创新实践能力、适应经济社会发展的高素质应用型工程技术人才，依据相关专业类国家工程教育认证标准、自动化类和仪器类等专业教学质量国家标准、新工科建设的总体要求和国家中长期及“十四五”有关智能化仪器仪表、物联网等产业发展规划，针对应用型本科专业课程体系及实践教学环节的要求，教材编写组以二十余年单片机应用经历和教学经验为基础，编写了本书。

本书的主要特色如下：

1）践行“立德树人”根本任务，将课程思政有机融入教学内容中。针对目前单片机仿真平台基本被国外大公司垄断而造成我国高新技术受制于人的被动局面，阐述发展民族产业、自主创新的重要性；联系我国5G技术、龙芯芯片、北斗导航等先进技术，激励学生刻苦好学、积极进取，增强使命担当。

2）强化理论知识和工程应用能力的无缝衔接。本书采用工程化设计方法，将整个理论体系进行有序分解后融入功能模块和工程应用训练的实现过程中。在每一个工程训练项目编写中，勾勒出该项目所涉及的理论基础，以方便教师组织学生进行必要的理论准备；所有的项目秉承由简入深的原则，通过渐进学习、逐步提高，完善学生的知识面。本书编写的工程训练项目具有独立性与延展性，涵盖了单片机结构及原理、汇编程序设计、C51语言程序设计、开发工具、接口技术等内容，强化了知识、工程能力和素质的综合培养。绝大多数章节配置了工程训练实例，从工程任务要求、需求分析、硬件设计、软件设计和系统联调等方面按照工程化要求进行教学和训练。

3）实现汇编语言和C51语言有机整合。汇编语言是一种用助记符来表示机器指令的符号语言，是最接近机器码的一种语言，学习汇编语言更有利于加强学生对单片机原理的理解；C51语言是一种编译型程序设计语言，具有功能丰富的库函数、良好的可移植性，而且运算速度快，可以直接实现对系统硬件的控制。本书典型工程训练既有汇编语言版软件程序，也有C51语言版软件程序，尤其在最新流行的串行扩展技术中主程序采用C51程序，器件底层读写程序采用汇编程序，从而把C51语言的高效、易移植和汇编语言的精准、执行速度快等特点结合起来，实现了二者的优势互补、有机融合。

4）应用新技术改变教学手段和教学方法。本书在介绍单片机硬件结构原理与软件程序语言的基础上，着力将Proteus和Keil C仿真开发工具的内容作为独立章节，一方面解决单片机难教、难学的问题，通过Proteus和Keil C的仿真调试，不仅加深了学生对硬件原理、软件算法功能的理解，而且让抽象枯燥的理论学习变得生动有趣；另一方面则可以快速学习单片机应用工程创建方法与步骤。

5）完成所有工程案例的硬件软件全调试。所有硬件电路都有原理图的电子文件（.DSN），学生在Proteus 7.0以上版本环境中都可以打开；所有工程案例的软件工程文件（.uvproj）和源程序代码文件（.c或者.asm）都有电子文档，学生可以对硬件和软件进行二次开发和移植，既容易上手学习单片机技术原理，又方便在此基础上进行单片机工程应用开发。

6）延展微机的一般结构原理和接口技术。本书第1章在介绍微机组成与工作原理的基础上引入单片机的概念，使学生熟悉、了解计算机的一般组成和工作原理，认识到单片机也是计算机的一种，具有计算机的一般结构，符合计算机的一般工作原理，只是每个功能单元资源、性能和应用场景与微机有一定差异，这样使得单片机的学习具有更大的延展性，也为后续的嵌入式系统学习打下坚实基础。

本书由淮阴工学院张青春、白秋产主编，课程共建单位淮安中科晶上智能网联研究院有限公司的袁尧、江苏红光仪表厂有限公司的陈云为教材编写提供了部分应用案例。第1、4、5章及附录由白秋产编写，第2、3章由付丽辉编写，第6、7章由郑蓉建、段卫平编写，前言、第8、9章由张青春编写，张青春负责全书统稿工作。

本书所列参考文献为我们提供了宝贵而丰富的参考资料，在此对参考文献的作者表示诚挚的谢意。

由于编者水平有限，书中难免有疏漏和不妥之处，恳请各位专家和读者不吝赐教，以利于不断完善。编者邮箱：1524668968@qq.com。

编　者

目录

第1章 微型计算机基础

计算机(computer)俗称电脑，是现代一种用于高速计算的电子计算机器，可以进行数值计算，又可以进行逻辑计算，还具有存储记忆功能。它是能够按照程序运行，自动、高速处理海量数据的现代化智能电子设备。

现在大多数计算机是根据“现代电子计算机之父”冯·诺依曼的“程序存储、程序控制”思想设计的：由运算器、存储器、控制器、输入设备、输出设备五大基本部件组成计算机系统，并规定了五大部件的基本功能；计算机内部采用二进制表示数据和指令；程序存储、程序控制(将程序事先存入主存储器中，计算机在工作时能在不需要操作人员干预的情况下，自动逐条取出指令并加以执行)。

计算机按照规模分类，可分为巨型计算机、大型计算机、中型计算机、小型计算机和微型计算机(personal computer)。微型计算机简称微机，是由大规模集成电路组成的、体积较小的电子计算机。它的硬件是以微处理器为基础，配以内存储器及输入输出(I/O)接口电路和相应的辅助电路。

1.1 数制与编码

计算机的硬件是由逻辑电路组成的。逻辑电路是一种离散信号的传递和处理，以二进制为原理、实现数字信号逻辑运算和操作的电路。计算机要能够处理十进制的数值数据、西文字符、中文字符、音频、图像、图形、视频、动画等，就需要进行数制转换和编码。

1.1.1 数制及其转换方法

1. 数制

数制是对数量计数的一种统计规则，数制规定了数字量每一位的组成方法和从低位到高位的进位方法。对于任意 r 进制数可以表示为

$$\sum_{i=-m}^{n} a_i r^i = a_{-m}r^{-m}+\cdots+a_{-2}r^{-2}+a_{-1}r^{-1}+a_0r^0+a_1r^1+\cdots+a_nr^n$$

进位计数制有数码、基数和位权三个要素。

数码是数制中表示基本数值大小的不同数字符号。如十进制有 10 个数码：0、1、2、3、4、5、6、7、8、9。

基数是数制所使用数码的个数。如二进制的基数为 2，十进制的基数为 10。

位权是数制中某一位上的 1 所表示数值的大小(所处位置的价值)。如十进制的 123，

1 的位权是 100，2 的位权是 10，3 的位权是 1。

2. 计算机中常用的数制

计算机中常用的数制有十进制数、二进制数和十六进制数，见表 1.1。

表 1.1　计算机中常用的数制

数制	数　码	基数	计 数 规 则	书写后缀
十进制	0，1，2，3，4，5，6，7，8，9	10	逢十进一，借一当十	D
二进制	0，1	2	逢二进一，借一当二	B
十六进制	0，1，2，3，4，5，6，7，8，9，A，B，C，D，E，F	16	逢十六进一，借一当十六	H

数制一般用两种格式书写表示：

1）用括号将数字括起，后面加数制基数下标。如二进制数 01100111 表示成 $(01100111)_2$，十六进制数 67 表示成 $(67)_{16}$，十进制数 78 表示成 $(78)_{10}$。

2）在数据后面加进制后缀。如二进制数 01100111 表示成 01100111B，十六进制数 67 表示成 67H，十进制数 78 表示成 78D。

3. 数制之间的转换

（1）十进制整数转换成二进制、十六进制整数

转换方法：把要转换的数除以新进制的基数，把余数作为新进制的最低位；把上一次得到的商再除以新的进制基数，把余数作为新进制的次低位；继续上一步，直到最后的商为零，这时的余数就是新进制的最高位。如十进制数 113 转换成二进制数和十六进制数方法如下：

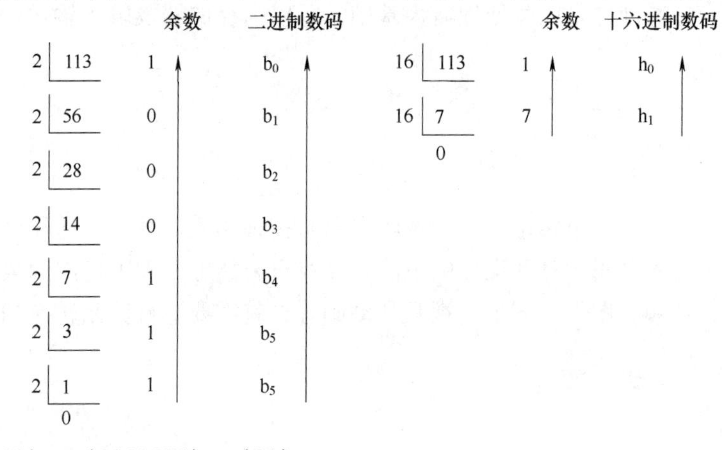

所以，$(113)_{10}=(1110001)_2=(71)_{16}$。

（2）二进制、十六进制整数转换成十进制整数

转换方法：按照进制的加权展开式展开，然后按照十进制数运算求和。例如：

$1011101B=1\times2^6+0\times2^5+1\times2^4+1\times2^3+1\times2^2+0\times2^1+1\times2^0=93D$

$0EBH=14\times16^1+11\times16^0=235D$

（3）二进制整数与十六进制整数之间的转换

二进制整数转换成十六进制整数的方法：从低位开始，每 4 位二进制数为一组，用对应的 1 位十六进制数表示；不足 4 位的，高位补 0 组成 4 位。例如：

101100B = $\underline{0010}$ $\underline{1100}$B = 2CH

十六进制整数转换成二进制整数的方法与二进制整数转换成十六进制整数的方法过程相反，即把每位十六进制数用对应的 4 位二进制数表示。例如：

3FH = 0011 1111B = 111111B

1.1.2 微型计算机中数的表示方法

数学中数有整数和小数之分、有正数和负数之分。前面论述过在计算机中数据是由具有两个状态的逻辑电路组成，这两种状态可以用 1 和 0 表示，计算机处理的信息(数值型数据、西文字符、中文汉字等)都是采用 1 和 0 编码表示。小数有定点数和浮点数两种表示方式，详细相关知识可参考“计算机组成原理”等课程。

1. 无符号数表示

无符号数(unsigned number)是相对于有符号数而言的，指的是整个机器字长的全部二进制位均表示数值位，相当于数的绝对值。8 位二进制无符号整数范围为 00000000B ~ 11111111B(对应十进制范围为 0 ~ 255D)，16 位二进制无符号整数范围为 0000000000000000B ~ 1111111111111111B(对应十进制范围为 0~65535D)。

2. 有符号数表示

有符号数的二进制中包括符号位和数值位两部分，通常用最高位作为符号位，0 代表“+”，1 代表“-”；其余数位用作数值位。计算机中普遍采用补码来表示有符号数。

(1) 原码

原码表示方法：最高位表示符号位，0 代表“+”，1 代表“-”，其余位为数值位。例如：

$[+32D]_{原} = 00100000B$，$[-32D]_{原} = 10100000B$

8 位二进制原码表示的数据范围为-127D ~ +127D。

(2) 反码

反码表示方法：正数的反码和原码相同；负数的反码为符号位不变，原码的数值位取反。例如：

$[+32D]_{反} = 00100000B$，$[-32D]_{反} = 11011111B$

8 位二进制反码表示的数据范围为-127D ~ +127D。

(3) 补码

补码表示方法：正数的补码和反码、原码相同；负数的补码为符号位不变，反码的数值末位加 1。规定补码 10000000 表示-128。例如：

$[+32D]_{补} = 00100000B$，$[-32D]_{补} = 11100000B$

8 位二进制补码表示的数据范围为-128D ~ +127D。

1.1.3 微型计算机中的常用编码

1. BCD 编码

在微型计算机中，数据处理都是以二进制数形式进行的，而在微机的人机交互设备(输入输出设备)中，人们习惯采用传统的十进制数形式，所以就产生了用 4 位二进制表示 1 位十进制数的方法，即 BCD 码。

(1) BCD 码编码规则

8421BCD 码是最基本和最常用的 BCD 码，它和 4 位自然二进制码相似，各位的权值为 8、4、2、1，故称为有权 BCD 码。与 4 位自然二进制码不同的是，它只选用了 4 位二进制码中的前 10 组代码，即用 0000~1001 分别代表它所对应的十进制数，余下的 6 组代码不用。十进制数与 8421 BCD 码的对应关系见表 1.2。

表 1.2 十进制数与 8421 BCD 码的对应关系

十进制数	8421 BCD 码	十进制数	8421 BCD 码
0	0000	5	0101
1	0001	6	0110
2	0010	7	0111
3	0011	8	1000
4	0100	9	1001

(2) 8421 BCD 码格式

由于 8421 BCD 码是用 4 位二进制表示 1 位十进制数，所以一个字节可以表示两位十进制数，这种 8421 BCD 码称为压缩 8421 BCD 码，如 78D 的压缩 BCD 码是 01111000。如果用一个字节的低 4 位表示 1 位十进制数，高 4 位用 0000 表示，这种 8421 BCD 码称为非压缩 8421 BCD 码，如 78D 的非压缩 BCD 码是 0000011100001000。

2. ASCII 码

在计算机中，所有的数据在存储和运算时都要使用二进制数表示(因为计算机用高电平和低电平分别表示 1 和 0)，如 a、b、c、…这样的 52 个字母(包括大写)以及 0、1 等数字，还有一些常用的符号(如 *、#、@ 等)在计算机中存储时也要使用二进制数来表示，而具体用哪些二进制数表示哪个符号，每个人都可以约定自己的一套规则(这就是编码)，而如果彼此要想互相通信而不造成混乱，那么就必须使用相同的编码规则，于是美国有关的标准化组织就出台了 ASCII 编码，统一规定了常用符号用哪些二进制数来表示。

美国信息交换标准代码是由美国国家标准学会(American national standard institute, ANSI)制定的，是一种标准的单字节字符编码方案，用于基于文本的数据。它最初是美国国家标准，供不同计算机在相互通信时用作共同遵守的西文字符编码标准，后来被国际标准化组织(international organization for standardization, ISO)定为国际标准，称为 ISO 646 标准。ASCII 码使用指定的 7 位或 8 位二进制数组合来表示 128 或 256 种可能的字符。标准 ASCII 码也称基础 ASCII 码，使用 7 位二进制数(剩下的 1 位二进制为 0)来表示所有的大写和小写字母，数字 0~9、标点符号，以及在美式英语中使用的特殊控制字符，详见附录 A。

1.2 微型计算机原理

1943—1946 年美国宾夕法尼亚大学研制的电子数字积分器和计算机(electronic numerical and computer, ENIAC)是世界上第一台电子多用途计算机。此计算机被称为现代计算机的始祖。与此同时，冯·诺依曼与莫尔小组合作研制了 EDVAC 计算机，与 ENIAC 不同，EDVAC 采用二进制，提出了计算机采用存储程序方案。其后开发的从巨型机到微型机都遵循这个基本原理。

1.2.1 计算机的基本结构

根据冯·诺依曼的“存储程序”和“二进制运算”的计算机设计思想，计算机的基本结构包括运算器、控制器、存储器、输入和输出设备，如图 1.1 所示。

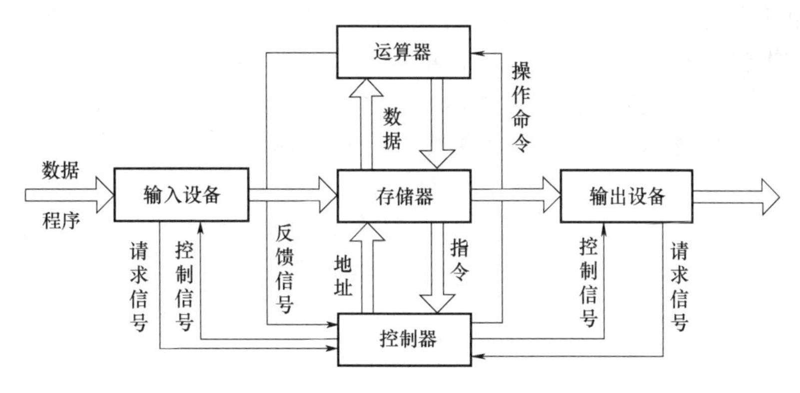

图 1.1　计算机的基本结构

1.2.2　微型计算机的基本组成

计算机的发展先后经历了电子管、晶体管、大规模集成电路和超大规模集成电路为主要器件的 4 个发展时代。计算机总的发展趋势是朝着巨型化、微型化、网络化、智能化、多媒体化发展。微型计算机即微型机，是在大规模集成电路和超大规模集成电路制造工艺下，把运算器和控制器都集成在一个芯片上。微型计算机由 CPU（运算器和控制器）、存储器（ROM、RAM）、输入/输出接口（I/O 接口）和总线组成，如图 1.2 所示。

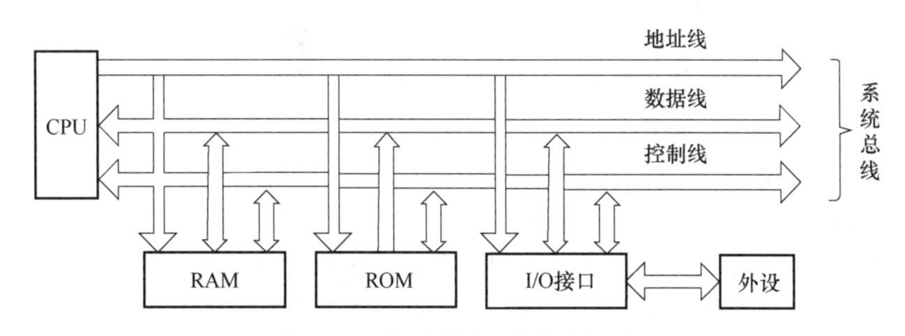

图 1.2　微型计算机的基本组成

1. CPU

CPU 是计算机硬件的核心，主要包括运算器和控制器两大部分，控制着整个计算机系统的工作。计算机的性能主要取决于 CPU 的性能。

（1）运算器

运算器又称为算术逻辑单元（arithmetic logic unit，ALU）。操作时，控制器从存储器取出数据，运算器进行算术运算或逻辑运算，并把处理后的结果送回存储器。

（2）控制器

控制器的主要作用是使整个计算机能够自动地运行。执行程序时，控制器从主存中取出相应的指令数据，然后向其他功能部件发出指令所需的控制信号，完成相应的操作，再从主存中取出下一条指令执行，如此循环，直到程序完成。

2. 存储器

存储器的主要功能是存放程序和数据，程序是计算机操作的依据，数据是计算机操作的对象。存储器分为内存、外存和高速缓存。

(1) 内存

内存又称主存储器，是微机中存放数据和各种程序的装置。内存可分为只读(ROM)和随机存取存储器(RAM)。微机的 BIOS(basic input output system)程序固化到微机主板 ROM 芯片内。BIOS 是微机最重要的基本输入输出程序、系统设置信息、开机后自检程序和系统自启动程序，主要功能是为计算机提供最底层的、最直接的硬件设置和控制。微机的 RAM 一般指内存条(又称主存)，用于暂时存放 CPU 中的运算数据、与硬盘等外部存储器交换的数据。主存是外存与 CPU 进行沟通的桥梁，微机中所有程序的运行都在内存中进行，内存性能的强弱影响微机整体发挥的水平。只要微机开始运行，操作系统就会把需要运算的数据从内存调到 CPU 中进行运算，当运算完成，CPU 将结果传送出来。主存具有速度快、容量小、价格较高、掉电重启信息会丢失等特点。

(2) 外存

外存即外存储器，又称辅助存储器(简称辅存)，主要包括硬盘、U 盘和移动硬盘等。内存储器用于存放那些立即要用的程序和数据；外存储器用于存放暂时不用的程序和数据。在微机工作过程中，内存储器和外存储器之间常常频繁地交换信息。外存通常是磁性介质或光盘，如硬盘、软盘、CD 等，能长期保存信息，并且不依赖于电来保存信息，但外存由机械部件带动，速度与 CPU 相比显得慢得多。

(3) 高速缓存(Cache)

高速缓存即高速缓冲存储器，是存在于主存与 CPU 之间的一级存储器，由静态存储芯片(SRAM)组成，容量比较小但速度比主存高得多，接近于 CPU 的速度。在计算机技术发展过程中，主存储器存取速度一直比中央处理器操作速度慢得多，导致中央处理器的高速处理能力不能充分发挥，整个计算机系统的工作效率受到影响。在微机上采用高速缓冲存储器来缓和中央处理器和主存储器之间速度不匹配的矛盾。

3. 输入/输出接口

微机输入/输出接口用于外部设备或用户电路与 CPU 之间进行数据、信息交换以及控制。要使用微型计算机总线把外部设备和用户电路连接起来，需要使用微型计算机的总线接口；当微型计算机系统与其他系统直接进行数字通信时，应使用通信接口。

所谓总线接口是把微型计算机总线通过电路插座提供给用户的一种总线插座，供插入各种功能卡。插座的各个引脚与微型计算机总线的相应信号线相连，用户只要按照总线排列的顺序制作外部设备或用户电路的插线板，即可实现外部设备或用户电路与系统总线的连接，使外部设备或用户电路与微型计算机系统成为一体。常用的总线接口有AT总线接口、PCI 总线接口、IDE 总线接口等。AT 总线接口多用于连接 16 位微型计算机系统中的外部设备，如 16 位声卡、低速的显示适配器、16 位数据采集卡以及网卡等。PCI 总线接口用于连接 32 位微型计算机系统中的外部设备，如 3D 显示卡、高速数据采集卡等。IDE 总线接口主要用于连接各种磁盘和光盘驱动器，可以提高系统的数据交换速度和能力。

通信接口是指微型计算机系统与其他系统直接进行数字通信的接口电路，通常分为串行通信接口和并行通信接口两种，即串口和并口。串口用于把像 modem 这种低速外部设备与微型计算机连接，传送信息的方式是一位一位地依次进行。串口的标准是电子工业协会的(electronics industry association，EIA)RS-232C 标准。串口的连接器有 D 型 9 针插座和 D 型 25 针插座两种，位于计算机主机箱的后面板上。鼠标就是连接在这种串口上。并口多用于连接打印机等高速外部设备，传送信息的方式是按字节进行，即 8 个二进制位同时进行。

PC 使用的并口为标准并口 Centronics。打印机一般采用并口与计算机通信，并口也位于计算机主机箱的后面板上。

I/O 接口一般做成电路插卡的形式，通常称为适配卡，如软盘驱动器适配卡、硬盘驱动器适配卡(IDE 接口)、并行打印机适配卡(并口)、串行通信适配卡(串口)，还包括显示接口、音频接口、网卡接口(RJ45 接口)、调制解调器使用的电话接口(RJ11 接口)等。在 386 以上的微型计算机系统中，通常将这些适配卡做在一块电路板上，称为复合适配卡或多功能适配卡，简称多功能卡。

1.2.3 指令、程序与编程语言

一个微机系统由硬件系统和软件系统两部分组成。微机硬件是组成一台微型计算机的各种物理装置，是计算机工作的物质基础。在此基础上，微机采用冯·诺依曼的“存储程序”的工作方式，先把程序存储到微机的存储器中，然后启动微机，微机就会自动地按照程序进行工作。硬件和软件相辅相成，缺一不可。硬件是基础，是“大脑”，而软件是“灵魂”，是“大脑”中的知识。

计算机软件是指在硬件设备上运行的各种程序及其有关资料。程序是用于指挥计算机执行各种动作以便完成指定任务的指令序列。指令是微机完成规定操作的命令，一条指令通常由操作码和地址码组成。计算机软件系统是指能够相互配合、协调工作的各种计算机软件。计算机软件系统包括系统软件和应用软件，系统软件又包括操作系统、语言处理程序、数据库管理系统和实用程序。

计算机编程语言是程序设计的最重要的工具，它是指计算机能够接收和处理的、具有一定语法规则的语言。从计算机诞生至今，计算机编程语言经历了机器语言、汇编语言和高级语言几个阶段。

机器语言是微机硬件能直接识别的程序语言或指令代码，每一个机器语言操作码在计算机内部都有相应的电路来完成它。机器语言具有能够直接执行和执行快的优点，但可读性和移植性差，编程难度较大。

汇编语言是用一些容易理解和记忆的字母、单词来表示指令，是面向机器的程序设计语言。比起机器语言，汇编语言保留了高速度和高效率的特点，但移植性差。

高级语言是一个不依赖于计算机硬件，能够在不同机器上运行的程序，具有编程效率高、移植性好的特点。

1.2.4 微型机的工作过程

微型机的基本工作过程就是执行程序的过程，程序的执行可分为取指令、分析指令、执行指令，以及为取下一个指令做准备的循环操作过程。

(1) 取指令阶段

取指令(instruction fetch)阶段是将一条指令从主存中取到指令寄存器的过程。程序计数器 PC 中的数值，用来指示当前指令在主存中的位置。当一条指令被取出后，PC 中的数值将根据指令字长度而自动递增：若为单字长指令，则(PC)+1；若为双字长指令，则(PC)+2，依此类推。

(2) 指令译码阶段

取出指令后，计算机立即进入指令译码(instruction decode)阶段。在指令译码阶段，指令译码器按照预定的指令格式，对取回的指令进行拆分和解释，识别区分出不同的指令类别

以及各种获取操作数的方法。

(3) 访存取数阶段

根据指令需要，有可能要访问主存，读取操作数，这样就进入了访存取数(access memory)阶段。此阶段的任务是根据指令地址码，得到操作数在主存中的地址，并从主存中读取该操作数用于运算。

(4) 执行指令阶段

在取指令和指令译码阶段之后，接着进入执行指令(execute)阶段。此阶段的任务是完成指令所规定的各种操作，具体实现指令的功能。为此，CPU 的不同部分被连接起来，以执行所需的操作。

(5) 结果写回阶段

作为最后一个阶段，结果写回(write back)阶段把执行指令阶段的运行结果数据写回到某种存储形式：结果数据经常被写到 CPU 的内部寄存器中，以便被后续的指令快速地存取；在有些情况下，结果数据也可被写入相对较慢但较廉价且容量较大的主存。许多指令还会改变程序状态字寄存器中标志位的状态，这些标志位表示不同的操作结果，可被用来影响程序的动作。

(6) 循环阶段

在指令执行完毕、结果数据写回之后，若无意外事件(如结果溢出等)发生，计算机就接着从程序计数器 PC 中取得下一条指令地址，开始新一轮的循环，下一个指令周期将顺序取出下一条指令。

1.2.5 微型机、单板机与单片机

微型机一般指办公的桌面个人计算机(personal computer)。从外观看，微型机的基本配置是主机箱、键盘、鼠标和显示器 4 个部分，如图 1.3 所示。

图 1.3 微型机外观

主机箱由 CPU、主板、硬盘、显卡、内存、电源组成，如图 1.4 所示。

单板机是把微型计算机的整个功能体系电路(CPU、ROM、RAM、输入/输出接口电路以及其他辅助电路)全部组装在一块印制电板上，再用印制电路将各个功能芯片连接起来，如图 1.5 所示。

单片机(single-chip microcomputer)是把具有数据处理能力的中央处理器(CPU)、随机存储器(RAM)、只读存储器(ROM)、多种 I/O 口和中断系统、定时/计数器等功能(有些还包括显示驱动电路、脉宽调制电路、模拟多路转换器、A/D 转换器等电路)集成到一块硅片上的微型计算机系统，如图 1.6 所示。

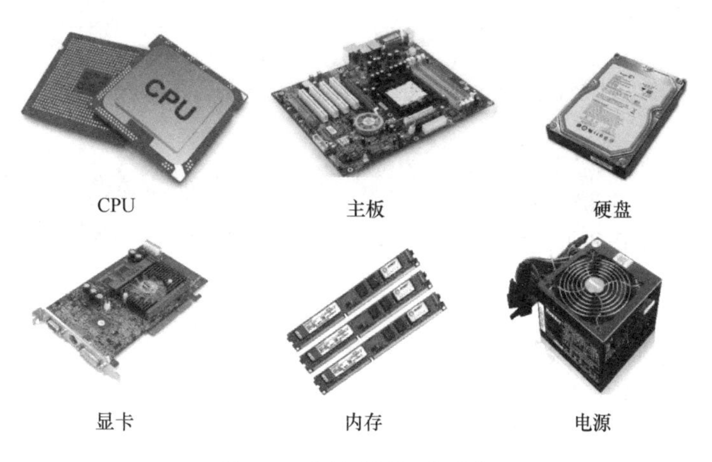

图 1.4 主机主要组成部件

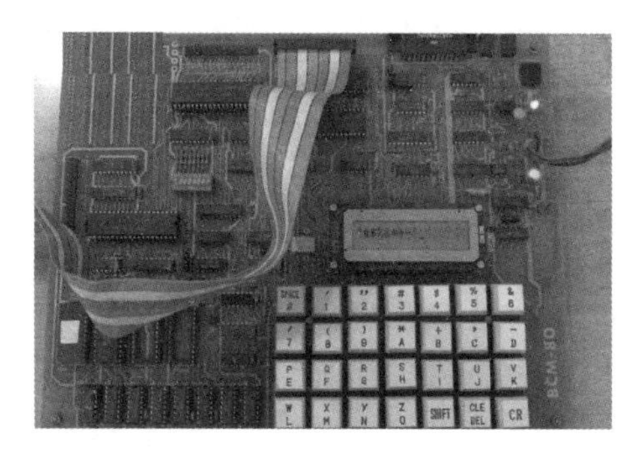

图 1.5 单板机

图 1.6 单片机

本章小结

1）数制是用一组固定的符号和统一的规则来表示数值的方法，计算机中常用的数制有十进制、二进制、八进制和十六进制。计算机中的数据常用补码来存储。计算机的常见编码是 BCD 码和 ASCII 码。

2）微型计算机是基于冯·诺依曼的“存储程序”和“二进制运算”的思想设计的。微型计算机的经典结构是由运算器、控制器、存储器、输入和输出设备组成。按照微型计算机的组装形式可以分为多板微型计算机（如常见的 PC）、单板机和单片机。

习题与思考题

1. 简述计算机在社会各行各业的应用情况，谈谈冯·诺依曼对计算机的贡献。

2. 把下列十进制数转换成二进制数和十六进制数。

（1）125

（2）74

3. 把下列十六进制数转换成二进制数和十进制数。

（1）F3

（2）ABCE

4. 写出下列十进制数用 8 位和 16 位二进制表示的原码和补码。

(1) 14

(2) -14

5. 以下为十六进制数，当把它们分别看作无符号数或者字符的 ASCII 码值时，写出它们所表示的十进制数和字符。

(1) 33

(2) 47

6. 写出用压缩的 BCD 码和非压缩的 BCD 码表示的下列各十进制数。

(1) 4

(2) 24

7. 简述微型计算机的基本组成。

8. 简述微型计算机的工作过程。

9. 简述微型机、单板机与单片机的区别。

第2章 MCS-51单片机的结构及原理

单片机又称单片微控制器，它不是完成某一个逻辑功能的芯片，而是把一个计算机系统集成到一块芯片上，相当于一个微型计算机。与计算机相比，单片机只缺少了I/O设备。单片机的发展先后经历了4位、8位、16位和32位等阶段。8位单片机在中、小规模应用场合仍占主流地位。8位单片机主要有3个系列：51系列、AVR系列和PIC系列，其中51系列单片机的学习和应用最广泛。51系列以Intel MCS51为核心，很多公司购买了Intel MCS51，以它为核心生产自己的51单片机，主要有Atmel公司(如AT89S52等)，STC公司(如STC89C52RC)、华邦、摩托罗拉、ST公司等。

2.1 单片机概述

单片微型计算机简称单片机。一块芯片上集成了中央处理器(CPU)、随机存取存储器(RAM)、只读存储器(ROM)、定时/计数器及I/O接口电路等，构成了一个完整的微型计算机。

单片机为工业测控而设计，主要应用于工业检测与控制、计算机外设、智能仪器仪表、通信设备、家用电器等，特别适合嵌入式微机应用系统，其特点是高性能、高速度、体积小、价格低廉、稳定可靠、应用广泛。

从微型计算机技术的两大发展分支来看，可以分成通用微型计算机系统(universal micro-computer system)及嵌入式计算机系统(embedded computer system)。其中，通用微型计算机系统是为了满足众多普通应用场合需要而发展的一类个人计算机系统，其技术要求为高速计算、海量存储，且以不断提升CPU速度，不断扩大存储容量为发展方向，个人计算机就是通用微型计算机系统的一种；嵌入式计算机系统是能嵌入到对象体系中，以实现对象体系智能化为目的的一类专用计算机系统，其技术要求必须满足对象体系的物理、电气和环境以及产品成本等要求，发展方向是与对象体系密切相关的嵌入性能、控制能力与控制可靠性。单片机就属于嵌入式计算机系统，是将通用微型计算机基本功能部件集成在一块芯片上构成的一种专用微型计算机系统。

单片机主要具有以下特点：

1）有优异的性能价格比。

2）集成度高、体积小、有很高的可靠性。单片机把各功能部件集成在一块芯片上，内部采用总线结构，减少了各芯片之间的连线，大大提高了单片机的可靠性与抗干扰能力。另外，其体积小，对于强磁场环境易于采取屏蔽措施，适合于在恶劣环境下工作，也易于产品化。

3）控制功能强。为了满足工业控制的要求，一般单片机的指令系统中均有极其丰富的转移指令、I/O 接口的逻辑操作及位处理指令。一般来说，单片机的逻辑控制功能及运行速度均高于同一档次的微机。

4）单片机的系统扩展、系统配置较典型、规范，非常容易构成各种规模的应用系统。

单片机的应用打破了传统的微型计算机设计思想，原来很多用模拟电路、脉冲数字电路、逻辑部件来实现的功能，现在均可以使用单片机，通过软件来完成。

Intel 是半导体行业和计算创新领域的全球领先厂商。根据 Gartner 公司发布的 2020 年半导体行业的统计报告，按照销售收入，Intel 排名全球第一。Intel 是最早研制出 8 位单片机的公司。Intel 的 51 系列单片机硬件结构合理，指令系统规范。世界上许多著名的芯片公司都购买了 51 芯片的核心专利技术。MCS-51 系列是 8 位单片机的典型代表，因此，本书主要以 MCS-51 系列产品为主线进行介绍。

2.1.1 单片机的发展概况

1. 计算机的产生和发展

1946～1957 年为第一代计算机的产生和发展时期，1957～1964 年为第二代计算机的产生和发展时期，1964～1970 年为第三代计算机的产生和发展时期，20 世纪 70 年代以后，是第四代计算机兴盛和第五代计算机萌芽的时期。第四代计算机是指大规模集成电路计算机，第五代计算机则是智能式计算机。

2. 单片机的产生和发展

单片机的发展经历了 4 个阶段：

第一阶段(1970～1974 年)：为 4 位单片机阶段。特点：价格低廉、控制功能强、片内有多种 I/O 接口(包括 A/D 转换、D/A 转换、声音合成等电路)。主要应用于录音机、摄像机、电视机等产品中。

第二阶段(1974～1978 年)：为低中档 8 位单片机阶段，是 8 位单片机的早期产品，以 Intel 公司的 MCS-48 系列单片机为代表。该系列单片机在片内集成 8 位 CPU、并行 I/O 口、8 位定时/计数器、RAM 和 ROM 等，无串行接口，RAM 和 ROM 容量小，寻址范围不大于 4KB。

第三阶段(1978～1983 年)：为高档 8 位单片机阶段。片内增加了串行接口，有多级中断处理功能，16 位定时/计数器，RAM 和 ROM 容量增大，寻址范围可达 64KB。这类单片机功能强，应用领域广，是目前各类单片机中应用最多的一种。

第四阶段(1983 年至今)：为 8 位单片机巩固发展阶段，以及 16 位、32 位单片机推出阶段。16 位单片机为 16 位 CPU，RAM 为 232B，ROM 为 8KB，其他功能更强。32 位单片机比 16 位单片机还要强大，除了具有更高的集成度外，32 位单片机主振频率已达 20MHz。

3. 常用单片机系列介绍

目前，我国所应用的单片机仍然是以 Intel 公司的 MCS-48、MCS-51、MCS-96 系列为主流。

(1) Intel 公司 MCS 系列单片机

1）8031、8051、8751 三种型号称为 8051 子系列。它们之间的区别在于片内程序存储器的配置状态：8051 片内含有 4KB 的掩膜 ROM，其中的程序是生产厂家制作芯片时，代为用户烧制的，出厂的 8051 都是具有特殊用途的单片机，所以 8051 应用在程序固定且批量大的单片机产品中；8751 片内含有 4KB 的 EPROM，用户可以把编写好的程序用开发机或编程器写入其中，需要修改时，可以先用紫外线擦除器擦除，然后再写入新的程序；8031 片内没有 ROM，使用时需在片外接 EPROM。

2）8032AH、8052AH、8752AH 是 8031、8051、8751 的增强型，称为 8052 子系列。其中片内 ROM 和 RAM 的容量比 8051 子系列各增加 1 倍，另外，增加了一个定时/计数器和一个中断源。

3）80C31、80C51、87C51BH 是 8051 子系列的 CHMOS 工艺芯片，80C32AH、80C52AH、87C52AH 是 8052 子系列的 CHMOS 工艺芯片，两者芯片内的配置和功能兼容。

MCS-51 系列单片机采用两种半导体工艺生产，一种是 HMOS 工艺，即高密度短沟道 MOS 工艺；另外一种是 CHMOS 工艺，即互补金属氧化物的 HMOS 工艺。型号中带有字母“C”的芯片，均为 CHMOS 工艺芯片，其特点是功耗低。

（2）AT89 系列单片机

AT89 系列单片机是美国 Atmel 公司的 8 位 Flash 单片机产品。它以 MCS-51 为核心，与 MCS-51 的软硬件兼容。它的最大特点是在片内含有 Flash 存储器，Flash 存储器是一种可以电擦除和电写入的闪速存储器（FPEROM），在系统的开发过程中可以十分容易地进行程序的修改，这使开发调试更为方便。AT89 系列单片机有许多型号，可分为标准型、低档型和高档型三类。

1）标准型。

标准型 AT89 系列单片机与 MCS-51 系列单片机兼容，内部含有 4KB 或 8KB 可重复编程的 Flash 存储器，可进行 1000 次擦写操作。全静态工作频率为 0~33MHz，有 3 级程序存储器加密锁定，内部含有 128~256B 的 RAM、32 个可编程的 I/O 端口、2 个或 3 个 16 位定时/计数器、6~8 级中断，此外有通用串行接口、低电压空闲模式及掉电模式。

2）低档型。

低档型 AT89 系列单片机有 AT89C1051 和 AT89C2051 两种型号。它只有 20 引脚，比标准型的 40 引脚少得多，功能较标准型 AT89C51 要弱。

3）高档型。

高档型 AT89 系列单片机中，AT89S51 有 4KB 可下载 Flash 存储器，AT89S52、AT89S8252 有 8KB 可下载 Flash 存储器，AT89S53 有 12KB 可下载 Flash 存储器。

2.1.2　单片机的应用

20 世纪 90 年代开始，单片机技术进入高速发展阶段，随着时代的进步与科技的发展，目前单片机技术的实践应用已日渐成熟，广泛应用于各个领域。如智能仪表、实时工控、通信设备、导航系统、自动化办公、机电一体化、尖端武器和国防军事领域、航空航天领域、汽车电子设备、医用设备领域、商业营销设备、计算机通信、家电领域、日常生活等。常见单片机主要应用领域如下：

1. 智能化产品

单片机与传统的机械产品相结合，使传统的机械产品结构简单化，控制智能化，构成了新一代机电一体化产品，广泛用于工业自动控制，如数控机床、可编程顺序控制、电机控制、工业机器人、离散与连续过程自动控制等；家用电器，如微波炉、电视机、录像机、音响设备、游戏机等；办公设备，如传真机、复印机、数码相机等；电信技术，如调制解调器、声像处理、数字滤波、智能线路运行控制。在电传、打印机设计中由于采用了单片机，取代了近千个机械部件；用单片机控制空调机，使制冷量无级调节的优点得到了充分的发挥，并增加了多种报警与控制功能；用单片机实现了通信系统中的临时监控、自适应控制、频率合成、信道搜索等，构成了自动拨号无线电话网、自动呼叫应答设备及程控调度电话分机等。由单片机构成的智能化产品五花八门、无所不在。

2. 智能化仪表

单片机广泛应用于仪器仪表中，结合不同类型的传感器，可实现诸如电压、功率、频率、湿度、温度、流量、速度、角度、长度、硬度、压力等物理量的测量。采用单片机控制可使得仪器仪表数字化、智能化、微型化，且功能比起采用电子或数字电路更加强大，如精密的测量设备(功率计、示波器、各种分析仪)。单片机引入到已有的测量、控制仪表后，能促进仪表向数字化、智能化、多功能化、综合化、柔性化发展，并使监测、处理、控制等功能一体化，使仪表质量大大减小，便于携带和使用；同时成本低，提高了性能价格比，长期以来测量仪器中的误差修正、线性化处理等难题也可迎刃而解。单片机智能仪表的这些特点不仅使传统的仪器、仪表发生了根本的变革，也给传统的仪器、仪表行业技术改革带来了曙光。

3. 智能化测控系统

测控系统的特点是工作环境恶劣，各种干扰繁杂，而且往往要求能够实时控制，要求检测与控制系统工作稳定、可靠、抗干扰能力强。单片机最适合应用于工业控制领域，可以构成各种工业检测控制系统。如温室人工气候控制、电镀生产线自动控制系统等。在导航控制方面，如在导弹控制、鱼雷制导、智能武器装置、航天导航系统等领域中，单片机也发挥了不可替代的作用。

另外，用单片机可以构成形式多样的控制系统和数据采集系统。如工厂流水线的智能化芯片管理、电梯智能化控制、各种报警系统、与计算机联网构成二级控制系统等。

4. 智能化接口

通用计算机外部设备上已实现了单片机的键盘管理、打印机、绘图仪、扫描仪、软盘驱动器、UPS 等，并实现了图形终端和智能终端。

5. 在计算机网络和通信领域中的应用

现代的单片机普遍具备通信接口，可以很方便地与计算机进行数据通信，为在计算机网络和通信设备间的应用提供了极好的物质条件。现在的通信设备，如电话机、小型程控交换机、楼宇自动通信呼叫系统、列车无线通信、移动电话、集群移动通信、无线电对讲机等硬件组成都含有单片机，通过单片机可以控制其他组件，更好地实现了计算机网络和通信设备的智能化控制和信息传输。

6. 单片机在汽车设备、医用设备领域中的应用

单片机在医用设备中的用途亦相当广泛，如医用呼吸机、各种分析仪和监护仪、超声诊断设备及病床呼叫系统等。另外，单片机在汽车电子中的应用也非常广泛，如汽车中的发动机控制器，基于 CAN 总线的汽车发动机智能电子控制器，GPS 导航系统，ABS 防抱死系统，制动系统等。

此外，单片机在工商、金融、科研、教育、国防、航空航天等领域都有着十分广泛的用途。

2.2 MCS-51 单片机的结构

MCS-51 系列单片机的典型产品有 8051、8751 和 8031。它们的基本组成和基本性能都是相同的。

8051 单片机具有以下主要特性：

1）8 位 CPU。

2）寻址 64KB 的片外程序存储器。

3）寻址 64KB 的片外数据存储器。

4）128B 的片内数据存储器。

5）32 根双向和可单独寻址的 I/O 线。

6）采用高性能 HMOS 生产工艺生产。

7）具有布尔处理（位操作）能力。

8）含基本指令 111 条。

9）1 个全双工的异步串行口。

10）2 个 16 位定时/计数器。

11）5 个中断源，2 个中断优先级。

12）具有片内时钟振荡器。

2.2.1 MCS-51 单片机的内部结构

MCS-51 单片机是将运算器、控制器、少量的存储器、基本的输入/输出口电路、串行口电路、中断和定时电路等集成在一块尺寸有限的芯片上，系统结构框图如图 2.1 所示。

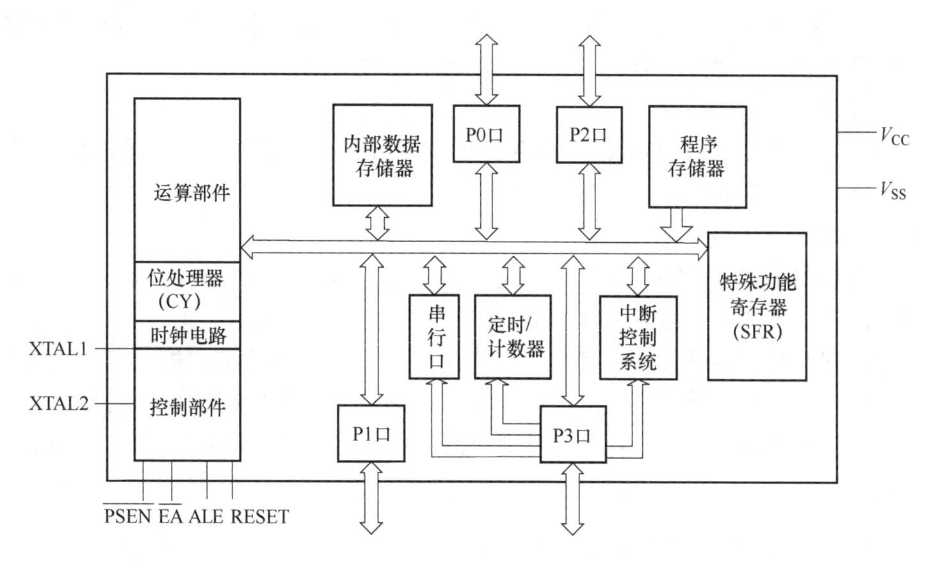

图 2.1 MCS-51 单片机系统结构框图

1. 中央处理器（CPU）

CPU 是单片机的核心，用于完成运算和控制操作。按其功能，CPU 包括运算器和控制器两部分电路。

（1）运算器电路

运算器电路是单片机的运算部件，用于实现算术和逻辑运算。

（2）控制电路

控制电路是单片机的控制部件，其功能是保证单片机各部分能协调地工作。单片机执行指令是在控制电路的控制下进行的。

2. 内部数据存储器

实际上，MCS-51 单片机中的 8051 芯片中共有 256 个 RAM 单元，其中后 128 个 RAM 单元被专用寄存器占用，供用户使用的只是前 128 个 RAM 单元，用于存放可读、写的数据，因此，通常所说的内部数据存储器是指前 128 个 RAM 单元，简称内部 RAM。

3. 程序存储器

MCS-51 中的 8051 芯片共有 4KB 掩膜 ROM，用于存放程序和原始数据。因此，称之为程序存储器，简称内部 ROM。

4. 定时/计数器

MCS-51 共有 2 个 16 位的定时/计数器，以实现定时或计数功能，并以其定时或计数结果对单片机进行控制。

5. 并行 I/O 口

MCS-51 共有 4 个 8 位的 I/O 口(P0，P1，P2，P3)，以实现数据的并行输入/输出。

6. 串行口

MCS-51 单片机有一个全双工的串行口，以实现单片机和其他数据设备之间的串行数据传送。该串行口功能较强，既可作为全双工异步通信收发器使用，也可作为同步移位器使用。

7. 中断控制系统

MCS-51 单片机的中断功能较强，共有 5 个中断源，即外中断 2 个，定时/计数中断 2 个，串行中断 1 个。全部中断分为高级和低级两个优先级别。

8. 时钟电路

MCS-51 芯片的内部有时钟电路，但石英晶体和微调电容需外接。时钟电路为单片机产生时钟脉冲序列，典型的晶振频率为 12MHz。

9. 位处理器

单片机主要用于控制，需要有较强的位处理功能。因此，位处理器(CY)是单片机的必要组成部分。位处理器也称为布尔处理器。

上述这些部件都是通过总线连接起来，从而构成一个完整的单片机系统，其地址信号、数据信号和控制信号都是通过总线传送的。单片机总线是一种内部结构，它是 CPU、内存、输入、输出的公用通道，主机的各个部件通过总线相连接，外部设备通过相应的接口电路再与总线相连接。

2.2.2 MCS-51 单片机的引脚功能

MCS-51 系列单片机有 5 种封装方式：40 引脚双列直插式(DIP 封装)方式，44 引脚方形封装方式，48 引脚 DIP 封装，52 引脚方形封装方式，68 引脚方形封装方式。

其中，40 引脚双列直插式方式和 44 引脚方形封装方式为基本封装方式，8051、8031、8052AH、8032AH、8752BH、8051AH、8031AH、8751AH、80C51BH、80C31BH、87C51 等

都属于这两种封装方式。这两种封装方式的引脚完全一样，所不同的是排列不一样，方形封装芯片的 4 个边的中心位置为空引脚(依次为 1 引脚、12 引脚、23 引脚、34 引脚)，左上角为标志引脚，上方中心位置为 1 引脚，其他引脚逆时针依次排列。图 2.2 为 MCS-51 系列单片机的引脚图(40 引脚 DIP 封装)。下面简述各引脚的功能。

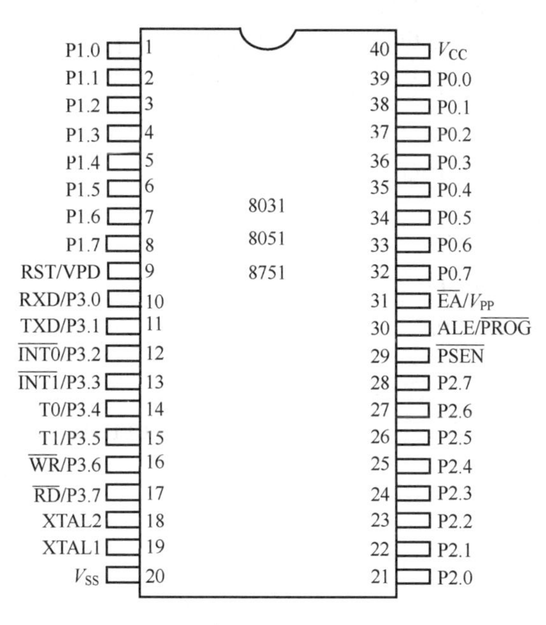

图 2.2 MCS-51 系列单片机的引脚图(40 引脚 DIP 封装)

基本信号和引脚：

(1) 电源引脚 V_{SS}和 V_{CC}

V_{SS}：接地。

V_{CC}：正常操作及对 EPROM 编程和验证时接+5V 电源。

(2) 外接晶体引脚 XTAL1 和 XTAL2

当使用芯片内部时钟时，此二引脚用于外接石英晶体和微调电容；当使用外部时钟时，用于接外部时钟脉冲信号。

XTAL1：接外接晶体的一端。在单片机内部，它是一个反向放大器的输入端，这个放大器构成了片内振荡器。当采用外部振荡器时，对于 HMOS 单片机，此引脚应接地；对于 CHMOS 单片机，此引脚作为驱动端。

XTAL2：接外接晶体的另一端。在单片机内部，接至上述反向放大器的输出端。当采用外部振荡器时，对于 HMOS 单片机，此引脚接收振荡器信号，即把此信号直接接到内部时钟发生器的输入端；对于 CHMOS 单片机，此引脚应悬浮。

(3) 复位信号 RST/VPD

当该引脚上出现两个机器周期以上的高电平，将使单片机复位；V_{CC}掉电期间，此引脚可接备用电源，以保持内部 RAM 的数据不丢失；当 V_{CC}低于规定水平，而 VPD 在其规定的电压范围(5+0.5)V 内，VPD 向内部 RAM 提供备用电源。

(4) 地址锁存控制信号 ALE/$\overline{PROG}$

在系统扩展时，ALE 用于控制把 P0 口输出的低 8 位地址送入锁存器锁存起来，以实现低位地址和数据的分时传送。即使在不访问外部存储器时，ALE 仍以不变的频率周期性地出现正脉冲信号，此频率为$f_{osc}/6$(f_{osc}为晶振频率)，可作为外部时钟或外部定时脉冲使用。而当访问外部数据存储器时，将跳过一个 ALE 脉冲，以$f_{osc}/12$ 频率输出 ALE 脉冲。

(5) 外部程序存储器读选通信号$\overline{\text{PSEN}}$

$\overline{\text{PSEN}}$引脚作为外部程序存储器的读/输出使能信号，用来控制外部程序存储器指令的读取。当 CPU 读取外部程序存储器指令时，该信号会保持一定时间的低电平(称为有效状态)，此状态下允许外部程序存储器将指令发送到总线上，指令最终被锁存在指令寄存器中。$\overline{\text{PSEN}}$信号有效状态在一个机器周期内可以出现两次，即 CPU 在一个机器周期可两次读取外部程序存储器指令。如果是访问外部数据存储器，则$\overline{\text{PSEN}}$一直保持高电平(无效状态)。

(6) 访问程序存储器控制信号$\overline{\text{EA}}/V_{PP}$

当$\overline{\text{EA}}$为低电平时，CPU 仅执行外部程序存储器中的程序(对于 8031，由于其内部无程序存储器，$\overline{\text{EA}}$必须接地，才能只选择外部程序存储器)。当$\overline{\text{EA}}$为高电平时，CPU 先执行内部程序存储器中的程序，当 PC(程序计数器)值超过 0FFFH(对于 8051/8751/80C51)或 1FFFH(对于 8052)时，将自动转向执行外部程序存储器。

(7) 输入/输出口线

P0 口(P0.0~P0.7)：8 位双向并行 I/O，负载能力为 8 个 LSTTL，没有内部上拉电路，所以在输出时，需要另接上拉电路。当访问外部存储器时，它是个复用总线，既作为数据总线 D0~D7，也作为地址总线的低 8 位(A0~A7)。在 EPROM 编程和程序校验期间，则输入和输出指令字节。

P1 口(P1.0~P1.7)：带有内部上拉电阻的 8 位双向 I/O 口。在 EPROM 编程和程序校验期间，它接收低 8 位地址，能驱动 4 个 LSTTL 输入。

P2 口(P2.0~P2.7)：带有内部上拉电阻的 8 位双向 I/O 口。在访问外部存储器时，它送出高 8 位地址。在 EPROM 编程和程序校验期间，它接收高 8 位地址。它能驱动 4 个 LSTTL 输入。

P3 口(P3.0~P3.7)：带有内部上拉电阻的 8 位双向 I/O 口。在 MCS-51 单片机中，这 8 个引脚都有各自的第二功能。

MCS-51 系列单片机芯片的引脚数目有限，而为实现其功能所需要的信号数目却远远超过此数，因此，可以给一些信号引脚赋予双重功能。如果将前述的信号定义为引脚第一功能，则根据需要再定义的信号就是它的第二功能。第二功能信号定义主要集中在 P3 口线中，详见表 2.1。

表 2.1　P3 口线的第二功能

口　线	第二功能	信号名称
P3.0	RXD	串行数据接收端
P3.1	TXD	串行数据发送端
P3.2	$\overline{\text{INT0}}$	外部中断 0 申请输入端
P3.3	$\overline{\text{INT1}}$	外部中断 1 申请输入端
P3.4	T0	定时/计数器 0 计数输入

（续）

口　线	第二功能	信号名称
P3.5	T1	定时/计数器1计数输入
P3.6	$\overline{WR}$	外部RAM写选通
P3.7	$\overline{RD}$	外部RAM读选通

2.3　MCS-51单片机的存储结构

MCS-51系列单片机在物理上有4个存储空间，即片内程序存储器(4KB)、片外程序存储器(扩展64KB)、片内数据存储器(256B)、片外数据存储器(扩展64KB)。

其中，64KB的片外程序存储器中，有4KB地址对于片内程序存储器和片外程序存储器是公共的，也就是说，这4KB片内程序存储器地址是从0000H～0FFFH，从1000H～FFFFH是片外程序存储器地址，64KB片外程序存储器地址也是从0000H～FFFFH；256B片内数据存储器地址是从00H～FFH(8位地址)，而64KB片外数据存储器地址是从0000H～FFFFH。下面分别介绍程序存储器和数据存储器的配置。具体如图2.3所示。

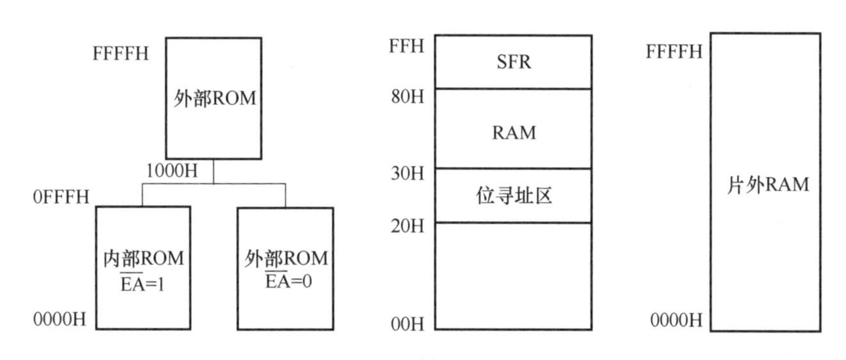

图2.3　程序存储器和数据存储器的配置

2.3.1　程序存储器

程序存储器用于存放编好的程序、表格和常数。CPU的控制器专门提供一个控制信号$\overline{EA}$来区别内部ROM和外部ROM的公共地址区0000H～0FFFH。当$\overline{EA}$为高电平时，CPU先执行内部程序存储器中的程序，当PC(程序计数器)值超过0FFFH(对于8051/8751/80C51)，CPU将自动转向执行外部程序存储器；当$\overline{EA}$为低电平时，CPU仅执行外部程序存储器中的程序，从0000H单元开始(对于8031，由于其内部无程序存储器，$\overline{EA}$必须接地，只能选择外部程序存储器)。

在程序存储器中有一组特殊的单元，使用时应特别注意。其中，0000H～0002H是系统的启动单元，即所有程序的入口地址。0003H～002AH共40个单元被均匀地分为5段，每段8个单元，分别为5个中断源的中断服务入口区。使用C51进行编程时，编译器根据C51中的中断函数定义中断号的使用情况，自动编译成相应的程序代码填入相应的服务入口区。具体划分为：0003H～000AH为外部中断0中断地址区，0003H为外部中断0(中断号0)入口；

000BH~0012H 为定时/计数器 0 中断地址区，000BH 为定时/计数器 0(中断号 1)入口；0013H~001AH 为外部中断 1 中断地址区，0013H 为外部中断 1(中断号 2)入口；001BH~0022H 为定时/计数器 1 中断地址区，001BH 为定时/计数器 1(中断号 3)入口；0023H~002AH 为串行中断地址区，0023H 为串行中断(中断号 4)入口。

中断响应后，系统能按中断种类，自动转到各服务入口区的首地址去执行程序。一般也是从服务入口区首地址开始存放一条无条件转移指令，以便中断响应后，通过服务入口区，再转到中断服务程序的实际入口地址去，即中断函数所在位置。

2.3.2 数据存储器

数据存储器分为内外两部分，8051 片内有 256B 的 RAM，片外有 64KB 的 RAM，内外 RAM 地址有重叠。通常把 256B 片内数据存储器按其功能划分为两部分：低 128B(单元地址 00H~7FH)和高 128 单元(单元地址 80H~FFH)。

其中，低 128 单元是单片机中供用户使用的数据存储器单元，即内部 RAM，其应用最为灵活，可用于暂存运算结果及标志位等，使用 C 语言编程时，通过指定不同的存储区域定义数据变量来使用不同的数据存储器。按用途可把低 128 单元划分为以下 3 个区域。

1. 工作寄存器区(C51 中编译器根据需要使用)

地址：内部 RAM 的 00H~1FH 单元，即内部 RAM 的前 32 单元。

用途：作为寄存器使用，共分为 4 组，每组有 8 个寄存器，组号依次为 0、1、2、3。每个寄存器都是 8 位，在组中按 R7~R0 编号。

作用：寄存器常用于存放操作数及中间结果等，由于它们的功能及使用不做预先规定，因此称为通用寄存器，有时也称工作寄存器。

当前寄存器组：在任一时刻，CPU 只能使用其中的一组寄存器，并且把正在使用的那组寄存称为当前寄存器组。到底是哪一组寄存器，由程序状态字寄存器 PSW 中 RS1、RS0 位的状态组合来决定。

通用寄存器有两种使用方法：一种是以寄存器的形式使用，用寄存器符号表示；另一种是以存储单元的形式使用，以单元地址表示。

通用寄存器为 CPU 提供了数据就近存取的便利，有利于提高单片机的处理速度。因此在 MCS-51 中使用通用寄存器的指令特别多，又多为单字节的指令，执行速度最快。

2. 位寻址区

地址：内部 RAM 的 20H~2FH 单元，既可作为一般 RAM 单元使用，进行字节操作，也可以对单元中的每一位进行位操作，因此称该区为位寻址区。

位地址：位寻址区共有 16 个 RAM 单元，总计 128 位，位地址为 00H~7FH。

作用：位寻址区是为位操作而准备的，是 MCS-51 位处理器的数据存储空间，其中的所有位均可以直接寻址。表 2.2 为内部 RAM 位寻址区的位地址表。

表 2.2 内部 RAM 位寻址区的位地址

单元地址	MSB			位地址				LSB
2FH	7FH	7EH	7DH	7CH	7BH	7AH	79H	78H
2EH	77H	76H	75H	74H	73H	72H	71H	70H
2DH	6FH	6EH	6DH	6CH	6BH	6AH	69H	68H

（续）

单元地址	MSB			位地址				LSB
2CH	67H	66H	65H	64H	63H	62H	61H	60H
2BH	5FH	5EH	5DH	5CH	5BH	5AH	59H	58H
2AH	57H	56H	55H	54H	53H	52H	51H	50H
29H	4FH	4EH	4DH	4CH	4BH	4AH	49H	48H
28H	47H	46H	45H	44H	43H	42H	41H	40H
27H	3FH	3EH	3DH	3CH	3BH	3AH	39H	38H
26H	37H	36H	35H	34H	33H	32H	31H	30H
25H	2FH	2EH	2DH	2CH	2BH	2AH	29H	28H
24H	27H	26H	25H	24H	23H	22H	21H	20H
23H	1FH	1EH	1DH	1CH	1BH	1AH	19H	18H
22H	17H	16H	15H	14H	13H	12H	11H	10H
21H	0FH	0EH	0DH	0CH	0BH	0AH	09H	08H
20H	07H	06H	05H	04H	03H	02H	01H	00H

注：MSB 表示字节中的最高位；LSB 表示字节中的最低位。

3. 用户 RAM 区

地址：内部 RAM 的 30H~7FH 单元，为供用户使用的一般 RAM 区。

作用：存储以字节为单位的数据，如随机数据及运算的中间结果，而且在一般应用中常把堆栈开辟在此区中。

除了以上低 128 单元划分的 3 个区域，片内 RAM 还有高 128 单元，即内部数据存储器高 128 单元。内部数据存储器高 128 单元为特殊功能寄存器（SFR）提供，因此称之为特殊功能寄存器区，其单元地址为 80H~FFH，用于存放相应功能部件的控制命令、状态或数据。8051 内部有 21 个特殊功能寄存器。具体如下：

（1）PC（C51 中编译器根据需要使用）

PC 是一个 16 位的计数器。其内容为将要执行的指令地址，寻址范围达 64KB。PC 有自动加 1 功能，以实现程序的顺序执行。PC 没有地址，是不可寻址的，因此用户无法对它进行读写，但在执行转移、调用、返回等指令时能自动改变其内容，以改变程序的执行顺序。

（2）累加器 A（或 ACC，C51 中编译器根据需要使用）

累加器 A 为 8 位寄存器，是程序中最常用的专用寄存器，功能较多，地位重要。累加器 A 用于存放操作数，以及存放运算的中间结果。它是数据传送的中转站，单片机中的大部分数据传送都通过累加器 A 进行。

注意：在变址寻址方式中把累加器作为变址寄存器使用。

（3）寄存器 B（C51 中编译器根据需要使用）

寄存器 B 是一个 8 位寄存器，主要用于乘除运算。乘法时，寄存器 B 中存放乘数，乘法操作后，乘积的高 8 位存于寄存器 B 中；除法时，寄存器 B 中存放除数，除法操作后，寄存器 B 中存放余数。此外，寄存器 B 也可作为一般数据寄存器使用。

（4）程序状态字寄存器（C51 中编译器根据需要使用）

程序状态字寄存器（PSW）是一个 8 位寄存器，用于寄存指令执行的状态信息。其中有些位状态是根据指令性执行结果，由硬件自动设置的，而有些位状态则是使用软件方法设定的。一些条件转移指令将根据 PSW 中有关位的状态来进行程序转移。

PSW 的各位定义见表 2.3。

表 2.3 PSW 的各位定义

位地址	PSW.7	PSW.6	PSW.5	PSW.4	PSW.3	PSW.2	PSW.1	PSW.0
位符号	CY	AC	F0	RS1	RS0	OV		P

除 PSW.1 位保留未用外，对其余各位的定义及使用如下：

CY 或 C：进位标志位。其功能一是存放算术运算的进位标志，即在加减运算中，当有第 8 位向高位进位或借位时，CY 由硬件置位，否则 CY 位被清 0；二是用于位操作。

AC：辅助进位标志位。在加减运算中，当有低 4 位向高 4 位进位或借位时，AC 由硬件置位，否则 AC 位被清 0。CPU 根据 AC 标志对 BCD 码的算术运算结果进行调整。

F0：用户标志位。这是一个由用户定义使用的标志位，用户根据需要用软件方法置位或复位（C51 中可以根据需要编程使用）。

RS1 和 RS0：寄存器组选择位，用于设定当前通用寄存器的组号。其对应关系见表 2.4。

表 2.4 通用寄存器的组号设定

RS1 RS0	寄 存 器 组	R0~R7 地址
00	组 0	00~07H
01	组 1	08~0FH
10	组 2	10~17H
11	组 3	18~1FH

RS1 和 RS0 两个选择位的状态由软件设置，被选中的寄存器即为当前通用寄存器组。

OV：溢出标志。在带符号数的加减法运算中，OV=1 表示加减运算结果超出了累加器 A 所能表示的符号数有效范围（-128~+127），即产生了溢出，因此运算结果是错误的；反之，OV=0，表示运算正确，即无溢出产生。在无符号乘法运算中，OV=1 表示乘积超过 255，即乘积分别在 B 与 A 中；反之，OV=0 表示乘积只在 A 中。在无符号除法运算中，OV=1 表示除数为 0，除法不能进行；反之，OV=0 表示除数不为 0，除法可以正常进行。

P：奇偶标志，表明累加器 A 中 1 的个数的奇偶性，需要每个指令周期由硬件根据 A 的内容对 P 位进行置位或复位。若 1 的个数为偶数，P=0；若 1 的个数为奇数，P=1。

（5）数据指针（C51 中编译器根据需要使用）

数据指针（DPTR）为 16 位寄存器，它是 MCS-51 中唯一一个供用户使用的 16 位寄存器。DPTR 的使用比较灵活，它既可以按 16 位寄存器使用，也可以作为两个 8 位的寄存器使用，即 DPH 表示 DPTR 高位字节，DPL 表示 DPTR 低位字节。

DPTR 在访问外部数据寄存器时作为地址指针使用，由于片外数据存储器的寻址范围为 64KB，故把 DPTR 设计为 16 位。此外，在变址方式中，用 DPTR 作为基址寄存器，用于对程序存储器的访问。

（6）专用寄存器的字节寻址

如上所述，MCS-51 的专用寄存器中，有 21 个是可寻址的。这些可寻址专用寄存器的符号、地址及名称见表 2.5。

表 2.5 MCS-51 中可寻址专用寄存器的符号、地址及名称

寄存器符号	寄存器地址	寄存器名称
* ACC	0E0H	累加器 A
* B	0F0H	寄存器 B
* PSW	0D0H	程序状态字
SP	81H	堆栈指示器
DPL	82H	数据指针低 8 位
DPH	83H	数据指针高 8 位
* IE	0A8H	中断允许控制寄存器
* IP	0D8H	中断优先控制寄存器
* P0	80H	I/O 口 0
* P1	90H	I/O 口 1
* P2	0A0H	I/O 口 2
* P3	0B0H	I/O 口 3
PCON	87H	电源控制及波特率选择寄存器
* SCON	98H	串行口控制寄存器
SBUF	99H	串行数据缓冲寄存器
* TCON	88H	定时器控制寄存器
TMOD	89H	定时器方式选择寄存器
TL0	8AH	定时器 0 低 8 位
TL1	8BH	定时器 1 低 8 位
TH0	8CH	定时器 0 高 8 位
TH1	8DH	定时器 1 高 8 位

注：* 表示可以位寻址的寄存器。

专用寄存器的字节寻址应注意以下事项：

1）21 个可寻址的专用寄存器是不连续地分散在内部 RAM 高 128 单元之中。尽管还剩余许多空闲单元，但用户并不能使用。如果访问了这些没有定义的单元，读出的将为不定数，而写入的数将被舍弃。

2）在专用寄存器中，唯一一个不可寻址的专用寄存器就是 PC。PC 在物理上是独立的，不占据 RAM 单元，因此是不可寻址的寄存器。

3）专用寄存器在指令中既可使用寄存器符号表示，也可使用寄存器地址表示。

（7）专用寄存器的位寻址

在 21 个可寻址的专用寄存器中，有 11 个寄存器是可以位寻址的，即表 2.5 中寄存器符号带“ * ”的寄存器。

专用寄存器的可寻址位加上位寻址区的 128 个通用位，构成了 MCS-51 位处理器的整个数据位存储器空间。

表 2.6 列出了各专用寄存器的位地址/位名称。

表 2.6　专用寄存器的位地址/位名称

寄存器符号	MSB→			位地址/位名称				→LSB
B	0F7H	0F6H	0F5H	0F4H	0F3H	0F2H	0F1H	0F0H
A	0E7H	0E6H	0E5H	0E4H	0E3H	0E2H	0E1H	0E0H
PSW	0D7H	0D6H	0D5H	0D4H	0D3H	0D2H	0D1H	0D0H
	CY	AC	F0	RS1	RS0	OV		P
IP	0BFH	0BEH	0BDH	0BCH	0BBH	0BAH	0B9H	0B8H
				PS	PT1	PX1	PT0	PX0
P3	0B7H	0B6H	0B5H	0B4H	0B3H	0B2H	0B1H	0B0H
	P3. 7	P3. 6	P3. 5	P3. 4	P3. 3	P3. 2	P3. 2	P3. 1
IE	0AFH	0AEH	0ADH	0ACH	0ABH	0AAH	0A9H	0A8H
	EA			ES	ET1	EX1	ET0	EX0
P2	0A7H	0A6H	0A5H	0A4H	0A3H	0A2H	0A1H	0A0H
	P2. 7	P2. 6	P25.	P2. 4	P2. 3	P2. 2	P2. 1	P2. 0
SCON	9FH	9EH	9DH	9CH	9BH	9AH	99H	98H
	SM0	SM1	SM2	REN	TB8	RB8	TI	RI
P1	97H	96H	95H	94H	93H	92H	91H	90H
	P1. 7	P1. 6	P1. 5	P1. 4	P1. 3	P1. 2	P1. 1	P1. 0
TCON	8FH	8EH	8DH	8CH	8BH	8AH	89H	88H
	TF1	TR1	TF0	TR0	IE1	IT1	IE0	IT0
P0	87H	86H	85H	84H	83H	82H	81H	80H
	P0. 7	P0. 6	P0. 5	P0. 4	P0. 3	P0. 2	P0. 1	P0. 0

2.3.3　MCS-51 的堆栈操作

堆栈也是片内 RAM 的一个区域，是一种数据结构。所谓堆栈就是只允许在其一端进行数据插入和数据删除操作的线性表。数据写入堆栈称为插入运算(PUSH)，也称入栈。数据从堆栈中读出称为删除运算(POP)，也称出栈。堆栈的最大特点就是后进先出(LIFO)的数据操作规则。

(1) 堆栈的功用

堆栈主要是为子程序调用和中断操作而设立的。其具体功能有两个：保护断点和保护现场。

(2) 堆栈的开辟

鉴于单片机的单片特点，堆栈只能开辟在芯片的内部数据存储器中，即所谓的内堆栈形式。MCS-51 也不例外。内堆栈的主要优点是操作速度快，不足之处是容量有限。

(3) 堆栈指示器

不论是数据进栈还是数据出栈，都是对堆栈的栈顶单元进行的，即对栈顶单元的写和读操作。为了指示栈顶地址，需要设置堆栈指示器(stack pointer，SP)。SP 的内容就是一个 8 位寄存器，它实际上就是一个专用寄存器(C51 中编译器根据需要使用)。

系统复位后，SP 的内容为 07H，但由于堆栈最好在内部 RAM 的 30H～7FH 单元中开辟，所以在程序设计时应注意把 SP 值初始化为 30H，以免占用宝贵的寄存器区和位寻址区。

（4）堆栈类型

堆栈可以有两种类型：向上生长型和向下生长型。向上生长型堆栈，栈底在低地址单元，随着数据进栈，地址递增，SP 的内容越来越大，指针上移，反之，随着数据的出栈，地址递减，SP 的内容越来越小，指针下移。MCS-51 单片机属向上生长型堆栈，这种堆栈的操作规则为：进栈操作时，先 SP 加 1，后写入数据；出栈操作时，先读出数据，后 SP 减 1。

（5）堆栈的使用方式

堆栈的使用有两种方式。一种是自动方式，即在调用子程序或中断时，返回地址（断点）自动进栈，程序返回时，断点再自动弹回 PC。这种堆栈操作无须用户干预，因此称为自动方式；另一种是指令方式，即使用专用的堆栈操作指令，进行进出栈操作（C51 中编译器根据需要自动生成相应的入栈和出栈指令）。

2.4　MCS-51 单片机的并行 I/O 口

单片机芯片内还有一项重要内容就是并行 I/O 口电路。MCS-51 共有 4 个 8 位的并行双向 I/O 口，分别记作 P0、P1、P2、P3，实际上它们已被归入专用寄存器之列。这 4 个口除了按字节寻址之外，还可以按位寻址，4 个口合在一起共有 32 位。MCS-51 的 4 个口在电路结构上基本相同，但它们又各具特点，因此在功能和使用上各口之间有一定的差异。

2.4.1　端口结构

MCS-51 单片机有 32 个 I/O 引脚，分别属于 4 个口（P0～P3）。这些 I/O 口可作为并行 I/O 输入通道（如按键/开关连接通道）、并行 I/O 输出通道（如数码管显示器连接通道），也可作为串行通信通道（如双机通信的连接通道）和外部设备的连接通道（如存储器扩展通道）。由于工作任务不同，4 个口的内部结构也不同。了解 4 个端口的内部结构对于正确使用这些 I/O 口非常重要。

1. P1 口

P1 口电路逻辑如图 2.4 所示。

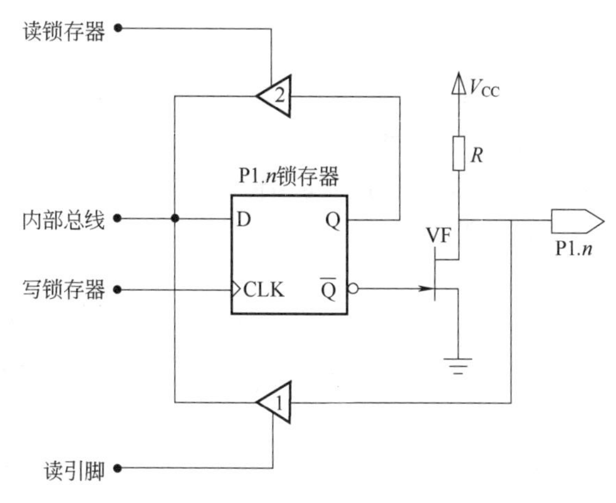

图 2.4　P1 口电路逻辑

P1 口包含 P1.0~P1.7 共 8 个相同结构的电路。每个电路 P1.*n* 包含 1 个锁存器、1 个场效应晶体管驱动器 V 和 2 个三态门缓冲器。P1.0~P1.7 中的 8 个锁存器共同组成 P1 特殊功能寄存器(90H)。P1.*n* 的通用 I/O 口工作方式有输出、读引脚、读锁存器。

P1 口的特点:

1) P1 口具有通用 I/O 口工作方式,可实现输出、读引脚(输入)和读锁存器三种功能。

2) P1 口为准双向通用口,作为通用输入口时应先使 P1.*n*→1,作为通用输出口时是无条件的。

2. P3 口

P3 口电路逻辑如图 2.5 所示。

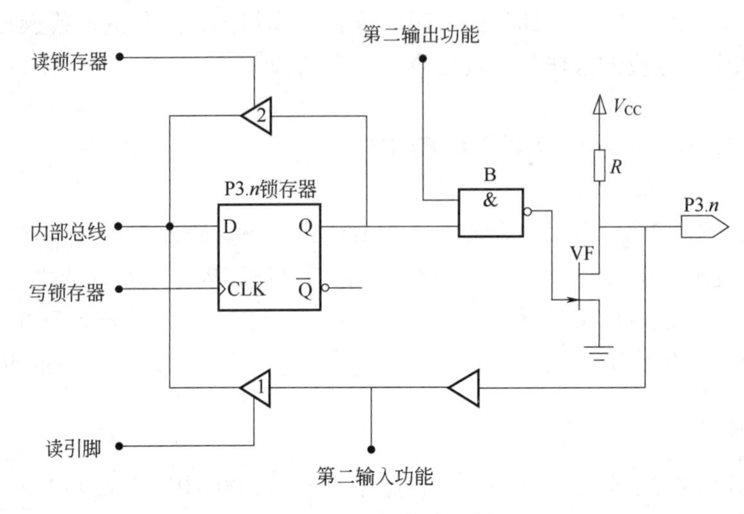

图 2.5　P3 口电路逻辑

P3.*n* 与 P1.*n* 的差别是具有第二功能控制单元,即具有双功能。P3.0~P3.7 中的 8 个锁存器构成了 P3 特殊功能寄存器(B0H)。P3.*n* 的通用 I/O 口工作方式有输出、读引脚、读锁存器。

输出条件:第二输出功能口→1(与非门开锁)。

输入条件:Q 端和第二输出功能端→1(VF 截止)。此时的第二功能口由 CPU 自动置位,无须指令操作。

P3 口的第二功能方式有第二输出功能、第二输入功能。

第二输出功能的条件:Q 端→1(与非门开锁)。

第二输入功能的条件:Q 端和第二输出功能端→1(VF 截止)。

上述条件由 CPU 自动设置,无须指令操作。

P3 口的特点:

1) P3 口具有通用 I/O 口工作方式,可实现输出、读引脚(输入)和读锁存器三种功能。

2) P3 口为准双向通用口,作为通用输入口时应先使 P3.*n*→1,作为通用输出口时应先使第二输出端→1。

3) P3 口具有第二功能方式,可实现第二输出和第二输入两种功能。

3. P0 口

P0 口电路逻辑如图 2.6 所示。

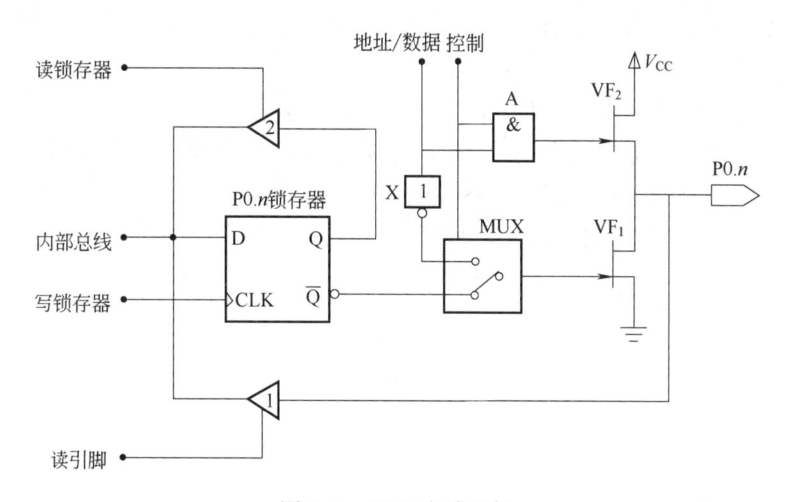

图 2.6　P0 口电路逻辑

P0. n 与 P1. n 的差别是输出控制电路、输出驱动电路→总线功能。P0. 0 ~ P0. 7 中的 8 个锁存器构成了 P0 特殊功能寄存器(80H)。

漏极开路与上拉电阻的概念：控制端 = 0→MUX 下通→$\overline{Q}$ 与 VF_1 栅极直通，封锁与门 A(→0)→地址/数据端与 A 输出无关，VF_2 截止→VF_1 漏极开路，为使漏极开路的 VF_1 有效，必须通过外接上拉电阻与电源连通，上拉电阻的阻值一般为 100Ω ~ 10kΩ，如图 2.7 所示。

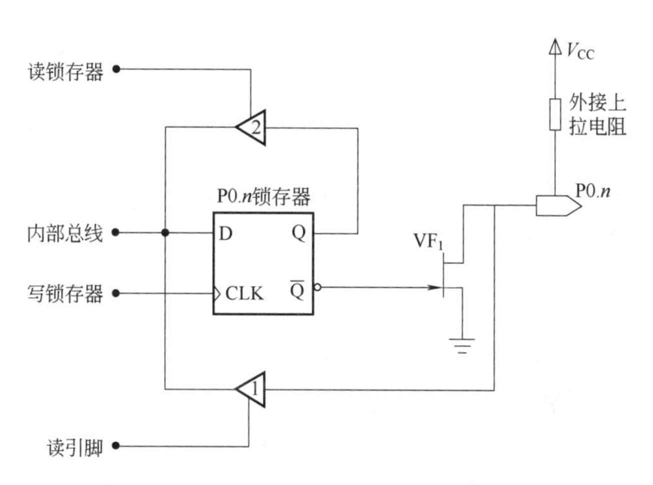

图 2.7　上拉电阻接口电路

P0. n 的通用 I/O 口工作方式有输出、读引脚、读锁存器。

输出条件：控制端→0(VF_2 截止，MUX 下通)。

输入条件：Q 端→1(VF_1 截止)。

P0. n 的地址/数据分时复用方式：地址/数据输出、数据输入。地址/数据输出的条件：控制端→1。数据输入时，CPU 自动使 Q 端→1，控制端→0，故分时复用方式为无条件的真正双向口。地址/数据输出时 VF_1 和 VF_2 交替导通，无须外接上拉电阻。

P0 口的特点：

1) P0 口具有通用 I/O 口工作方式，可实现输出、读引脚(输入)和读锁存器三种功能。

2）P0 口为准双向通用口，作为通用输入口时应先使 P0. n→1，作为通用输出口时应先使控制端→0。

3）作为通用 I/O 口工作方式时，需要外接上拉电阻。

4）P0 口具有地址/数据分时复用方式，可实现地址/数据输出、数据输入两种功能。

5）地址/数据分时复用方式时无须外接上拉电阻。

6)分时复用方式的数据输入时无须程序写 1 操作。

4. P2 口

P2 口电路逻辑如图 2.8 所示。

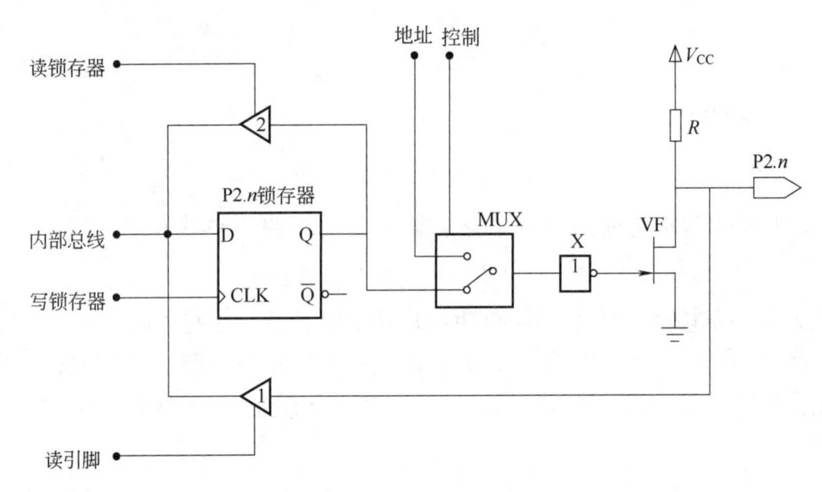

图 2.8　P2 口电路逻辑

P2. n 与 P1. n 的差别是具有输出控制单元，锁存信号由 Q 端输出。P2. 0～P2. 7 中的 8 个锁存器构成了 P2 特殊功能寄存器(A0H)。

P2. n 的通用 I/O 口工作方式有输出、读引脚、读锁存器。

输出条件：控制端→0(MUX 下通)。

输入条件：Q 端→1(VF 截止)。

无须外接上拉电阻。

P2. n 的地址输出口方式为地址输出。

地址输出条件：控制端→1(MUX 上通)。

P2 口的特点：

1）P2 口具有通用 I/O 口工作方式，可实现输出、读引脚(输入)和读锁存器三种功能。

2）P2 口为准双向通用口，作为通用输入口时应先使 P2. n→1，作为通用输出口时应先使控制端→1。

3）作为通用 I/O 口工作方式时，无须外接上拉电阻。

4）P2 口具有地址输出方式，可实现地址输出功能。

2. 4. 2　端口功能

1. P0 口

P0 口有两个用途，一是作为普通 I/O 口使用；二是作为地址/数据总线使用。当用作第二个用途时，在这个口上分时送出低 8 位地址和传送数据。这种地址与数据同用一个 I/O

口的方式，称为地址/数据总线。P0 口的字节地址为 80H，位地址为 80H~87H。当 P0 口作为普通 I/O 口输出(作控制线)时，由于输出电路是漏极开路电路，必须外接上拉电阻才能有高电平输出。当 P0 端口作为 I/O 口输入时，必须先向锁存器写 1，使 P0 端口处于悬浮状态，变成高阻抗，以避免锁存器状态为 0 时对引脚读入的干扰。这一点对于 P1 口、P2 口、P3 口同样适用。

2. P1 口

P1 口的字节地址为 90H，位地址为 90H~97H。P1 口只能作为通用 I/O 口(控制线)使用。P1 口的驱动部分与 P0 口不同，内部有上拉电阻。

3. P2 口

P2 口也有两种用途，一是作为普通 I/O 口，二是作为高 8 位地址线。P2 口的字节地址为 0A0H，位地址为 0A0H~0A7H。实际应用中，P2 口用于为系统提供高位地址。P2 口也是一个准双向口。

4. P3 口

P3 口的字节地址为 0B0H，位地址为 0B0H~0B7H。P3 口可以作为通用 I/O 口使用，实际应用中多用它的第二功能。在不使用它的第二功能时才能用于通用 I/O。

2.4.3 端口的工作方式

MCS-51 单片机有 4 个 8 位的并行接口。当作为通用 I/O 使用时，具有输出、读引脚、读锁存器 3 种工作方式。

1. 输出方式

当单片机执行写端口指令，如 MOV P1，#DATA 时，P1 口工作于输出方式，此时数据 DATA 经内部总线送入锁存器存储。如果某位的数据为 1，则该位锁存器输出端 Q=1，使得 VF 截止，从而在引脚上输出高电平。反之，如果数据为 0，则 Q=0，使得 VF 导通，对应引脚上输出低电平。

2. 读引脚方式

单片机执行读端口指令，如 MOV A，P1 时，P1 口工作于读引脚方式，此时引脚上的数据经三态门进入内部总线，并送到累加器 A。

在单片机执行读引脚操作时，如果锁存器原来寄存的数据 Q=0，那么，使得 VF 导通，对应引脚被钳位在低电平上，此时，即使端口外部电路的电平为 1，读引脚的结果也只能是 0。为避免这种情形发生，使用读引脚指令前，必须先用输出指令置 Q=1，使得 VF 截止。可见，端口作为输入口时是有条件的(要先写 1)，而输出时是无条件的。因此，各个端口为准双向口。

3. 读锁存器方式

单片机执行读-修改-写类指令，如 ANL P1，A 时，P1 口工作于读锁存器方式，此时，先通过三态门将锁存器 Q 端读入 CPU，在 ALU 中进行运算，运算结果再送回 P1 口。这里采用读 Q 端而不是读引脚，主要是由于引脚电平可能会受前次输出指令的影响而改变(取决于外电路)。

2.4.4 端口的负载能力

单片机输出低电平时，电流通过外部负载向单片机引脚内灌入电流，这个电流称为灌电流，外部负载称为灌电流负载；单片机输出高电平时，电流通过单片机的引脚流向外部负载，这个电流称为拉电流，外部电路称为拉电流负载。单片机端口正常工作时，工作电流处于一定的范围内，即存在最大工作电流值，这就是常见的单片机输出驱动能力的问题。

常用能带动多少个 TTL 输入端来说明 51 系列单片机的端口负载能力。

P0 口(P0.0~P0.7)：每个引脚的负载能力为 8 个 LSTTL。

P1 口(P1.0~P1.7)：每个引脚的负载能力为 4 个 LSTTL。

P2 口(P2.0~P2.7)：每个引脚的负载能力为 4 个 LSTTL。

P3 口(P3.0~P3.7)：每个引脚的负载能力为 4 个 LSTTL。

2.5 MCS-51 单片机时序

1. 时序的概念

时序是对象(或引脚、事件、信息)间按照时间顺序组成的序列关系。时序可以用状态方程、状态图、状态表和时序图四种方法表示。

时序图最为常用。时序图亦称为波形图或序列图，纵坐标表示不同对象的电平，横坐标表示时间(从左往右为时间正向轴)，通常坐标轴可省略。浏览时序图的方法是从上到下查看对象间的交互关系，分析不同对象的电平随时间发生的变化。某集成芯片的典型操作时序图如图 2.9 所示。

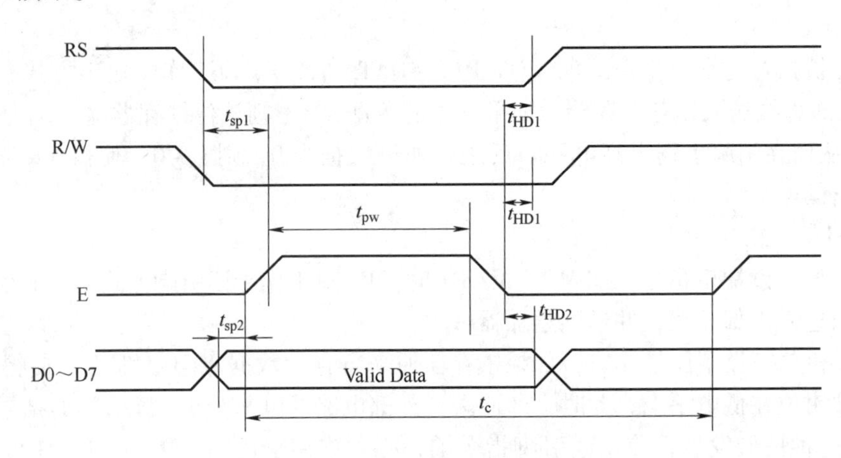

图 2.9　某集成芯片的典型操作时序图

由图 2.9 可以看出：

1）最左边是引脚的标识，反映了 RS、R/W、E、D0~D7 四类引脚的序列关系。

2）交叉线部分表示电平的变化，如高电平和低电平。

3）封闭菱形部分表示数据有效范围(图中用 Valid Data 标注)。

4）水平方向的尺寸线表示持续时间的长度。

图 2.9 中，RS 和 R/W 端首先变为低电平；随后 D0~D7 端出现有效数据；R/W 低电平 t_{sp1}之后，E 端出现宽度为 t_{pw}的正脉冲；E 端脉冲结束并延时 t_{HD1}后，RS 和 R/W 端恢复高电平；E 端脉冲结束并延时 t_{HD2}后，D0~D7 端的本次数据结束；随后 D0~D7 端出现新的数据，但下次 E 端脉冲应在 t_c 时间后才能出现。根据这些信息便可以进行相应的软件编程。

2. 单片机常用时序逻辑元件

MCS-51 单片机原理学习中经常会遇到一种 CPU 时序逻辑电路——D 触发器。

D 触发器(或边沿 D 触发器)是单片机常用的时序逻辑元件，可以分为正边沿 D 触发器和负边沿 D 触发器两种类型。其中，正边沿 D 触发器的工作特性如图 2.10 所示，负边沿 D 触发器的工作特性如图 2.11 所示。

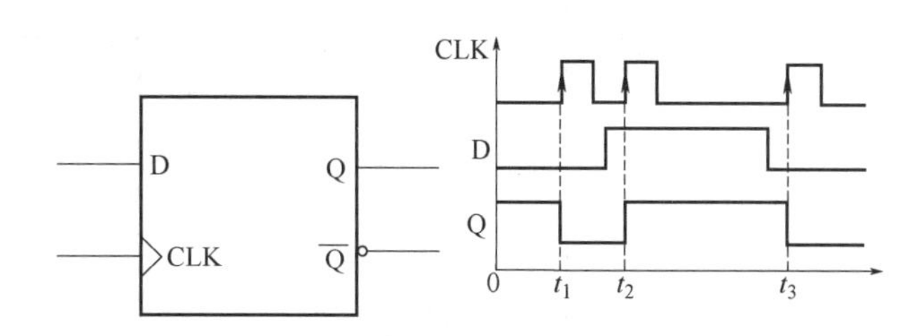

图 2.10　正边沿 D 触发器的工作特性

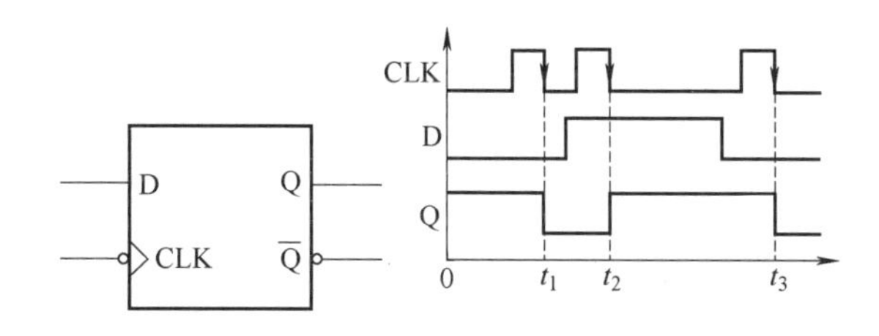

图 2.11　负边沿 D 触发器的工作特性

正边沿 D 触发器只在时钟脉冲 CLK 上升沿到来的时刻，才采样 D 端的输入信号，并据此立即改变 Q 和 $\overline{Q}$ 端的输出状态。而在其他时刻，D 与 Q 是信号隔离的。

负边沿 D 触发器只在时钟脉冲 CLK 下降沿到来的时刻，才采样 D 端的输入信号，并据此立即改变 Q 和 $\overline{Q}$ 端的输出状态。而在其他时刻，D 与 Q 是信号隔离的。

D 触发器的这一特性被广泛用于数字信号的锁存输出。后续章节中将会多次用到 D 触发器。

2.5.1　系统时钟

时钟电路用于产生单片机工作所需要的时钟信号。单片机本身就是一个复杂的同步时序电路，为了保证同步工作方式的实现，电路应在唯一的时钟信号控制下严格地按时序进行工作。而时序所研究的则是指令执行中各信号之间的相互时间关系。时钟信号的产生有两种方式：内部时钟方式和外部时钟方式。

1. 内部时钟方式

内部时钟方式如图 2.12 所示。在 MCS-51 单片机内部有一个增益反相放大器，其输入端为芯片引脚 XTAL1，输出端为芯片引脚 XTAL2，在芯片的外部通过这两个引脚跨接晶体振荡器和微调电容，形成反馈电路，就构成了一个稳定的自激振荡器。电路中电容 C_1 和 C_2 一般取 30pF 左右，主要作用是帮助振荡器起振，而晶体的振荡频率范围通常为 1.2～12MHz，晶体振荡频率高，则系统的时钟频率也高，单片机运行速度也就快。

在通常情况下，MCS-51 单片机使用振荡频率为 6MHz 的石英晶体，而 12MHz 频率主要是在高速串行通信的情况下才使用。

2. 外部时钟方式

在由多片单片机组成的系统中，为了各单片机之间时钟信号有同步，应引入唯一的公用外部脉冲信号作为各单片机的振荡脉冲。这时，外部脉冲信号经 XTAL2 引脚注入，XTAL1 引脚接地，如图 2. 13 所示。

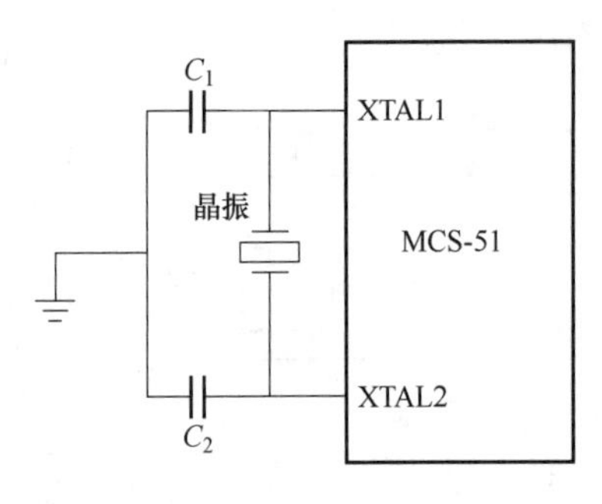

图 2. 12　内部时钟方式

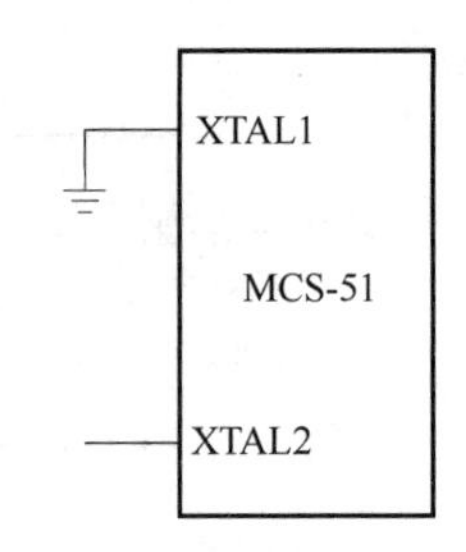

图 2. 13　外部时钟方式

2. 5. 2　机器周期与指令周期

MCS-51 单片机时序的定时单位共有 4 个，从小到大依次为时钟周期、状态周期、机器周期和指令周期。

（1）时钟周期

把晶振或外加振荡源的振荡周期定义为节拍，用 P 表示。时钟周期是 MCS-51 单片机中最小的时序单位。

（2）状态周期

振荡脉冲经过二分频后，就是状态周期，用 S 表示。这样，一个状态就包含两个节拍，其前半周期对应的节拍称为节拍 1(P1)，后半周期对应的节拍称为节拍 2(P2)。

（3）机器周期

规定一个机器周期的宽度为 6 个状态周期，依次表示为 S1~S6。由于一个状态又包括两个节拍，因此一个机器周期共有 12 个节拍，分别记为 S1P1、S1P2、…、S6P2。由于一个机器周期共有 12 个振荡脉冲周期，因此机器周期就是振荡脉冲的十二分频。

当振荡脉冲频率为 12MHz 时，一个机器周期为 1μs；当振荡脉冲频率为 6MHz 时，一个机器周期为 2μs。

（4）指令周期

指令周期是最大的时序定时单位，执行一条指令所需要的时间称为指令周期。指令周期以机器周期的数目来表示，MCS-51 单片机的指令根据指令的不同，可包含 1~4 个机器周期。

上述定时单位之间的关系总结如下：

时钟周期是晶振电路输出信号的周期，也称为节拍(P)。

1 个状态周期(S)= 2 个节拍(P)。

1 个机器周期=6 个状态(S)= 12 个节拍(P)。

1 个指令周期为 1~4 个机器周期。

各周期之间的具体关系如图 2. 14 所示。

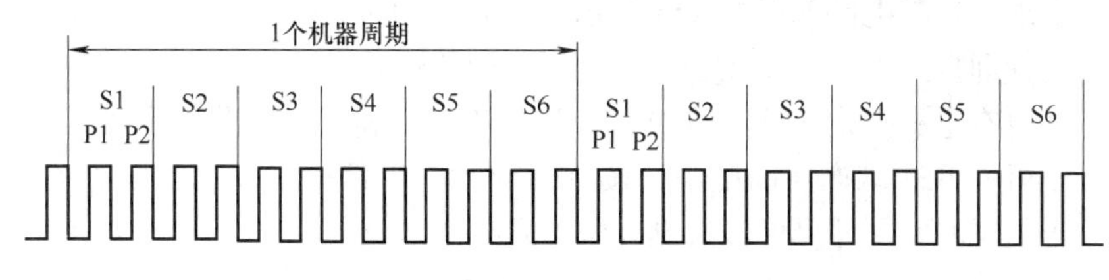

图 2.14　各周期之间的具体关系

2.6　MCS-51 单片机的工作方式

MCS-51 单片机共有复位、程序执行、掉电与节电等 6 种工作方式。本节重点介绍其中的几种。

2.6.1　复位

1. 复位的概念

复位是单片机恢复原始默认状态的操作。复位是单片机的初始化操作，其主要功能是把 PC 初始化为 0000H，使单片机从 0000H 单元开始执行程序。单片机复位一般存在两种情况：一种是单片机上电开机时的上电自动复位；另一种是当由于程序运行出错或程序跑飞时，可以通过按下复位按键使单片机进入复位工作。除 PC 外，复位还会使其他一些专用寄存器内容恢复到初始值，它们的复位状态见表 2.7。

表 2.7　复位时片内各寄存器的初始值

寄存器符号	初　始　值	寄存器符号	初　始　值
PC	0000H	TCON	00H
ACC	00H	TL0	00H
PSW	00H	TH0	00H
SP	07H	TL1	00H
DPTR	0000H	TH1	00H
P0～P3	0FFH	TH1	00H
IP	×××00000B	SBUF	不定
IE	0××00000B	PCON	0×××0000B
TMOD	00H	SCON	00H

复位操作还对单片机的个别引脚信号有影响，如把 ALE 和$\overline{\text{PSEN}}$信号变为无效状态，即 ALE = 0，$\overline{\text{PSEN}}$ = 1。

2. 复位条件

RST 引脚是复位信号的输入端，复位信号为高电平有效，其有效时间应持续 24 个振荡脉冲周期(即 2 个机器周期)以上。即要求在 RST 引脚端出现≥10ms 时长的高电平(≥3V)状态。

3. 复位方式及电路

复位操作有上电自动复位和手动按键复位两种方式。上电自动复位是通过外部复位电路的电容充电来实现的，其电路如图 2. 15a 所示。只要 V_{CC}的上升时间不超过 1ms，就可以实现自动上电复位，即接通电源就完成了系统的复位初始化。

手动按键复位有电平方式，其电路如图 2. 15b 所示。利用电阻分压实现，当按键按下，串联电阻的分压可使 RST 端产生高电平，按键抬起时产生低电平，只要按键动作产生的复位脉冲宽度大于复位时间，即可保证按键复位的发生。

实际应用中，常常采用上电复位和按键复位整合在一起的复合复位方法，如图 2. 15c 所示。

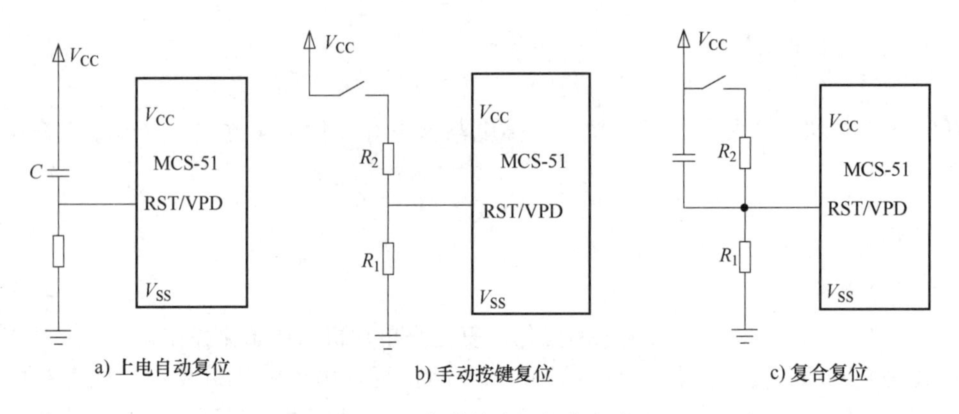

图 2. 15　各种单片机复位电路

2. 6. 2　程序执行

单片机中，一个程序的执行过程分为取指令、分析指令和执行指令几个步骤。

取指令的任务是根据 PC 值从程序存储器读出现行指令，送到指令寄存器。

分析指令阶段的任务是将指令寄存器中的指令操作码取出后进行译码，分析其指令性质，如指令要求操作数，则寻找操作数地址。

计算机执行指令的过程实际上就是逐条指令地重复上述操作过程，直至遇到停机指令或循环等待指令。

由于复位后 PC=0000H，因此程序执行总是从地址 0000H 开始，按照程序顺序执行。

2. 6. 3　掉电与节电工作方式

单片机在生产生活中有很多应用，其中有相当一部分含有单片机的设备仪器，由于供电原因或者设备仪器的非固定性(经常会移动)，所以会选择连接蓄电池来提供电源，于是会导致两个问题：一是供电系统断电，导致单片机中的 RAM 数据信息丢失；二是如果单片机一直不停地运行，不出一段时间，电池的能量就会耗尽。可以通过单片机的掉电与节电工作方式解决上述两个问题。采用节电工作方式时，单片机是低功耗，以节省不必要的能耗，让设备的工作时间更长。

1. 掉电保护

单片机工作时，如果供电电源发生停电或瞬间停电，单片机将会停止工作。待电源恢复时，单片机重新进入复位状态，停电前 RAM 中的数据全部消失，这对于一些重要的单片机应用系统是不允许的。在这种情况下，需要进行掉电保护处理。MCS-51 单片机的掉电保护措施是先把有用的数据转存，然后再启用备用电源维护供电。

(1) 数据转存

所谓数据转存是指当电源出现故障时，立即将系统的有用数据转存到内部 RAM 中。数据转存是通过中断服务程序完成的，即通常所说的掉电中断。

在单片机系统中设置一个电压检测电路，一旦检测到电源电压下降，立即通过$\overline{\text{INT0}}$或$\overline{\text{INT1}}$产生外部中断请示中断响应后执行中断服务程序，把有用数据送内部 RAM 中保护起来。

(2) 接通备用电源

为了保存转存后的有用数据，掉电后应给内部 RAM 供电。为此，系统预先装有备用电源，并在掉电后立即接通备用电源。备用电源由单片机的 RST/VPD 引脚接入。为了在掉电时能及时接通备用电源，系统中还需具有电源与 V_{CC}电源的自动切换电路。

备用电源提供的仅供维持单片机内部 RAM 和专用寄存器工作的最低消耗电流称为饥饿电流。

当电源 V_{CC}恢复时，RST/VPD 端备用电压还应继续维持一段时间(约 10ms)，以便给其他电路从启动到稳定工作留出足够的过渡时间，然后才结束掉电保护状态，单片机开始正常工作。当然，单片机恢复正常工作以后的首要任务是现场恢复，即将被保护的数据送回原处。

2. 低功耗工作方式

80C51 有两种低功耗工作方式，即待机方式和掉电保护方式。待机方式和掉电保护方式都是由专用寄存器 PCON(电源控制寄存器)的有关位来控制的。PCON 寄存器格式见表 2.8。

表 2.8 PCON 寄存器格式

位地址	PCON.7	PCON.6	PCON.5	PCON.4	PCON.3	PCON.2	PCON.1	PCON.0
位符号	SMOD				GF1	GF0	PD	IDL

各位的定义及使用如下：

SMOD：波特率倍增位，在串行通信时才使用。

GF0：通用标志位。

GF1：通用标志位。

PD：掉电方式位，PD=1，则进入掉电保护方式。

IDL：待机方式位，IDL=1，则进入待机方式。

要想使单片机进入待机或掉电保护方式，只要执行一条能使 IDL 或 PD 位为 1 的指令即可。

(1) 待机方式

使用指令使 PCON 寄存器 IDL 位置 1，则 80C51 即进入待机方式。这时振荡器仍然工作，并向中断逻辑、串行口和定时/计数器电路提供时钟，但向 CPU 提供时钟的电路被阻断，因此 CPU 不工作，与 CPU 有关的，如 SP、PC、PSW、ACC 以及全部通用寄存器也都被“冻结”在原状态。

在待机方式下，中断功能应继续保留，以便采用中断方法退出待机方式。为此，应引入一个外中断请求信号，在单片机响应中断的同时，PCON.0 位被硬件自动清 0，单片机退出待机方式而进入正常工作方式。其实，在中断服务程序中只需安排一条 RETI 指令，就可以使单片机恢复正常工作后返回断点继续执行程序。

第二种退出待机方式的方法是复位。加在 RST 引脚上的有效复位信号同样也能将电源控制寄存器的 PCON.0 位清 0，从而使单片机退出待机方式，进入程序运行模式。

（2）掉电保护方式

PCON 寄存器的 PD 位控制单片机进入掉电保护方式。因此，对于 80C51 单片机，在检测到电源故障时，除进行信息保护外，还应把 PCON.1 位置 1，即 PD=1，使之进入掉电保护方式。此时单片机一切工作都停止，只有内部 RAM 单元的内容被保存。

80C51 单片机除进入掉电保护方式的方法与 8051 单片机不同之外，还具有备用电源由 V_{CC}端引入的特点。V_{CC}正常以后，硬件复位信号维持 10ms 即能使单片机退出掉电保护方式。也就是说，退出掉电保护方式的唯一方法是硬件复位。复位信号应维持足够长时间，大约 10ms，使得振荡器能起振并稳定下来。复位操作将使系统重新初始化，并从头执行程序，但内部 RAM 中仍然保持掉电前的内容。

注意：这里所说的掉电保护模式只是人为设计的一种降低功耗的方法，并不是电源真的没有电压了，此时 V_{CC}仍然存在，正因为如此，内部的 RAM 单元内容才能得以保存。

本章小结

本章主要介绍 MCS-51 单片机的内部结构与外部引脚功能、程序存储器、数据存储器和特殊功能寄存器，单片机的 4 个通用 I/O 口的结构与功能，以及时钟电路、复位电路、掉电保护、CPU 时序等。

1）单片机的 CPU 由控制器和运算器组成，在时钟电路和复位电路的支持下，按照一定的时序工作，单片机时序信号包括时钟周期、状态周期、机器周期和指令周期。

2）MCS-51 单片机的 RAM 有 32 个字节的工作寄存器区单元、128 个位地址单元和 80 个字节地址单元；片内高 128 字节 RAM 中离散分布有 21 个特殊功能寄存器。

3）P0~P3 口都可以作为准双向通用 I/O 口。其中，只有 P0 口需要外接上拉电阻；在需要扩展片外设备时，P2 口可作为其地址线接口，P0 口可作为其地址线/数据线复用接口，此时它是真正的双向口。

习题与思考题

1. 用哲学中的“结构与功能辩证关系：结构决定功能，功能促进结构优化”这一论点，谈谈如何理解单片机原理与结构？

2. 8051 单片机芯片包含哪些主要逻辑功能部件？各有什么主要功能？

3. MCS-51 单片机的 EA 信号有何功能？在使用 8031 时，EA 信号引脚应如何处理？

4. 用图示形式画出 MCS-51 单片机内部数据存储器(即内部 RAM，含特殊功能寄存器)的组成结构，并简单说明各部分对应的用途。

5. 程序计数器(PC)作为不可寻址寄存器，它有哪些特点？

6. MCS-51 单片机的 4 个 I/O 口在使用上有哪些分工和特点？试比较各口的特点。

7. MCS-51 单片机运行出错或程序进入死循环，如何摆脱困境？

8. 堆栈指示器(SP)的作用是什么？在程序设计时，为什么还要对 SP 重新赋值？

9. 内部 RAM 低 128 单元划分为哪几个主要部分？说明各部分的使用特点。

10. 在 MCS-51 单片机系统中，外接程序存储器和数据存储器共用 16 位地址线和 8 位数据线，在软件上是如何实现访问不冲突的？

11. 什么是指令周期、机器周期和时钟周期？如何计算机器周期的确切时间？

12. 使单片机复位有几种方法？复位后机器的初始状态如何？

第 3 章 MCS-51单片机的指令系统与汇编语言程序设计

所谓指令，就是规定计算机进行某种操作的命令。计算机按程序一条一条地依次执行指令，从而完成指定任务。一条指令只能完成有限的功能，为使计算机完成一定的或者复杂的功能，就需要一系列指令。一台计算机所能执行的指令集合就是它的指令系统。一般来说，一台计算机的指令越丰富，寻址方式越多，且每条指令的执行速度越快，它的总体功能就越强。

由于计算机只能识别二进制数，所以计算机的指令均由二进制代码组成。为了阅读和书写方便，常把它写成十六进制形式，通常称这样的指令为机器指令。现在一般的计算机都有几十甚至几百种指令。显然，即便用十六进制去书写和记忆也是不容易的，为此，制造厂家对指令系统的每一条指令都给出了助记符。助记符是根据机器指令不同的功能和操作对象来描述指令的符号。为起到助记作用，指令常以其英文名称或缩写形式作为助记符，由于助记符是用英文缩写来描述指令的特征，因此它不但便于记忆，也便于理解和分类。以助记符表示的指令是计算机的汇编语言，使用汇编指令编写的程序称为汇编语言程序。指令系统没有通用性，各种计算机都有自己专用的指令系统，因此由汇编语言编写的程序也没有通用性，无法直接移植。

汇编语言具有以下特点：

1）助记符指令和机器指令一一对应，所以用汇编语言编写的程序效率高、占用存储空间小、运行速度快。因此，汇编语言能编写出最优化的程序。

2）使用汇编语言编程比使用高级语言困难。因为汇编语言是面向计算机的，汇编语言的程序设计人员必须对计算机硬件有相当深入的了解。

3）汇编语言能直接访问存储器及接口电路，也能处理中断，因此汇编语言程序能直接管理和控制硬件设备。

4）汇编语言缺乏通用性，程序不易移植。各种计算机都有自己的汇编语言，不同计算机的汇编语言之间不能通用。

3.1 MCS-51 单片机的指令系统

MCS-51 系列单片机的汇编语言指令系统共有 111 条指令，按功能划分，可分为五大类：

1）数据传送类指令(29 条)。

2）算术运算类指令(24 条)。

3）逻辑运算及移位类指令(24 条)。

4）控制转移类指令(17 条)。

5）位操作类指令(17 条)。

单片机指令都是不定长的，即所谓的变长指令。如在 MCS-51 单片机指令系统中，有 1 字节、2 字节和 3 字节等不同长度的指令。指令的长度，就是描述一条指令所需要的字节数，用 1 个字节能描述的指令称为 1 字节指令，同理，用 2 个字节描述的指令称为 2 字节指令，用 3 个字节描述的指令称为 3 字节指令。基于此，对 80C51 的 111 条指令分类如下：

1）1 字节指令共有 49 条。

2）2 字节指令共有 45 条。

3）3 字节指令共有 17 条。

1. 指令格式

指令的表示方法称为指令格式。一条指令通常由两部分组成，即操作码和操作数。操作码用来规定指令进行什么操作，而操作数则是指令操作的对象。操作数可能是一个具体的数据，也可能是指出到哪里取得数据的地址或符号。

完整的指令格式如下：

[标号:] 〈操作码〉 [操作数] [；注释]

即一条汇编语句是由标号、操作码、操作数和注释 4 部分所组成。其中方括号括起来的是可选择部分，可有可无，视需要而定。

(1) 标号

标号是该指令的起始地址，是一种符号地址。它用来表示子程序名称或程序执行条件跳转时的程序跳转地址，实际上是一个地址值。标号可以由 1~8 个字符组成，第一个字符必须是字母，其余字符可以是字母、数字或其他特定符号，标号后跟分界符“:”。

(2) 操作码

操作码即指令的助记符，是由助记符表示的字符串。操作码其实就是规定这条指令起什么功能，加、减、传送，还是控制等。也就是说，它规定了指令所能完成的操作功能。

(3) 操作数

操作数指出了指令的操作对象。操作数可以是一个具体的数据，也可以是存放数据的单元地址，还可以是符号常量或符号地址等。多个操作数之间用逗号“,”分隔。

(4)注释

注释为了方便阅读而添加的解释说明性的文字，用分号“;”开头。

2. 指令中的常用符号说明

在分类介绍指令之前，先把指令中常用的一些符号意义做简单说明。

Rn：当前选中的工作寄存器组中的寄存器 R0~R7 之一，所以，n=0~7。

Ri：当前选中的工作寄存器组中可作为地址指针的寄存器 R0、R1，所以 i=0，1。

#data：8 位立即数。

#data16：16 位立即数。

direct：内部 RAM 的 8 位地址，既可以是内部 RAM 的低 128 个单元地址，也可以是特殊功能寄存器的单元地址或符号。在指令中，direct 表示直接寻址方式。

addr11：11 位目的地址，只限于在 ACALL 和 AJMP 指令中使用。

addr16：16 位目的地址，只限于在 LCALL 和 LJMP 指令中使用。

rel：补码形式表示的 8 位地址偏移量，在相对转移指令中使用。

bit：片内 RAM 位寻址区或可位寻址的特殊功能寄存器的位地址。

@：间接寻址方式中间地址寄存器的前缀标志。

C：进位标志位，它是布尔处理机的累加器，也称为位累加器。

/：加在位地址的前面，表示对该位先求反再参与操作，但不影响该位的值。

(x)：由 x 指定的寄存器或地址单元中的内容。

((x))：由 x 所指寄存器的内容作为地址的存储单元的内容。

$：本条指令的起始地址。

←：指令操作流程，将箭头右边的内容送到箭头左边的单元中。

3.1.1　概述

大多数指令执行时都需要使用操作数，所以也就存在着怎样取得操作数的问题。由于在计算机中只有指定了单元才能得到操作数，因此所谓寻址，实际上就是如何指定操作数的所在单元，即寻找操作数的地址。根据指定方法的不同，就有了不同的寻址方式。寻址方式就是指出寻找操作数地址的方法。

MCS-51 单片机共有 7 种寻址方式。

1. 立即寻址方式

所谓立即寻址方式就是操作数在指令中直接给出。通常把出现在指令中的操作数称为立即数，因此将这种寻址方式称为立即寻址。

为了与直接寻址指令中的直接地址相区别，在立即数前面加“#”标志。例如：

```
MOV A,#3AH
```

除 8 位立即数外，MCS-51 单片机指令系统中还有一条 16 位立即寻址指令，以#data16 表示 16 位立即数，该指令为

```
MOV DPTP,#data16
```

其功能是把 16 位立即数送数据指针 DPTP。

【例 3.1】　执行指令 MOV　A,#50H，执行结果：(A)= 50H，工作原理如图 3.1 所示。

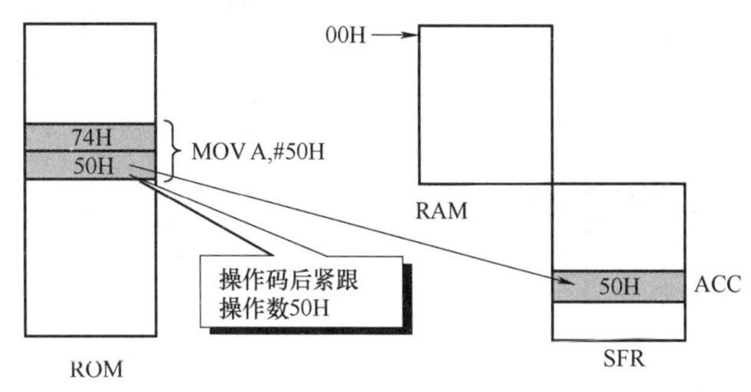

图 3.1　例 3.1 工作原理图

2. 直接寻址方式

指令中操作数直接以单元地址的形式给出，称为直接寻址。例如：

```
MOV  A,3AH
```

其功能是把内部 RAM 的 3AH 单元中的数据传给累加器 A。

直接寻址的操作数在指令中以存储单元形式出现，因此，这种寻址方式的寻址范围只限于内部 RAM，具体说来就是：

1）低 128 单元。在指令中直接以单元地址形式给出。

2）专用寄存器。专用寄存器除以单元地址形式给出外，还可以以寄存器符号形式给出。应当指出，直接寻址是访问专用寄存器的唯一方法。

【例 3.2】 若(50H)= 3AH，执行指令 MOV A,50H 后，(A)= 3AH，工作原理如图 3.2 所示。

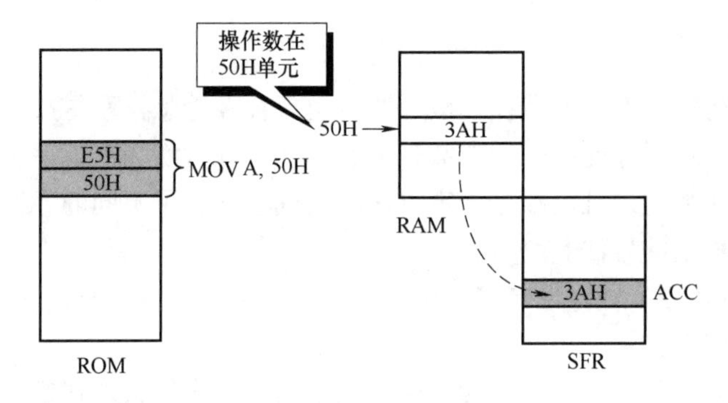

图 3.2 例 3.2 工作原理图

3. 寄存器寻址方式

寄存器寻址就是操作数在寄存器中，因此指定了寄存器就能得到操作数。在寄存器寻址方式的指令中，以符号名称来表示寄存器。例如：

```
MOV  A,R0
```

寄存器寻址的主要对象是通用寄存器，共有 4 组共 32 个通用寄存器，但寄存器寻址只能使用当前寄存器组。因此，指令中的寄存器名称只能是 R0～R7 以及专用寄存器，如累加器 A、AB 寄存器对以及数据指针 DPTP 等。

【例 3.3】 若(R0)= 30H，执行指令 MOV A,R0 后，(A)= 30H，当前工作区处于第 0 区，工作原理如图 3.3 所示。

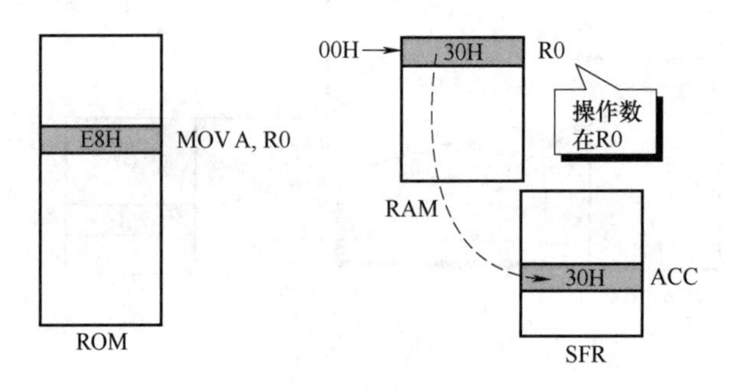

图 3.3 例 3.3 工作原理图

4. 寄存器间接寻址方式

寄存器寻址方式，寄存器中存放的是操作数。而对于寄存器间接寻址方式，寄存器中存放的则是操作数的地址，即操作数是通过寄存器间接得到的，因此称为寄存器间接寻址。

寄存器间接寻址也需要以寄存器符号的形式表示。为了区别寄存器寻址和寄存器间接寻址，在寄存器间接寻址方式中，应在寄存器的名称前面加前缀标志“@”。

寄存器间接寻址方式主要有以下几个方面：

1）访问内部 RAM 低 128 单元，对内部 RAM 低 128 单元的间接寻址，只能使用 R0 或 R1 作为间址寄存器(地址指针)，其通用形式为@Ri(i=0 或 1)。例如：

```
MOV  A,@R0
```

2）访问外部 RAM 64KB，使用 DPTR 作为间址寄存器，其形式@DPTP。例如：

```
MOVX A,@DPTP
```

3）访问外部 RAM 低 256 单元。

外部 RAM 的低 256 单元是一个特殊的寻址区，除可以使用 DPTP 间址寄存器寻址外，还可以使用 R0 或 R1 作为间址寄存器寻址。例如：

```
MOVX A,@R0
```

【例 3.4】 若(R0)=30H，(30H)=5AH，执行指令 MOV A,@R0 后，(A)=5AH，工作原理如图 3.4 所示。

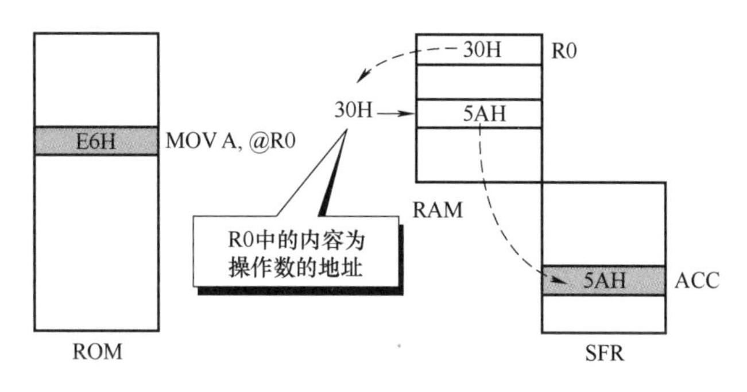

图 3.4 例 3.4 工作原理图

5. 变址寻址方式

变址寻址是为了访问程序存储器中的数据表格。MCS-51 单片机的变址寻址是以 DPTR 或 PC 作为基础寄存器，以累加器 A 作为变址寄存器，并以两者内容相加形成的 16 位地址作为操作数地址，以达到访问数据表格的目的。例如：

```
MOVC    A,@A+DPTR
```

假定指令执行前(A)=54H，(DPTR)=3F21H，变址寻址形成的操作数地址为 3F21H+54H=3F75H，而 3F75H 单元的内容为 7FH，故该指令执行结果是(A)=7FH。

对 MCS-51 单片机指令系统的变址寻址方式说明如下：

1）变址寻址方式只能对程序存储器进行寻址，或者说它是专门针对程序存储器的寻址方式，寻址范围可达64KB。

2）变址寻址的指令只有3条，即

```
MOVC  A,@A+DPTR
MOVC  A,@A+PC
JMP   @A+DPTR
```

其中，前两条是程序存储器读指令，第三条是无条件转移指令。

【例3.5】 已知(A)=0FH，(DPTR)=2400H，执行指令 MOVC A，@A+DPTR后，(A)=88H，工作原理如图3.5所示。

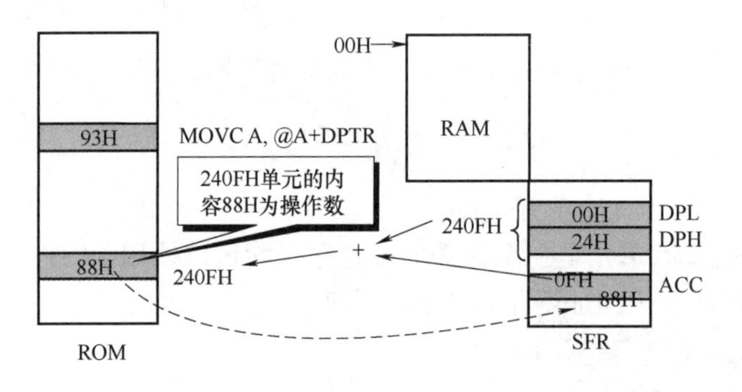

图3.5 例3.5工作原理图

6. 位寻址方式

MCS-51单片机有位处理功能，可以对数据位进行操作，因此就有相应的位寻址方式。位寻址指令中可以直接使用位地址，例如：

```
MOV  C,3AH
```

指令功能是把3AH位的状态送进位C。

位寻址的寻址范围：

(1) 内部RAM中的位寻址区

内部RAM中的位寻址区单元地址为20H～2FH，共16个单元128个位，位地址为00H～7FH。

对这128个位的寻址使用直接位地址表示。位寻址区中的位有两种表示方法，一种是位地址；另一种是单元地址加位。

(2) 专用寄存器的可寻址位

可供位寻址的专用寄存器共有11个，实有寻址位83位。这些寻址位在指令中有以下4种表示方法：

1）直接使用位地址。如PSW寄存器位5地址为0D5H。

2）位名称表示方法。如PSW寄存器位5是F0标志位，则可使用F0表示该位。

3）单元地址加位数的表示方法。如0D0H单元(即PSW寄存器)位5，表示为0D0H.5。

4）专用寄存器符号加位数的表示方法。如PSW寄存器的位5，表示为PSW.5。

一个寻址有多种表示方法，乍看起来有些复杂，但实际上这将为程序设计带来方便。

【例 3.6】 位地址 00H 内容为 1，执行指令 MOV　C,00H 后，位地址 PSW.7 的内容为 1，工作原理如图 3.6 所示。

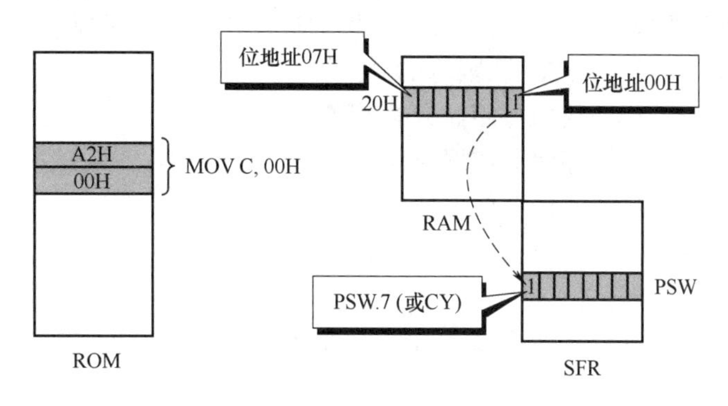

图 3.6　例 3.6 工作原理图

7. 相对寻址方式

上述 6 种寻址方式主要是解决操作数的给出问题，而相对寻址方式则是为解决程序转移而专门设置，为转移指令所采用。

在相对寻址的转移指令中，给出了地址偏移量(MCS-51 单片机指令系统中以“rel”表示)，把当前 PC 值加上偏移量就构成了程序转移的目的地址。但这里的当前 PC 值是执行完转移指令后的 PC 值，即转移指令的 PC 值加上它的字节数。

因此，转移的目的地址可用表示为

目的地址=转移指令地址+转移指令字节数+rel

偏移量 rel 是一个带符号的 8 位二进制补码数。它所能表示的数的范围为−128～+127，因此相对转移是以转移指令所在地址为基点，向前(地址增加方向)最大可转移(+127 转移指令字节数)个单元地址，向后(地址减少方向)最大可转移(−128 转移指令字节数)个单元地址。

【例 3.7】 若 rel 为 75H，PSW.7 为 1，JC　rel 存于 1000H 开始的单元。执行指令 JC　rel 后，程序将跳转到 1077H 单元取指令并执行，工作原理如图 3.7 所示。

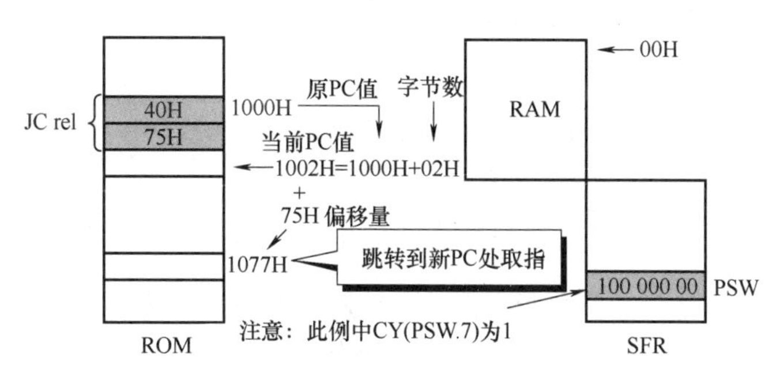

图 3.7　例 3.7 工作原理图

3.1.2　数据传送类指令

指令格式：

```
MOV 或 MOVX 或 MOVC <目的操作数>,<源操作数>
```

将源操作数复制给目的操作数，源操作数不变，目的操作数被源操作数代替，而不是“搬家”。数据传送类指令不影响标志位 CY、AC 和 OV，影响奇偶标志位 P。

数据传送类指令实现寄存器、存储器之间的数据传送。具体可以分为：

1）内部传送指令：片内数据存储器数据传送。

2）外部传送指令：片外数据存储器数据传送。

3）交换指令：片内数据存储器数据传送。

4）堆栈操作指令：片内数据存储器数据传送。

5）查表指令：程序存储器数据传送。

1. 内部 RAM 数据传送指令

内部 RAM 的数据传送类指令是指累加器、寄存器、特殊功能寄存器、RAM 单元之间的数据相互传送。

指令格式：

```
MOV<目的操作数>,<源操作数>
```

传送指令中有从右向左传送数据的约定，即指令的右边操作数为源操作数，表示数据的来源；而左边操作数为目的操作数，表示数据的去向。

源操作数可以是累加器 A、通用寄存器 Rn、直接地址 direct、间接寻址址寄存器和立即数。而目的操作数可以是累加器 A、通用寄存器 Rn、直接地址 direct 和间接寻址寄存器。两者只差一个立即数。具体如图 3.8 所示。

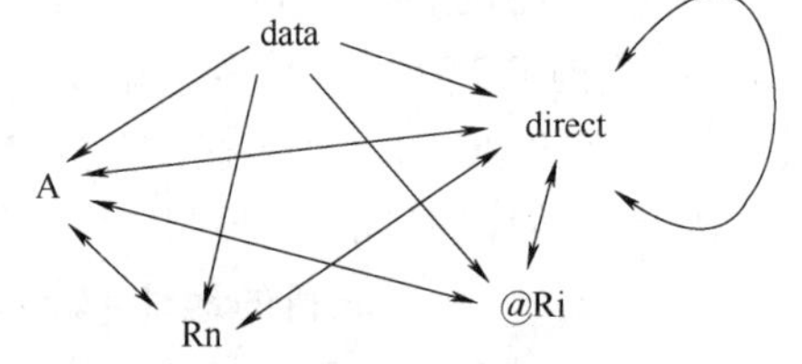

图 3.8　内部 RAM 数据传送指令方向

此外还有一条 16 位立即数传送指令：

```
MOV  DPTR,#data16  ;DPTR←data16
```

具体可以分为：

1）以累加器 A 为目的操作数的数据传送指令。

```
MOV  A,#data        ;A←data
MOV  A,direct       ;A←(direct)
MOV  A,Rn           ;A←(Rn)
MOV  A,@Ri          ;A←((Ri))
```

这组指令的功能是将源操作数所指定的内容送入累加器 A 中。

2）以寄存器 Rn 为目的操作数的数据传送指令。

```
MOV  Rn,A           ;Rn←(A)
MOV  Rn,#data       ;Rn←data
MOV  Rn,direct      ;Rn←(direct)
```

这组指令的功能是将源操作数所指定的内容送到当前工作寄存器组 R0～R7 中的某个寄存器中。

注意：没有 MOV　Rn,Rn 指令，也没有 MOV　Rn,@Ri 指令。

3）以直接地址为目的操作数的数据传送指令。

```
MOV  direct,A            ;direct←(A)
MOV  direct,#data        ;direct←data
MOV  direct1,direct2     ;direct1←(direct2)
MOV  direct,Rn           ;direct←(Rn)
MOV  direct,@Ri          ;direct←((Ri))
```

这组指令的功能是将源操作数所指定的内容送入由直接地址(direct)所指定的片内存储单元。

4）以间接地址@Ri 为目的操作数的数据传送指令。

```
MOV  @Ri,A              ;(Ri)←(A)
MOV  @Ri,#data          ;(Ri)←data
MOV  @Ri,direct         ;(Ri)←(direct)
```

这组指令的功能是把源操作数所指定的内容送入以 R0 或 R1 为地址指针的片内 RAM 单元中。源操作数可采用寄存器寻址、立即寻址和直接寻址 3 种方式。

注意：没有 MOV　@Ri,Rn 指令。

【例 3.8】　已知(R1)= 30H，(A)= 20H，执行指令：

```
MOV  @R1,A              ;(30H)←(A)
```

执行结果：(30H)= 20H。

5）以 DPTR 为目的操作数的数据传送指令。

```
MOV  DPTR,#data16        ;DPTR←data16
```

这是 MCS-51 系列单片机指令系统中唯一的一条 16 位立即数传送指令，其功能是将外部存储器(RAM 或 ROM)某单元地址作为立即数送到 DPTR 中，立即数的高 8 位送 DPH，低 8 位送 DPL。

2. 访问外部 RAM 的数据传送指令

CPU 与外部 RAM 或 I/O 口进行数据传送，必须采用寄存器间接寻址的方式，并通过累加器 A 来传送。

实现片外数据存储器和累加器 A 之间的数据传送。

指令格式：

```
MOVX  目的操作数,源操作数
```

寻址方式：片外数据存储器用寄存器间接寻址方式。

1）DPTR 作为 16 位数据指针寻址 64KB 片外 RAM 空间。

```
MOVX  A,@DPTR            ;A←(DPTR)
MOVX  @DPTR,A            ;(DPTR)←A
```

2）Ri 作为 8 位数据指针寻址 256B 片外 RAM 空间。

```
MOVX  A,@Ri          ;A←(Ri)
MOVX  @Ri,A          ;(Ri)←A
```

注意：

1）该组指令是 CPU 访问外部数据存储器或 I/O 的唯一指令。

2）用 DPTR 或 Ri 间接寻址可指向外部数据 RAM 相同区域，只是 DPTR 为 16 位数据指针，而 Ri 为 8 位数据指针。

3. 程序存储器向累加器 A 传送数据指令

1）DPTR 为基址寄存器。

```
MOVC  A,@A+DPTR        ;A←(A+DPTR)
```

DPTR 可以为 16 位的表首地址，查表范围为 64KB 程序存储器的任意空间，称为远程查表指令。

2）PC 为基址寄存器。

```
MOVC  A,@A+PC          ;A←(A+PC)
```

PC 为下条指令的地址，而不是表首地址，常数表只能在查表指令后 256B 范围内。

两条指令适合用于查阅在 ROM 中建立的数据表格，也称为查表指令，实现的功能完全相同，但使用中有一点差异。

4. 数据交换指令

数据交换指令共有 5 条，可完成累加器和内部 RAM 单元之间的整字节或半字节交换。

1）字节交换指令。

```
XCH  A,Rn        ;A←→Rn
XCH  A,@Ri       ;A←→(Ri)
XCH  A,direct    ;A←→(direct)
```

2）半字节交换指令。

```
XCHD  A,@Ri     ;A0~3←→(Ri)0~3
SWAP  A         ;A4~7←→A0~3
```

5. 堆栈操作指令

所谓堆栈是在片内 RAM 中按“先进后出，后进先出”原则设置的专用存储区。数据的进栈、出栈由指针 SP 统一管理。

1）PUSH(入栈)指令。

```
PUSH  direct        ;SP←(SP)+1,(SP)←(direct)
```

2）POP(出栈)指令。

```
POP  direct         ;direct←((SP)),SP←(SP)-1
```

注意：direct 可为有直接地址的特殊功能寄存器，但无 PUSH Rn、POP Rn 类指令，因为 Rn 的直接地址不确定。

3.1.3　算术运算类指令

MCS-51 单片机指令系统中，算术运算指令都是针对 8 位二进制无符号数的，如要进行带符号或多字节二进制数运算，需要编写程序，通过执行程序实现算术运算。

1. 不带进位位的加法指令

加法运算指令共有 4 条：

```
ADD  A,Rn          ;A←(A)+(Rn)
ADD  A,direct      ;A←(A)+(direct)
ADD  A,@Ri         ;A←(A)+((Ri))
ADD  A,#data       ;A←(A)+data
```

8 位二进制数加法运算指令的一个加数总是累加器 A，而另一个加数可由不同寻址方法得到，其相加结果再送回累加器 A。

加法指令的源操作数共有寄存器寻址、直接寻址、寄存器间接寻址和立即寻址 4 种寻址方式，而目的操作数总是累加器 A。

使用加法指令时要注意对程序状态字 PSW 的影响，其中包括：

1）如果位 3 有进位，则辅助进位标志 AC 置 1，反之，AC 清 0。

2）如果位 7 有进位，则进位标志 CY 置 1，反之，CY 清 0；

3）如果位 6 有进位而位 7 没有进位，或者位 7 有进位而位 6 没有进位，则溢出标志 OV 置 1，否则，OV 清 0。

溢出标志的状态，只有在符号数加法运算时才有意义。当两个符号数相加时，OV = 1，表示加法运算超出了累加器 A 所能表示的符号数有效范围(−128～+127)，即产生了溢出，因此运算结果是错误的；否则运算是正确的，即无溢出产生。

【例 3.9】　(A)= 0C2H，(R0)= 0A9H，执行指令 ADD A,R0

```
      1 1 0 0 0 0 1 0
  +   1 0 1 0 1 0 0 1
 ---------------------
 1←   0 1 1 0 1 0 1 1
```

运算结果为(A)= 6BH，(AC)= 0，(CY)= 1，(OV)= 1。若 0C2H 和 0A9H 是两个无符号数，则结果是正确的；反之，若 0C2H 和 0A9H 是两个带符号数，则由于有溢出表明相加结果是错误的，因为两个负数相加不可能得到正数的和。

【例 3.10】　两个 8 位无符号数相加和仍为 8 位。如内部 RAM 中 40H 和 41H 单元分别存放两个加数，相加结果存放 42H 单元。程序如下：

```
MOV     R0,#40H        ;设置数据指针
MOV     A,@R0          ;取第一个加数
INC     R0             ;修改数据指针
ADD     A,@R0          ;两数相加
INC     RO             ;修改数据指针
MOV     @R0,A          ;存结果
```

2. 带进位加法指令

带进位加法运算的唯一特点是进位标志位参加运算，因此带进位加法运算是 3 个数相加，即累加器 A 的内容、不同寻址方式的加数及进位标志位 CY 的状态，运算结果送累加器 A。

带进位加法指令共有 4 条：

```
ADDC    A,Rn         ;A ←(A)+(Rn)+(CY)
ADDC    A,direct     ;A ←(A)+(direct)+(CY)
ADDC    A,@Ri        ;A ←(A)+((Ri))+(CY)
ADDC    A,#data      ;A ←(A)+data+(CY)
```

带进位加法指令对进位位、辅助进位位和溢出标志位的影响与不带进位的加法指令相同。

带进位加法指令常用于多字节数的加法运算。

【例 3.11】 3 字节无符号数相加，被加数放在内部 RAM 20H~22H 单元(低位在前)，加数放在内部 RAM 2AH~2CH 单元(低位在前)。程序如下：

```
      MOV   R0,#20H       ;被加数首地址
      MOV   R1,#2AH       ;加数首地址
      MOV   R7,#03H       ;字节数
      CLR   C             ;清 CY
LOOP: MOV   A,@R0         ;取被加数一个字节
      ADDC  A,@R1         ;与加数的一个字节相加
      MOV   @R0,A         ;暂存中间结果
      INC   R0            ;地址增量
      INC   R1
      DJNZ  R7,LOOP       ;次数减 1,不为 0 转移
      CLR   A
      ADDC  A,#00H        ;处理进位
      MOV   @R0,A         ;存进位
```

3. 带借位减法指令

带借位减法指令也有 4 条：

```
SUBB    A,Rn        ;A ←(A)-(Rn)-(CY)
SUBB    A,direct    ;A ←(A)-(direct)-(CY)
SUBB    A,@Ri       ;A ←(A)-((Ri))-(CY)
SUBB    A,#data     ;A ←(A)-data-(CY)
```

带借位减法指令的功能是从累加器 A 中减去不同寻址方式的操作数以及进位标志 CY 状态，其差再回送累加器 A。

减法运算只有带借位减法指令，而没有不带借位的减法指令。若进行不带借位的减法运算，只需在 SUBB 指令前用 CLR C 指令先把进位标志位清 0 即可。

带借位减法运算影响 PSW 位的状态，其中包括：

1）如果位 3 有借位，则辅助进位标志 AC 置 1，反之 AC 清 0。

2）如果位 7 有借位，则进位标志 CY 置 1，反之 CY 清 0。

3）如果位 6 有借位而位 7 没有借位，或者位 7 有借位而位 6 没有借位，则溢出标志 OV 置 1；否则，OV 清 0。

在带借位减法运算中，同样是只有两个符号数相减时溢出标志的状态才有意义。OV=1，表示减法运算超出了累加器 A 所能表示的符号数有效范围(-128~+127)，即产生了溢出，因此运算结果是错误的；否则，运算是正确的，即无溢出产生。

【例 3.12】 已知(A)=0C9H，(R2)=54H，(CY)=1。执行 SUBB A，R2 指令：

```
  1 1 0 0 1 0 0 1
- 0 1 0 1 0 1 0 0
-               1
-----------------
  0 1 1 1 0 1 0 0
```

运算结果为(A)=74H，(CY)=0，(OV)=1。若 C9H 和 54H 是两个无符号数，则结果 74H 是正确的；反之，若为两个带符号数，则由于有溢出而表明结果是错误的，因为负数减正数其差不可能是正数。

4. 加 1 指令组

加 1 指令共有 5 条：

```
INC    A          ;A←(A)+1
INC    Rn         ;Rn←(Rn)+1
INC    direct     ;direct←(direct)+1
INC    @Ri        ;(Ri)←((Ri))+1
INC    DPTR       ;DPTR←(DPTR)+1
```

加 1 指令的操作不影响程序状态字 PSW 的状态。

5. 减 1 指令

减 1 指令共有 4 条：

```
DEC    A          ;A←(A)-1
DEC    Rn         ;Rn←Rn-1
DEC    direct     ;direct←(direct)-1
DEC    @Ri        ;(Ri)←((Ri))-1
```

减 1 指令的操作不影响程序状态字 PSW 的状态。

注意：在 MCS-51 单片机指令系统中，只有数据指针 DPTR 加 1 指令，而没有 DPTR 减 1 指令。如果要在程序设计中进行 DPTR-1 运算，只有通过编程完成。

6. 乘除指令组

MCS-51 单片机指令系统中有乘、除指令各一条，它们都是 1 字节指令。乘除指令是整个指令系统中执行时间最长的指令，共需要 4 个机器周期，对于 12MHz 晶振的单片机，一次乘除时间为 4μs。

1）乘法指令。

```
MUL    AB
```

这条指令是把累加器 A 和寄存器 B 中的两个无符号 8 位数相乘，所得 16 位乘积的低位字节放在 A 中，高位字节放在 B 中。

乘法运算影响 PSW 的状态，包括进位标志位 CY 总是被清 0，溢出标志位状态与乘积有关。若 OV=1，表示乘积超过 255，即乘积分别在 B 与 A 中；否则，OV=0，表示乘积只在 A 中，即乘积小于 0FFH(即 B 的内容为 0)。

【例 3.13】 已知(A)= 50H，(B)= 0A0H，执行指令：

```
MUL    AB
```

结果为(B)= 32H，(A)= 00H(即乘积为 3200H)，CY=0，OV=1。

2）除法指令。

```
DIV    AB
```

除法指令进行两个 8 位无符号数的除法运算。其中，被除数置于累加器 A 中，除数置于寄存器 B 中。指令执行后，商存于 A 中，余数存于 B 中。

除法运算影响 PSW 的状态，包括进位标志位 CY 总是被清 0，而溢出标志位 OV 状态则反映除数的情况。当除数为 0(B=0)时，OV 置 1，表明除法没有意义，不能进行；其他情况 OV 都被清 0，即除数不为 0，除法可正常进行。

7. 十进制调整指令

十进制调整指令是一条专用指令，用于对 BCD 码十进制数加法运算的结果进行修正。

前面介绍的 ADD 和 ADDC 指令都是二进制数加法指令，对二进制数的加法运算都能得到正确的结果。但对于十进制数(BCD 码)的加法运算，指令系统中并没有专门的指令，因此只能借助于二进制加法指令，即以二进制加法指令来进行 BCD 码的加法运算。然而，二进制数的加法运算原则不能完全适用于十进制数的加法运算，有时会产生错误结果。

【例 3.14】

```
(a) 6+3=9          (b) 8+7=15         (c) 8+9=17
     0110               1000                1000
   + 0011             + 0111              + 1001
   ------             ------            --------
     1001               1111             1← 0001
```

(a)的运算结果是正确的，(b)、(c)的运算结果是错误的。

因此，在使用 ADD 和 ADDC 指令对十进制数进行加法运算之后，要对结果做有条件的修正。这就是所谓的十进制调整问题。

调整指令格式：

```
DA    A
```

因相加结果在累加器 A 中，因此也就是对累加器 A 的内容进行修正，这一点从指令格式中可以反映出来。

本指令的操作为：若[(A3~0)>9](即累加器 A 的低 4 位数值大于 9)或者[(AC)= 1]，则 A3~0←(A3~0)+06H，以产生低 4 位正确的 BCD 码值。如果加 6 调整后，低 4 位产生进位且高 4 位均为 1 时，则内部加法将置位 CY，反之，并不清 0 CY 标志位。

同时，若[(A7~4)>9]或者[(CY)= 1]，则高 4 位需加 6 调整，以产生高 4 位的正确

BCD 码值。同样，在加 6 调整后产生最高进位，则置位 CY，反之，不清 0 CY。这时 CY 的置位表示和数 BCD 码值≥100。这对多字节十进制加法有用，不影响 OV 标志。

3.1.4　逻辑运算与循环移位类指令

MCS-51 单片机有与、或和异或 3 种逻辑运算指令，以及移位指令，共 24 条。

1. 逻辑与运算指令组

逻辑与运算指令共有 6 条：

```
ANL  A,Rn            ;A← (A)∧(Rn)
ANL  A,direct        ;A←(A)∧(direct)
ANL  A,@Ri           ;A←(A)∧((Ri))
ANL  A,#data         ;A←(A)∧data
ANL  direct,A        ;direct←(direct)∧(A)
ANL  direct,#data    ;direct←(direct)∧data
```

其中，前 4 条指令的运算结果存放在累加器 A 中，而后 2 条指令的运算结果则存放在直接寻址的地址单元中。

【例 3.15】　设 P1 为输入口，P3.0 为输出线，执行下列指令：

```
MOV   C,P1.0
ANL   C,P1.1
ANL   C,/P1.2
MOV   P3.0,C
```

所实现操作的逻辑运算式为

$$P3.0=(P1.0)\wedge(P1.1)\wedge(\overline{P1.2})$$

逻辑与运算指令用于将某些位屏蔽(即使之为 0)。即将要屏蔽的位同 0 相与，保留不变的位同 1 相与。

2. 逻辑或运算指令组

逻辑或运算指令共有 6 条：

```
ORL  A,Rn            ;A←(A)∨(Rn)
ORL  A,direct        ;A←(A)∨(direct)
ORL  A,@Ri           ;A←(A)∨((Ri))
ORL  A,#data         ;A←(A)∨data
ORL  direct,A        ;direct←(direct)∨(A)
ORL  direct,#data    ;direct←(direct)∨data
```

逻辑或运算指令用于将某些位置位(即使之为 1)。即将要置位的位同 1 相或，要保留不变的位同 0 相或。

3. 逻辑异或运算指令组

逻辑异或运算指令共有 6 条：

```
XRL  A,Rn           ;A←(A)⊕(Rn)
XRL  A,direct       ;A←(A)⊕(direct)
XRL  A,@Ri          ;A←(A)⊕((Ri))
XRL  A,#data        ;A←(A)⊕data
XRL  direct,A       ;direct←(direct)⊕(A)
XRL  direct,#data ;direct←(direct)⊕data
```

逻辑异或运算指令用于将某些位取反。即将需求反的位同 1 相异或，要保留的位同 0 相异或。

4. 累加器清 0 和取反指令组

累加器清 0 指令 1 条：

```
CLR  A          ;A←0
```

累加器按位取反指令 1 条：

```
CPL  A          ;A←(/A)
```

注意：累加器按位取反实际上就是逻辑非运算。

当需要只改变字节数据的某几位，而其余位不变时，不能使用直接传送方法，可以通过逻辑运算完成。如将累加器 A 中低 3 位传送给 30H 单元的低 3 位。

5. 移位指令组

MCS-51 单片机的移位指令只能对累加器 A 进行移位，共有不带进位的循环左右移位和带进位的循环左右移位指令 4 条。

1）循环左移。

RL　A　　　；An+1 ← An, A0 ← A7

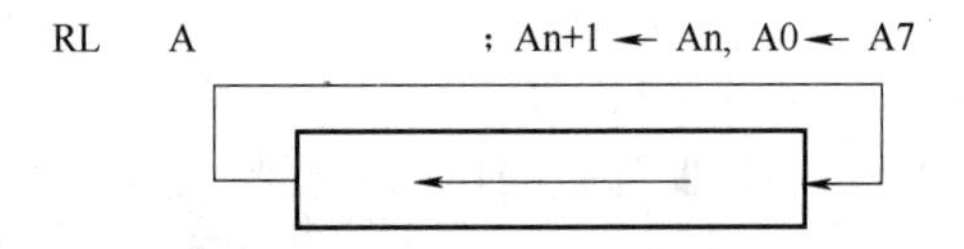

2）循环右移。

RR　A　　　；An ← An+1,　A7 ← A0

3）带进位循环左移。

RLC　A　　　；An+1 ← An, CY ← A7, A0 ← CY

4）带进位循环右移。

RRC　A　　　；An ← An+1, A7 ← CY, CY ← A0

注意：指令执行一次移 1 位。

3.1.5 控制转移类指令

MCS-51 系列单片机有比较丰富的控制转移指令，包括无条件转移指令、条件转移指令和子程序调用及返回指令。这类指令的特点是自动改变 PC 的内容，使程序发生转移。

1. 无条件转移指令

无条件转移指令有 4 条，提供了不同的转移范围，可使程序无条件地转移到指令所提供的地址上去。

1）长转移指令。

```
LJMP  addr16    ;PC ← addr16
```

指令功能：把指令中给出的 16 位目的地址 addr16 送入 PC，使程序无条件转移到 addr16 处执行。

16 位地址可寻址 64KB ROM，故称为长转移指令。长转移指令是 3 字节指令，依次是操作码、高 8 位地址、低 8 位地址。

2）绝对转移指令。

```
AJMP  addr11    ;PC ←(PC)+2,PC10~0←addr11
```

这是一条 2 字节指令，指令格式：

```
 a10  a9  a8  0   0   0   0   1
 a7   a6  a5  a4  a3  a2  a1  a0
```

绝对转移指令中提供了 11 位目的地址，其中 a7~a0 在第二字节，a10~a8 占据第一字节的高 3 位，而 00001 是这条指令特有的操作码，占据第一字节的低 5 位。

绝对转移指令的执行分为两步：

1）第一步，取指令。此时 PC 自身加 2 指向下一条指令的起始地址(称为当前 PC 值)。

2）第二步，用指令中给出的 11 位地址替换当前 PC 值的低 11 位，PC 高 5 位保持不变，形成新的 PC 值，即转移的目的地址。

具体来说，其构造方法是以指令提供的 11 位地址去替换 PC 的低 11 位内容，形成新的 PC 值，即转移的目的地址。但要注意，被替换的 PC 值是本条指令地址加 2 以后的 PC 值，即指向下一条指令的 PC 值。

【例 3.16】 程序中，2070H 地址单元有绝对转移指令：

```
2070H  AJMP  22AH
```

11 位绝对转移地址为 01000101010B（22AH），PC 加 2 后的内容为 0010000001110010B(2072H)，以 11 位绝对转移地址替换 PC 的低 11 位内容，最后形成的目的地址为 0010001000101010B(222AH)。

3）短转移指令。

```
SJMP rel;PC ←(PC)+2,PC ←(PC)+rel
```

SJMP 是相对寻址方式转移指令，其中 rel 为相对偏移量。其功能是计算目的地址，并按

计算得到的目的地址实现程序的相对转移。计算公式为

```
目的地址=(PC)+2+rel
```

rel 是一个带符号的 8 位二进制补码数，因此所能实现的程序转移是双向的。rel 为正数则向前转移；若 rel 为负数则向后转移。

对于短转移指令的使用可从以下两方面进行讨论：

① 根据偏移量 rel 计算转移的目的地址。这种情况经常在读目标程序时遇到，是解决往哪儿转移的问题。如在 835AH 地址上有 SJMP 指令：

```
835AH  SJMP  35H
```


源地址为 835AH，rel = 35H 是正数，因此程序向前转移。目的地址 = 835AH + 02H + 35H = 8391H，即执行完本指令后，程序转到 8391H 地址去执行。

又如在 835AH 地址上的 SJMP 指令：

```
835AH  SJMP  E5H
```

② 根据目的地址计算偏移量。这是编程时必须解决的问题，也是一项比较麻烦的工作。假定把 SJMP 指令所在地址称为源地址，转移地址称为目的地址，并以目的地址源地址作为地址差，则对于 2 字节的 SJMP 指令，rel 的计算公式为

向前转移：

rel = 目的地址 -（源地址 +2）= 地址差 -2

向后转移：

rel =（目的地址 -（源地址 +2））补

= FFH -（源地址 +2 - 目的地址）+1

= FEH - 地址差

上述计算公式对于其他 2 字节相对转移指令也是适用的，而对于 3 字节相对转移指令只需把公式中的“2”改成“3”即可。

为方便起见，在汇编语言中都有计算偏移量的功能。用户编写汇编语言源程序时，只需在相对转移指令中直接写上要转向的地址标号。程序汇编时由汇编程序自动计算和填入偏移量。但手工汇编时，偏移量的值则需程序设计人员自己计算。

此外，在汇编语言程序中，为等待中断或程序结束，常有使程序“原地踏步”的需要，对此可使用 SJMP 指令完成：

```
HERE:SJMP  HERE
或 HERE:SJMP  $
```

以“ $ ”代表当前 PC 值。

【例 3.17】 执行指令 LOOP：SJMP LOOP1，如果 LOOP 的标号值为 0100H（即 SJMP 指令的机器码存于 0100H 和 0101H 两个单元之中），标号 LOOP1 值为 0123H，即跳转的目的地址为 0123H，则指令的第二个字节（相对偏移量）应为

rel = 0123H - 0102H = 21H

4）变址寻址转移指令。

```
JMP @ A+DPTR          ;PC←(A)+(DPTR)
```

这是一条字节转移指令，转移的目的地址由累加器A的内容和DPTR内容之和来确定，即目的地址=(A)+(DPTR)。本指令以DPTR内容为基址，而以累加器A的内容作为变址。因此，只要把DPTR的值固定，而给累加器A赋以不同的值，即实现程序的多分支转移。键盘译码程序就是本指令的一个典型应用。

2. 条件转移指令

条件转移指令是指当某种条件满足时，转移才进行；而条件不满足时，程序就按顺序往下执行。

(1) 比较条件转移指令CJNE

在使用CJNE指令时应注意以下几点：

1) 比较条件转移指令都是3字节指令，PC当前值=PC+3(PC为该指令所在地址)，转移的目的地址=PC+3+rel。

2) 比较操作实际上就是做减法操作，只是不保存减法所得到的差而将结果反映在标志位CY上。

3) CJNE指令将参与比较的两个操作数当作无符号数处理，并影响CY标志位。因此，CJNE指令不能直接用于有符号数大小的比较。若进行两个有符号数大小的比较，则应依据符号位和CY位进行判别比较。

(2) 减1条件转移指令

```
DJNZ  Rn,rel     ;Rn ←(Rn)-1
```

若(Rn)≠0，则转移，PC←(PC)+2+rel；若(Rn)=0，按顺序执行，PC←(PC)+2。

```
DJNZ  direct,rel     ;direct←(direct)-1
```

若(direct)≠0，则转移，PC←(PC)+3+rel；若(direct)=0，按顺序执行，PC←(PC)+3。

第一条减1条件转移指令为2字节指令，第二条为3字节指令。两条指令对于构成循环程序十分有用，使用中可以指定任何一个工作寄存器或者内部RAM单元为计数器。对计数器赋以初值以后，就可以利用上述指令对计数器进行减1，不为零就进入循环操作，为零就结束循环，从而构成循环程序。

减1条件转移指令主要用于控制程序循环。如预先把寄存器或内部RAM单元赋值循环次数，则利用减1条件转移指令，以减1后是否为0作为转移条件，即可实现按次数控制循环。

【例3.18】 把2000H开始的外部RAM单元中的数据送到3000H开始的外部RAM单元中，数据个数已在内部RAM35H单元中。程序如下：

```
        MOV   DPTR,#2000H               ;源数据区首址
        PUSH  DPL                       ;源首址暂存堆栈
        PUSH  DPH
        MOV   DPTR,#3000H               ;目的数据区首址
        MOV   R2,DPL                    ;目的首址暂存寄存器
        MOV   R3,DPH
```

```
LOOP:POP  DPH               ;取回源地址
     POP   DPL
     MOVX  A,@DPTR          ;取出数据
     INC  DPTR              ;源地址增量
     PUSH  DPL              ;源地址暂存堆栈
     PUSH  DPH
     MOV  DPL,R2
     MOV  DPH,R3            ;取回目的区
     MOV  @DPTR,A           ;数据送目的区
     INC     DPTR           ;目的地址增量
     MOV  R2,DPL            ;目的地址暂存寄存器
     MOV   R3,DPH
     DJNZ  35H,LOOP         ;没结束,继续循环
     RET                    ;返回主程序
```


3. 子程序调用及返回指令

1）长调用指令。

```
LCALL  nn  ;PC←PC+3,  SP←SP+1,(SP) ←PCL,SP←SP+1,(SP)←PCH,PC←nn
```

nn 为子程序起始地址，为 16 位地址，编程时可用标号代替。指令调用范围为 64KB。

2）绝对调用指令。

```
ACALL  pn  ;PC←PC+2,SP←SP+1,(SP)←PCL,SP←SP+1,(SP)←PCH,PC10~
0←pn10~0,PC15~11 不变
```

pn 为子程序首地址，为 11 位地址，指令调用范围为 2KB。

3）子程序返回指令。

```
RET     ;PCH←(SP),SP←SP-1,PCL←(SP),SP←SP-1
```

RET 指令从堆栈弹出保存的 PC 地址，实现子程序返回。

【例 3.19】（SP）= 62H，（62H）= 07H，（61H）= 30H，执行指令：

```
RET
```

结果(SP)= 60H，（PC）= 0703H，CPU 从 0730H 开始执行程序。

3.1.6 位操作类指令

MCS-51 系列单片机的特色之一就是具有丰富的布尔变量处理功能。所谓位处理，就是以位(bit)为单位进行的运算和操作。布尔变量即开关变量，它是以位为单位来进行操作的，也称为位变量，可以进行位的传送、置位、清 0、取反、位逻辑运算及位输入/输出等位操作。

位操作类指令以进位标志 CY 作为位累加器，在位指令中直接用 C 表示。在字节处理中有一个累加器 A 称为字节累加器。

位操作类指令的对象包括内部 RAM 中的位寻址区，即 20H～2FH 中的 128 位，以及特殊功能寄存器中位寻址的各位。

位地址在指令中都用 bit 表示，bit 有 4 种表示形式：①采用直接位地址表示；②采用字节地址加位序号表示；③采用位名称表示；④采用特殊功能寄存器加位序号表示。

（1）位变量传送指令

```
MOV  C,bit          ;CY←(bit)
MOV  bit,C          ;bit←(CY)
```

指令功能：以 bit 表示的位和 CY 之间进行数据传送。

由于没有两个可寻址位之间的传送指令，因此它们之间无法实现直接传送。间接传送的方法是使用上述两条位变量传送指令以 CY 作为中介实现。

（2）位置位、清零指令

```
CLR   C       ;CY← 0
CLR   bit     ;bit ← 0
SETB  C       ;CY← 1
SETB  bit     ;bit ← 1
```

指令功能：对 CY 及可寻址位进行清零或置位操作。

（3）位逻辑运算指令

ANL C,bit;CY←(CY) $\wedge$ (bit)

ANL C,/bit;CY←(CY) $\wedge$ $\overline{(bit)}$

ORL C,bit;CY←(CY) $\vee$ (bit)

ORL C,/bit;CY←(CY) $\vee$ $\overline{(bit)}$

CPL C;CY←$\overline{(CY)}$

CPL bit;bit←$\overline{(bit)}$

指令功能：将 CY 的内容与位地址中的内容进行逻辑与、或操作，结果送入 CY 中。

在位操作指令中，没有位的异或运算，需要时可由多条上述位操作指令实现。

多数位操作指令与同类字节操作指令的助记符完全相同，区别是位操作指令中以 C 作为操作数。

（4）位控制转移指令

位控制转移指令都是条件转移指令，它以 CY 或位地址 bit 的内容作为转移的判断条件。位控制转移指令就是以位的状态作为实现程序转移的判断条件。

1）以 C 状态为条件的转移指令共 2 条：

```
JC rel;(CY)=1 转移指令,其转移控制为
若(CY)=1,则 PC←(PC)+2+rel
若(CY)≠1,则 PC←(PC)+2
JNC rel;(CY)=0 转移指令,其转移控制为
```

```
若(CY)=0,则 PC←(PC)+2+rel
若(CY)≠0,则 PC←(PC)+2
```

2）以位状态为条件的转移指令共 3 条：

```
JB bit,rel;位状态为 1 转移
JNB bit,rel;位状态为 0 转移
JBC bit,rel;位状态为 1 转移,并使该位清 0
```

这 3 条指令都是 3 字节指令。如果状态满足，则程序转移 PC←(PC)+3+rel，否则，程序顺序执行 PC←(PC)+3。

3.1.7　伪指令

指令能使 CPU 执行某种操作，能生成对应的机器代码。伪指令不能命令 CPU 执行某种操作，也没有对应的机器代码。其作用仅是给汇编程序提供某种信息。常用的伪指令如下：

(1) 汇编起始伪指令 ORG

格式：[标号:]　ORG　16 位地址

功能：规定程序块或数据块存放的起始地址。例如：

```
      ORG  8000H
START:MOV A,#30H
```

该伪指令规定第一条指令从地址 8000H 单元开始存放，即标号 START 的值为 8000H。

(2) 汇编结束伪指令 END

格式：[标号:]　END　[表达式]

功能：结束汇编。

汇编程序遇到 END 伪指令后即结束汇编。

(3) 定义字节数据伪指令 DB

格式：[标号:]　DB　8 位字节数据表

功能：从标号指定的地址单元开始，将数据表中的字节数据按顺序依次存入。

数据表可以是一个或多个字节数据、字符串或表达式，各项数据用“,”分隔，一个数据项占一个字节单元。

【例 3.20】　伪指令执行，例如：

```
        ORG  1000H
TAB:DB  -2,-4,100,30H,'A','C'
     ……
```

汇编后：(1000H) = FEH，(1001H) = FCH，(1002H) = 64H，(1003H) = 30H，(1004H)=41H，(1005H)=43H。

用单引号括起来的字符存其 ASCII 码，负数存其补码。

(4) 定义字数据伪指令 DW

格式：[标号:]　DW　16 位字数据表

功能：从标号指定的地址单元开始，将数据表中的字数据按从左到右的顺序依次存入。

注意：16位数据存入时，先存高8位，再存低8位。例如：

```
        ORG  1400H
DATA:DW  324AH,3CH
     ……
```

汇编后：(1400H)= 32H，(1401H)= 4AH，(1402H)= 00H，(1403H)= 3CH

(5) 定义空间伪指令DS

格式：[标号:] DS 表达式

功能：从标号指定的地址单元开始，保留若干个存储单元作为备用的空间。保留的数量由表达式指定。

(6) DATA

格式：标示符 DATA 内部RAM地址或表达式

功能：用于将一个内部RAM的地址赋给该标示符。例如：

```
COUNT  DATA  50H     ;将50H赋予COUNT
COUNT  EQU   50H     ;将50H赋予COUNT
```

(7) EQU

格式：标示符 EQU 数值或汇编符号

功能：用于将一个数值或汇编符号赋给该标示符，将表达式的值定义为一个指定的符号名。例如：

```
ADDR  EQU  2000H     ;将2000H赋予ADDR
ADDR  EQU  MEM2      ;将MEM2赋予ADDR
```

说明：第二条语句的汇编符号MEM2必须是已赋值过的。

注意：用EQU定义的符号不允许重复定义，用"="定义的符号允许重复定义。

(8) BIT

格式：标示符 BIT 位地址或位名称

功能：用于将一个位地址或位名称赋给该标示符。例如：

```
KEY1  BIT  P1.0     ;将P1.0赋予KEY1
```

3.2 汇编语言程序编程方法

3.2.1 程序设计语言简介

1. 机器语言

机器语言就是用二进制(可缩写为十六进制)代码来表示指令和数据，也称为机器代码、指令代码。机器语言是计算机唯一能识别和执行的语言，用其编写的程序执行效率最高、速度最快，但由于指令的二进制代码很难记忆和辨认，给程序的编写、阅读和修改带来很多困难。所以，没有人使用机器语言来编写程序。

2. 汇编语言

用助记符表示的指令就是计算机的汇编语言。汇编语言与机器语言一一对应。用汇编语言编写程序，每条指令的意义一目了然，给程序的编写、阅读和修改带来很大方便。而且用汇编语言编写的程序占用内存少、执行速度快，尤其适用于实时应用场合的程序设计。因此，在单片机应用系统中主要是用汇编语言来编写程序。

汇编语言也有它的缺点：缺乏通用性，程序不易移植，是一种面向机器的低级语言。即使用汇编语言编写程序时，仍必须熟悉机器的指令系统、寻址方式、寄存器的设置和使用方法。每个计算机系统都有它自己的汇编语言。不同计算机的汇编语言之间不能通用。

3. 高级语言

高级语言是一种面向算法、过程和对象的程序设计语言，它采用接近人们自然语言和习惯的数学表达式及直接命令的方法来描述算法、过程和对象，如 BASIC、C 语言等。高级语言的语句直观，易学，通用性强，便于推广、交流，但高级语言编写的程序经编译后所产生的目标程序大，占用内存多，运行速度较慢，这在实时应用中是一个突出的问题。

3.2.2 汇编语言程序设计步骤

使用汇编语言设计程序大致上可分为以下几个步骤：

1）分析题意，明确要求。解决问题之前，首先要明确所要解决的问题和要达到的目的、技术指标等。

2）确定算法。根据实际问题的要求、给出的条件及特点，找出规律性，最后确定所采用的计算公式和计算方法，这就是一般所说的算法。算法是进行程序设计的依据，它决定了程序的正确性和程序的指令。

3）画程序流程图，用图解来描述和说明解题步骤。程序流程图是程序设计的依据，它直观清晰地体现了程序的设计思路。流程图用预先约定的各种图形、流程线及必要的文字符号构成。标准的流程图符号见表 3.1。

表 3.1 标准的流程图符号

图形符号	名称	说明
⬭	起止框	流程的起始或结束
▭	处理框	执行处理
◇	判断框	条件判断
⇄ ↓ ↑	流程线	流程进行方向
○	连接点	连接程序的两部分

4）分配内存工作单元，确定程序与数据的存放地址。

5）编写源程序。流程图设计完成后，程序设计思路就比较清楚了，接下来的任务就是选用合适的汇编语言指令来实现流程图中每一框内的要求，从而编制出一个有序的指令流，这就是源程序设计。

6）程序优化。程序优化的目的在于缩短程序的长度、加快运算速度和节省存储单元。

如恰当地使用循环程序和子程序结构，通过改进算法和正确使用指令来节省工作单元及缩短程序执行的时间。

7）上机调试、修改，最后确定源程序。只有通过上机调试并得出正确结果的程序，才能认为是正确的程序。对于单片机来说，没有自开发的功能，需要使用仿真器或利用仿真软件进行仿真调试，修改源程序中的错误，直至正确为止。

3.2.3　汇编语言程序设计

汇编语言程序设计包括顺序程序设计、分支程序设计、循环程序设计和子程序设计。

1. 顺序程序设计

顺序结构程序是一种最简单、最基本的程序，是一种无分支的直线型程序，按照程序编写的顺序依次执行。

【例3.21】　编写16位二进制数求补程序。设16位二进制数存放在R1R0中，求补以后的结果则存放于R3R2中。

解：二进制数的求补可归结为取反加1的过程。取反可用CPL指令实现；加1时应注意，加1只能加在低8位的最低位上。因为16位二进制数有2个字节，因此要考虑进位问题，即低8位取反加1，高8位取反后应加上低8位加1时可能产生的进位。程序如下：

```
ORG     0200H
MOV     A,R0                    ;低 8 位送 A
CPL     A                       ;取反
ADD     A,#01H                  ;加 1
MOV     R2,A                    ;存结果
MOV     A,R1                    ;高 8 位送 A
CPL     A                       ;取反
ADDC    A,#00H                  ;加进位
MOV     R3,A                    ;存结果
END
```

【例3.22】　编程将20H单元中的8位无符号二进制数转换成3位BCD码，并存放在22H(百位)和21H(十位，个位)两个单元中。

解：因8位二进制数对应的十进制数为0~255，所以先将原数除以100，商就是百位数的BCD码，余数作为被除数再除以10，商为十位数的BCD码，最后的余数就是个位数的BCD码，将十位、个位的BCD码合并到一个字节中，将结果存入即可。程序如下：

```
ORG     1000H
MOV     A,20H               ;取数送 A
MOV     B,#64H              ;除数 100 送 B 中
DIV     AB                  ;商(百位数的 BCD 码)在 A 中,余数在 B 中
MOV     22H,A               ;百位数送 22H
MOV     A,B                 ;余数送 A 作为被除数
MOV     B,#0AH              ;除数 10 送 B 中
```

```
DIV     AB              ;十位数的 BCD 码在 A 中,个位数在 B 中
SWAP    A               ;十位数的 BCD 码移至高 4 位
ORL     A,B             ;并入个位数的 BCD 码
MOV     21H,A           ;十位、个位的 BCD 码存入 21H
END
```

2. 分支程序设计

很多实际问题都需要根据不同情况进行不同的处理。这种思想体现在程序设计中，就是要根据不同条件而转到不同的程序段去执行，这就构成了分支程序。分支程序的结构有两种，如图 3.9 所示。

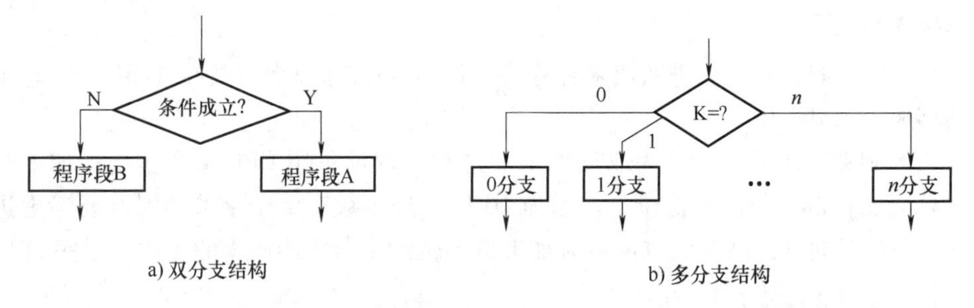

图 3.9　分支程序设计

图 3.9a 结构是用条件转移指令来实现分支。当给出的条件成立时，执行程序段 A，否则，执行程序段 B。图 3.9b 结构是用散转指令 JMP 来实现多分支转移。它首先将分支程序按序号排列，然后按照序号的值来实现多分支转移。

【例 3.23】 设变量 X 存放在 30H 单元，函数值 Y 存入 31H 单元。试编程，按照下列要求给 Y 赋值。

$$Y=\begin{cases}1 & X>0\\0 & X=0\\-1 & X<0\end{cases}$$

解：X 是有符号数，因此可以根据它的符号位来决定其正负，判别符号位是 0 还是 1 可利用 JB 或 JNB 指令。而判别 X 是否等于 0 则可以直接使用累加器判零 JZ 指令。程序如下：

```
      ORG   1000H
      MOV   A,30H          ;取数 X 送 A
      JZ    COMP           ;X=0,则转 COMP
      JNB   ACC.7,POSI     ;X>0,则转 POSI
      MOV   A,#0FFH        ;X<0,则 Y=-1
      SJMP  COMP
POSI: MOV   A,#1           ;X>0,则 Y=1
COMP: MOV   31H,A          ;存函数值
      END
```

3. 循环程序设计

循环程序即需多次重复执行的某段程序。

循环程序一般由四部分组成：

1)置循环初值：如置循环次数、地址指针及工作单元清0等。

2)循环体：即循环的工作部分，完成主要的计算或操作任务，是重复执行的程序段。

3)循环修改：每循环一次，就要修改循环次数、数据及地址指针等。

4)循环控制：根据循环结束条件，判断是否结束循环。

4. 子程序设计

(1) 子程序的结构与设计注意事项

子程序是能够完成一定功能、可以被其他程序调用的程序段。调用子程序的程序称为主程序或调用程序。子程序结构与一般程序的区别是在子程序末尾有一条子程序返回指令(RET)，子程序开始处有入口地址。

设计子程序时应注意：

1) 要给每个子程序赋一个名字，实际上是子程序入口地址的符号。

2) 明确入口条件、出口条件。入口条件是表明子程序需要哪些参数，存放在哪个寄存器和哪个内存单元。出口条件则表明子程序处理的结果是如何存放的。

3) 注意保护现场和恢复现场。在调用子程序之前，某些寄存器中可能存放有主程序的中间结果，这些中间结果在主程序中仍有用，要求在使用主程序的中间结果之前，将其保护起来，即保护现场。当子程序执行完毕，即将返回主程序之前，再将这些内容取出，送到原来的寄存器中，即恢复现场。一般使用堆栈来保护现场。当需要保护现场时，要在子程序的开始使用压栈指令PUSH，在返回指令RET前再使用弹栈指令POP，把堆栈中保护的内容弹到原来的寄存器。

(2) 子程序的调用与返回

主程序调用子程序是通过子程序调用指令LCALL add16和ACALL add11来实现的。子程序返回是通过返回指令RET实现的。

【例3.24】 用程序实现 $C=a^2+b^2$。设a、b均小于10。a存在31H单元，b存在32H单元，把C存入33H单元。

解：因本例两次用到平方值，所以在程序中采用把求平方编为子程序的方法。

子程序名称：SQR。

功能：求 X^2(通过查平方表来获得)。

入口参数：某数在A中。

出口参数：某数的平方在A中。

主程序通过两次调用子程序来得到 a^2 和 b^2，并在主程序中完成相加。依题意编写主程序和子程序如下：

主程序：

```
        ORG     2200H
        MOV     SP,#3FH             ;设堆栈指针
        MOV     A,31H               ;取a值
        LCALL   SQR                 ;第一次调用,求a²
        MOV     R1,A                ;a²值暂存R1中
        MOV     A,32H               ;取b值
```

```
        LCALL   SQR              ;第二次调用,求 b²
        ADD     A,R1             ;完成 a²+b²
        MOV     33H,A            ;存结果到 33H 单元
        SJMP    $                ;暂停
```

子程序:

```
        ORG     2400H
   SQR: ADD     A,#01H           ;查表位置调整
        MOVC    A,@A+PC          ;查表取平方值
        RET                      ;子程序返回
   TAB: DB      0,1,4,9,16,25,36,49,64,81
```


3.3 工程训练 3.1 LED 流水灯的闪烁控制(汇编语言版)

1. 工程任务要求

设计实现在单片机 P1 口外接 8 个发光二极管(低电平驱动)。试编写汇编程序，实现 LED 循环点亮功能，要求采用软件延时方式控制闪烁时间间隔(约 50ms)。完成硬件设计、软件设计、联合调试。

2. 任务分析

(1) 确定解决方案

低电平驱动的发光二极管，写 0 灯亮，写 1 灯灭；循环改写 P1.0~P1.7，7 个写 1，1 个写 0；计数器统计循环次数，决定反向时机；通过软件延时子程序调节 P1 口输出频率。

(2) 画程序流程图

尽可能详细地表示出每一相关环节的内容，程序流程图如图 3.10 所示(流程图以 P1 口为例，具体编程时只需根据硬件连接更改端口即可)。

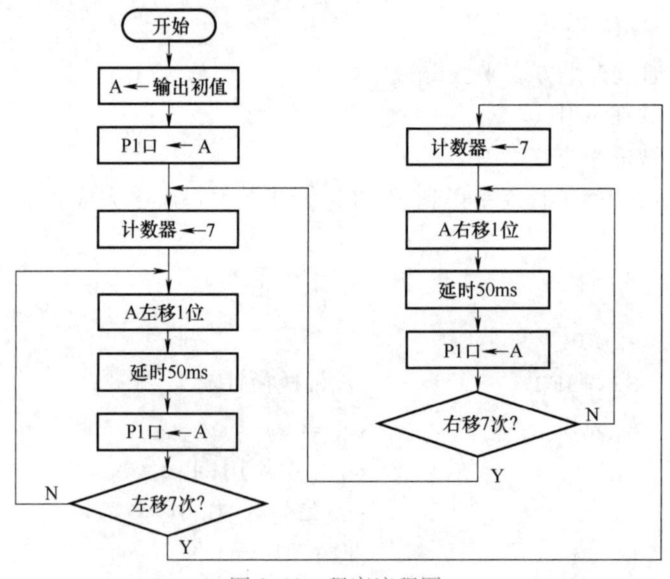

图 3.10 程序流程图

3. 硬件设计

（1）元器件选择

1 个 80C51，1 个 11.0592MHz 晶振，2 个 1μF 瓷片电容，1 个 22μF 电解电容，发光二极管 8 个，8 个 220Ω 电阻，1 个 1kΩ 电阻。

（2）硬件设计

汇编程序编程控制 LED 循环点亮电路如图 3.11 所示，U1 为 80C51 单片机，8 个发光二极管的低电平控制端接单片机 P1.0~P1.7 口。

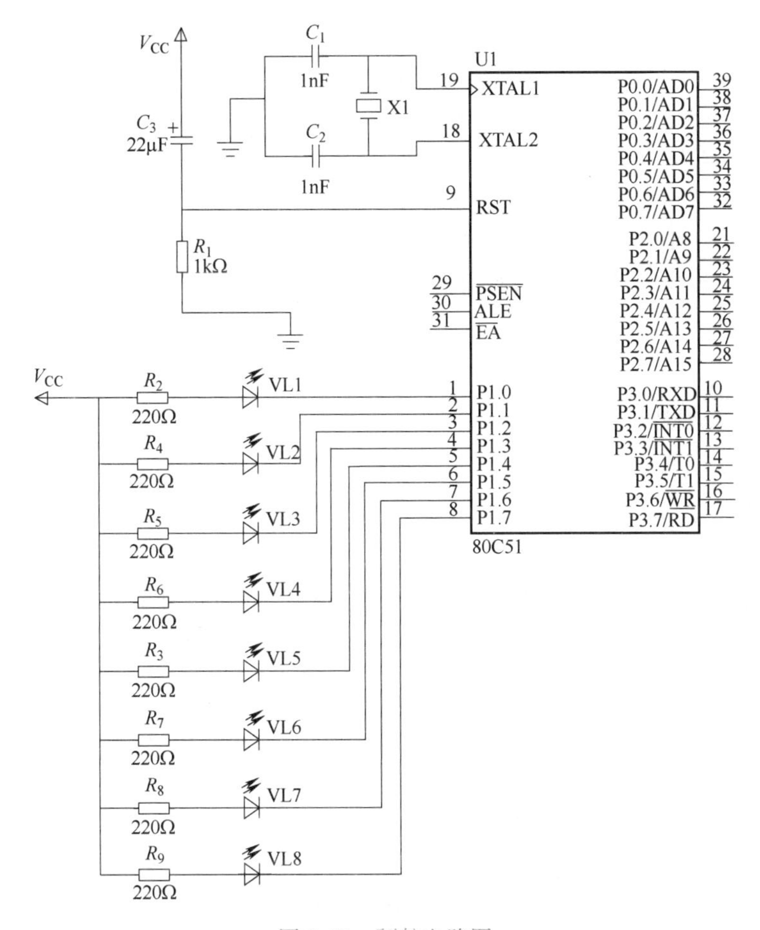

图 3.11　硬件电路图

4. 软件设计

编写汇编程序时，采用 3 条伪指令：ORG 30H 将程序指令码定位于 ROM 30H 地址；CYC1 EQU 200 和 CYC2 EQU 125 定义了两个用于延时子程序的计数值。采用伪指令后，程序的可读性和可修改性都得到明显提高。

具体程序编写如下：

```
ORG 30H
CYC1 EQU 200
CYC2 EQU 125
MOV A,#0FEH              ;LED 亮灯编码初值
```

```
    MOV P1,A
    MOV R2,#7
DOWN:RL A                ;下行方向
    ACALL DEL50
    MOV P1,A
DJNZ R2,DOWN
    MOV R2,#7
UP:RR A                  ;上行方向
    ACALL DEL50
    MOV P1,A
    DJNZ R2,UP
    MOV R2,#7
    SJMP DOWN
DEL50:MOV R7,#CYC1       ;延时 50ms
DEL1:MOV R6,#CYC2
    DJNZ R6, $
    DJNZ R7,DEL1
    RET
    END
```

5. 联机调试

汇编程序编程控制 LED 循环点亮程序编译调试仿真过程如图 3.12 所示。

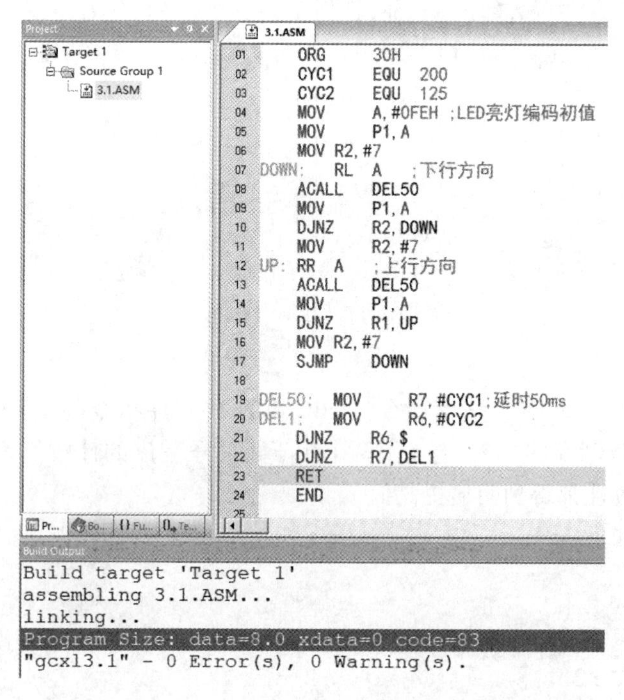

图 3.12　程序编译调试仿真过程

实际运行效果如图 3.13 所示。

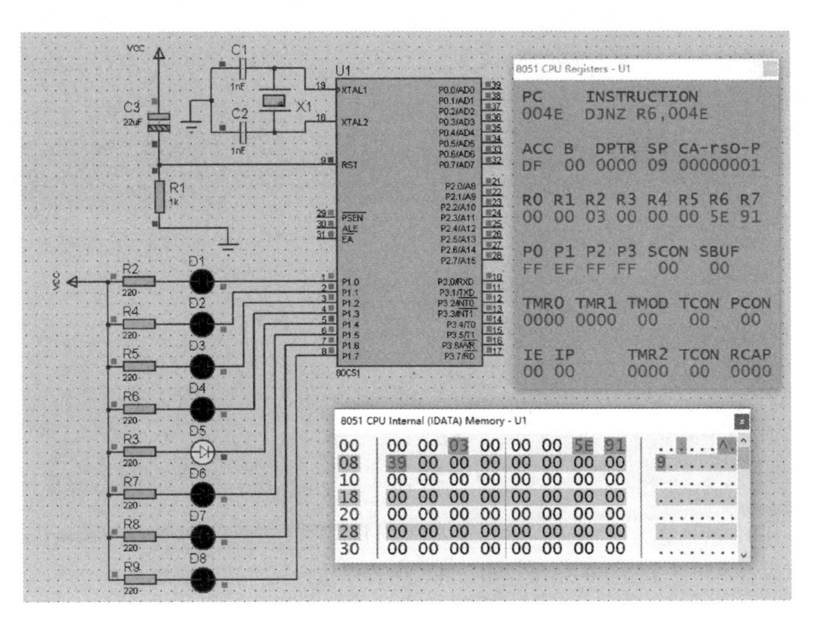

图 3.13 实际运行效果

本章小结

1）本章从 MCS-51 单片机汇编指令的分类和指令功能入手，介绍了汇编语言的各种指令。汇编指令是面向机器的指令，汇编程序设计是单片机应用系统设计的基础，对于理解单片机原理、掌握单片机应用技能具有重要意义。

2）MCS-51 单片机指令系统包括 111 条指令，分为数据传送类、算术运算类、逻辑运算和循环移位类以及控制转移类 4 大类型，应正确掌握指令的一般功能、操作码和操作数的对应关系。伪指令是非执行指令，用于汇编系统控制编译过程，应能正确理解、灵活应用。

上述内容对于读懂汇编源程序或编写简单汇编程序至关重要。

习题与思考题

1. 利用矛盾是事物发展的源泉和动力，分析机器语言的哪些缺点促进了汇编语言的诞生。

2. 以下程序段执行后，(A)= ______，(R1)= ______，(40H)= ______。

```
MOV  A,  #25H
MOV  R1,#33H
MOV  40H,#1AH
MOV  R3,40H
ADD  A,R1
ADDC A,R3
ADDC A,40H
```

3. 已知 (R0)= 20H，(20H)= 36H，(21H)= 17H，(36H)= 34H，执行程序如下：

```
MOV  A,@R0       ;(A) = ______
MOV  R0,A        ;(R0) = ______
MOV  A,@R0
ADD  A,21H       ;(A) = ______
ORL  A,#21H      ;(A) = ______
RL   A           ;(A) = ______
MOV  R2,A
RET
```

4. 已知 A=87H，(R0)=42H，(42H)=34H，执行下面一段程序；


```
ANL  A,  #23H
ORL  42H,A
XRL  A,  @R0
CPL  A
```

执行后 A、(42H)的内容为：(A)= ________；(42H)= ________________。

5. 试分析下段程序中各条指令的结果作用，并说明程序执行完将转向何处？

```
MOV  P1,  #0CAH          ;________________________________
MOV  A,  #56H            ;________________________________
JB  P1.2,  L1            ;________________________________
JNB  ACC.3,  L2          ;________________________________
   …

L1:…
L2:…                     ;(转向何处)______________
```

6. 下列各条指令其源操作数的寻址方式是什么？各条指令单独执行后，A 中的结果是什么？设(60H)=35H，(A)=19H，(R0)=30H，(30H)=0FH。

(1) MOV　A，#48H　　　；寻址方式：____________________

　(A)= ____________________

(2) ADD　A，60H　　　；寻址方式：____________________

　(A)= ____________________

(3) ANL　A，@R0　　　；寻址方式：____________________

　(A)= ____________________

7. 阅读下列程序段，写出每条指令执行后的结果，并说明此程序段完成的功能。

```
MOV  R1,#30H;      (R1) =__________
MOV  A,#64H;       (A) =__________
ADD  A,#47H;       (A) =__________,(CY) =__________,(AC) =__________
DA   A;            (A) =__________
MOV  @R1,A;        (R1) =__________,(30H) =__________
```

此程序段完成的功能：____________________

8. 试编写一段程序，其功能是将 30H~37H 单元依次下移(向高地址)一个单元。

9. 试编写一段程序，将内部 RAM 中 30H~3FH 单元数据传送到外部 RAM 中，首地址为 0F00H 开始的单元中。

10. 试编程实现求16位带符号二进制补码数的绝对值。假定补码存放在内部RAM的num和num+1单元，求得的绝对值仍存放在原单元中。

11. 从内部RAM的20H单元开始存放一组带符号数，字节个数存放在1FH中。试编程统计其中大于0和小于0的数的数目，并把统计结果分别存入one、two和three 3个单元中。

12. 5个双字节数，存放在外部RAM从barf开始的单元中，求它们的和，并把和存放在sum开始的单元中，试编程实现。

13. 试编程实现把外部RAM中以block1为首地址的数据块传送到内部RAM以block2为首地址的单元中去，数据块的长度为n字节。

第4章 C51语言程序设计

单片机C51语言是由C语言继承而来的。与C语言不同的是，C51语言运行于单片机平台，而C语言则运行于普通的桌面平台。C51语言具有C语言结构清晰的优点，便于学习，同时具有汇编语言的硬件操作能力。具有C语言编程基础的读者，能够轻松地掌握单片机C51语言的程序设计。

4.1 C51数据结构

数据结构是计算机存储、组织数据的方式。数据结构是指相互之间存在一种或多种特定关系的数据元素的集合。在C51语言中，除了整型(int)、浮点型(float)、字符型(char)、无值型(void)几种基本数据类型外，还有以这些基本数据类型为基础而构造成的较复杂的数据结构，包括数组、指针、结构体、共用体、枚举等数据类型。灵活利用这些数据结构可以简化程序的设计。

4.1.1 C51数据类型

C51的基本数据类型有字符型(char)、整型(int)、长整型(long)、浮点型(float)、double等。

1. 字符型(char)

字符型(char)有signed char和unsigned char之分，默认为signed char。它们的长度均为1个字节，用于存放一个单字节的数据。signed char用于定义带符号字节数据，其字节的最高位为符号位，0表示正数，1表示负数，负数用补码表示，所能表示的数值范围是-128~+127；unsigned char用于定义无符号字节数据或字符，可以存放一个字节的无符号数，所能表示的数值范围为0~255。unsigned char可以用来存放无符号数，也可以存放西文字符，一个西文字符占一个字节，在计算机内部用ASCII码存放。

2. 整型(int)

整型(int)有signed int和unsigned int之分，默认为signed int。它们的长度均为2个字节，用于存放一个双字节数据。signed int用于存放两字节带符号数，负数用补码表示，所能表示的数值范围为-32768~+32767。unsigned int用于存放两字节无符号数，所能表示的数值范围为0~65535。

3. 长整型(long)

长整型(long)有signed long和unsigned long之分，默认为signed long。它们的长度均为4

个字节，用于存放一个 4 字节数据。signed long 用于存放 4 字节带符号数，负数用补码表示，所能表示的数值范围为-2147483648～+2147483647。unsigned long 用于存放 4 字节无符号数，所能表示的数值范围为 0～4294967295。

4. 浮点型(float)

float 型数据的长度为 4 个字节，所能表示的数值范围为 3.4E-38 ～3.4E+38。

5. 指针型

指针型数据本身就是一个变量，在这个变量中存放着指向另一个数据的地址。指针型数据要占用一定的内存单元，对不同的处理器其长度不一样，在 C51 中它的长度一般为 1～3 个字节。

6. 特殊功能寄存器

特殊功能寄存器是 C51 扩充的数据类型，用于访问 MCS-51 单片机中的特殊功能寄存器数据。它分为 sfr 和 sfr16 两种类型，其中 sfr 为字节型特殊功能寄存器类型，占一个内存单元，利用它可以访问 MCS-51 内部的所有特殊功能寄存器；sfr16 为双字节型特殊功能寄存器类型，占用两个字节单元，利用它可以访问 MCS-51 内部的所有 2 个字节的特殊功能寄存器。在 C51 中，对特殊功能寄存器的访问必须先用 sfr 或 sfr16 进行声明。

4.1.2　C51 的变量

变量是在程序运行过程中其值可以改变的量。在 C51 中，使用变量前必须对变量进行定义，指出变量的数据类型和存储模式，以便编译系统为它分配相应的存储单元。变量的定义格式：

```
[存储种类]  数据类型说明符  [存储器类型]  变量名 1[=初值],变量名 2[=初值],…,;
```

格式说明如下：

1）存储种类是指变量在程序执行过程中的作用范围。C51 变量的存储种类有 4 种，分别是自动(auto)、外部(extern)、静态(static)和寄存器(register)。定义变量时，如果省略存储种类，则该变量默认为自动(auto)变量。用 auto 定义的变量作用范围仅在定义它的函数体或复合语句内部有效。用 extern 定义的变量称为外部变量，其作用范围为整个程序。用 static 定义的变量称为静态变量，其作用范围仅在定义的函数体内有效且一直存在，再次进入该函数时，变量的值为上次结束函数时的值。用 register 定义的变量称为寄存器变量，处理速度快，但数目少。C51 编译器编译时能自动识别程序中使用频率最高的变量，并自动将其作为寄存器变量，用户无须专门声明。

2）定义变量时，必须通过数据类型说明符指明变量的数据类型。

3）存储器类型用于指明变量所处的单片机的存储器区域情况。如果省略存储器类型，则默认为 data 类型，即片内前 128 字节的 RAM。bdata 为可位寻址内部数据存储器，定义的变量可以用 sbit 定义位变量访问其中的二进制位。idata 可以访问 C51 内部 256 字节的 RAM。code 定义的变量存储在程序存储器，只能读出不能写入，相当于常量。

4）变量名是 C51 区分不同变量而取的名称，也就是用户自定义标识符，遵循标识符的命名原则。

5）允许在一个数据类型说明符后，定义多个相同类型的变量。各变量名之间用逗号隔开，数据类型说明符与变量名之间至少用一个空格间隔。

6）最后一个变量名之后必须以“;”号结尾。

7）变量定义必须放在变量使用之前。一般放在函数体的开头部分。

4.1.3 8051 单片机特殊功能寄存器变量的定义

特殊功能寄存器变量的定义是 C51 扩充的数据类型，用于访问 MCS-51 单片机中的特殊功能寄存器数据。它分为 sfr 和 sfr16 两种类型，其中 sfr 为字节型特殊功能寄存器类型，占一个内存单元，利用它可以访问 MCS-51 内部的所有特殊功能寄存器；sfr16 为双字节型特殊功能寄存器类型，占用两个字节单元，利用它可以访问 MCS-51 内部的所有两个字节的特殊功能寄存器。在 C51 中对特殊功能寄存器的访问必须先用 sfr 或 sfr16 进行声明。

sfr 用于将一个单片机的特殊功能寄存器赋值给一个变量，这样在后续程序中就可以用这个变量指引该寄存器特殊的能寄存器。C51 定义的一般语法格式：

```
sfr sfr-name=int constant;
```


其中，“sfr”是定义语句的关键字，其后必须跟一个 MSC-51 单片机真实存在的特殊功能寄存器名；“=”后面必须是一个整型常数，不允许带有运算符的表达式，是特殊功能寄存器“sfr-name”的字节地址，这个常数值的范围必须在 SFR 地址范围内，位于 0x80~0xFF。例如：

```
sfr  SCON=0x98;           /*串口控制寄存在器地址 98H*/
sfr  TMOD=0x89;           /*定时/计数器方式控制寄存器地址 89H*/
```

使用 sbit 来定义位寻址单元。定义语句的一般语法格式有如下 3 种：

1）第一种格式：

```
sbit bit-name=sfr-name^intconstant;
```

其中，“sbit”是定义语句的关键字，其后跟一个寻址位符号名（该位符号名必须是 MCS-51 单片机中规定的位名称），“=”后的“sfr-name”中的位号，必须是 0~7 范围中的数。例如：

```
sfr  PSW=0XD0;             /*定义 PSW 特殊寄存器地址为 D0H*/
sbit  OV=PSW^2;            /*定义 OV 位为 PSW.2,地址为 D2H/*
```

2）第二种格式：

```
sbit bit-name=intconstant^intconstant;
```

其中“=”后的“intconstant”为寻址地址所在的特殊功能寄存器的字节地址，“^”符号后的“intconstant”为寻址位在特殊功能寄存器中的位号。例如：

```
sbit  OV=0XD0^2;          /*定义 OV 位地址是 D0H 字节中的第 2 位*/
sbit  CY=0XD0^7;          /*定义 CY 位地址是 D0H 字节中的第 7 位*/
```

3）第三种格式：

```
sbit bit-name=intconstant;
```

其中，“=”后的“intconstant”为寻址位的绝对地址。例如：

```
sbit  OV=0XD2;          /*定义 OV 位地址为 D2H*/
sbit  OY=0XD7;          /*定义 CY 位地址为 D7H*/
```

4.1.4　8051 单片机位寻址区(20H~2FH)位变量的定义

Keil C51 编译器把使用 bdata 定义的变量放置在 8051 单片机内部 RAM 可位寻址区，这也是 C51 中扩充的数据类型，用于访问 MCS-51 单片机中可寻址的位单元。C51 支持两种位类型，即 bit 型和 sbit 型。它们在内存中都只占一个二进制位，其值可以是 1 或 0。其中，用 bit 定义的位变量在 C51 编译器编译时，不同的时候位地址是可以变化的。而用 sbit 定义的位变量必须与 MCS-51 单片机的一个可以寻址位单元或可位寻址的字节单元中的某一位联系在一起，在 C51 编译器编译时，其对应的位地址不可变化。使用 bdata 定义的变量可字寻址，也可比特位寻址。

bdata 关键词使用方法：

```
char  bdata  x2;          /*定义可位寻址的整型变量*/
char  bdata  bary[10];/*定义可位寻址的数组*/
```

此时，x2、bary 均可按比特位寻址。使用 sbit 关键词定义可操作其任一比特位的变量。例如：

```
sbit  mybit0=x2 ^ 0;           /* x2 的比特 0*/
sbit  mybit7=x2 ^ 7;           /* x2 的比特 7*/
sbit  Ary05=bary[0] ^5;        /* bary[0]的比特 5*/
sbit  Ary45=bary[4] ^ 5;       /* bary[4]的比特 5*/
```

4.1.5　函数的工作寄存器定位

在 C51 中，可以指定函数使用的工作寄存器组。指定函数使用的工作寄存器组的方法是在函数原型后面加一个 using n，n 表示工作寄存器组，取值 0~3，对应工作寄存器的 4 个区，地址分别为：第 0 工作区(00H~07H)；第 1 工作区(08H~0FH)；第 2 工作区(10H~17H)；第 3 工作区(18H~1FH)。例如：

```
void func(unsigned char i) using 1 {
...
}
```

该程序表示指定函数 func 使用工作寄存器第 1 工作区地址。

using 用于内部函数，当 C51 编译"void func(unsigned char i) using 1"函数时，会在编译的代码开始自动加入将当前工作寄存器(一般默认工作寄存器组 0)压栈保护，在内部函数中使用"using 1" 指定的工作寄存器组 1(对应单片机内部 RAM 的 08H~0FH 地址)，该函数段最后是出栈指令，将该程序刚开始压栈的工作寄存器出栈，这样可以恢复使用开始的当前工作寄存器(一般默认工作寄存器组 0)。

4.1.6　函数的变量定位

C51 编译器完全支持 8051 微处理器及其系列的结构，可完全访问 MCS-51 硬件系统所有部分。每个变量可准确地赋予不同的存储器类型(data，idata，pdata，xdata，code)。访问内部数据存储器(idata)要比访问外部数据存储器(xdata)相对要快一些，因此，可将经常使用的变量置于内部数据存储器中，而将较大及很少使用的数据单元置于外部数据存储器中。

存储器模式决定了变量和默认存储器类型，参数传递区和无明确存储区类型的说明。在固定的存储器地址变量参数传递是C51的一个标准特征，在SMALL模式下，参数传递是在内部数据存储区中完成的。LARGE和COMPACT模式允许参数在外部存储器中传递。C51同时也支持混合模式，如在LARGE模式下生成的程序可将一些函数分页放入SMALL模式中，从而加快执行速度。

如果在变量说明时略去存储器类型标志符，编译器会自动选择默认的存储器类型。默认的存储器类型进一步由控制指令SMALL、COMPACT和LARGE限制。例如，如果声明char var，则默认的存储器模式为SMALL，char var放在data存储器；如果使用COMPACT模式，则char var放入pdata存储区；在使用LARGE模式的情况下，char var被放入外部存储区或xdata存储区。例如：


```
void func(unsigned char i) compact using 1 {
…
}
```

该函数指定的内部变量使用片外00H~0FFH存储区。

4.1.7 中断服务函数

1. 8051中断服务函数定义

C51语言编写中断服务子程序(中断函数)的格式：

```
void 函数名()  interrupt n  [using n]
 {
 …
   }
```

关键字interrupt表示这是一个中断函数，n为中断号，8051有5个中断源，取值为0~4，中断号会告诉编译器中断程序的入口地址，执行该程序时，这个地址会传给程序计数器(PC)，于是CPU开始从这个地址一条一条地执行程序指令。using n中的n为单片机工作寄存器组(又称通用寄存器组)编号，共4组，取值为0~3。

2. 8051中断号与中断入口地址

中断号	中断源	中断入口地址
0	外部中断0(INT0)	0003H
1	定时器0中断(T0)	000BH
2	外部中断1(INT1)	0013H
3	定时器1中断(T1)	001BH
4	串行口中断	0023H

3. 8051 中断服务函数使用注意事项

1）中断函数不能进行参数传递。

2）中断函数没有返回值。

3）在任何情况下都不能直接调用中断函数。

4）中断函数使用浮点运算要保存浮点寄存器的状态。

5）如果在中断函数中调用了其他函数，则被调用函数所使用的寄存器必须与中断函数相同，被调用函数最好设置为可重入。

6）C51 编译器对中断函数编译时会自动在程序开始和结束处加上相应的内容，具体如下：在程序开始处对 ACC、B、DPH、DPL 和 PSW 入栈，结束时出栈。中断函数未加 using n 修饰符的，开始时还要将 R0～R1 入栈，结束时出栈。如中断函数加 using n 修饰符，则在开始将 PSW 入栈后还要修改 PSW 中的工作寄存器组选择位。

7）C51 编译器从绝对地址 8m+3 处产生一个中断向量，其中 m 为中断号，即 interrupt 后面的数字。该向量包含一个到中断函数入口地址的绝对跳转。

8）中断函数最好写在文件的尾部，并且禁止使用 extern 存储类型说明，以防止其他程序调用。

9）在设计中断时，要注意哪些功能应该放在中断程序中，哪些功能应该放在主程序中。一般来说，中断服务程序应该做最少量的工作，这样做有很多好处。首先，系统对中断的反应面更宽，有些系统如果丢失中断或对中断反应太慢将产生十分严重的后果，这时有充足的时间等待中断是十分重要的。其次，它可使中断服务程序的结构简化，不容易出错。中断程序中放入的东西越多，它们之间越容易起冲突。简化中断服务程序意味着软件中将有更多的代码段，可把这些代码段都放入主程序中。中断服务程序的设计对系统的成败有至关重要的作用，要仔细考虑各中断之间的关系和每个中断执行的时间，特别要注意那些对同一个数据进行操作的 ISR。

4.2 C51 程序设计

用 C51 编写单片机程序时，编程者不需要了解单片机的指令系统，只需要根据单片机存储结构及内部资源定义相应的数据类型和变量，至于存储器的分配、寻址方式及数据类型等完全由编译器管理。C51 程序有规范化的结构，可以采用函数模块化程序方法，把设计系统划分成若干个程序模块，每个程序模块采用一个或多个函数来实现。C51 提供的库函数包含许多标准的子程序，可供用户调用，以提高编程效率。

4.2.1 C51 程序框架

1. C51 模块层次结构

C51 程序和 C 程序一样，也是由函数构成的。一个 C51 程序有且只有一个 main 函数，但可以有多个其他函数，因此，函数是 C51 程序的基本单位。main 函数可以直接编写语句或者调用其他函数来实现功能，被调用的函数可以是编译器提供的库函数，也可以是用户根据需要编写的函数。使用 Keil C 编写的任何程序都可以直接调用其提供的库函数，调用时只需要包含具有该函数的头文件即可。Keil C 提供了 100 多个库函数供用户直接使用。

模块层次结构表示模块与模块之间的调用关系，如图 4.1 所示。每个模块要有模块功能简要说明，简要说明包含模块功能、算法、入口参数、出口参数、调用到的其他模块等。

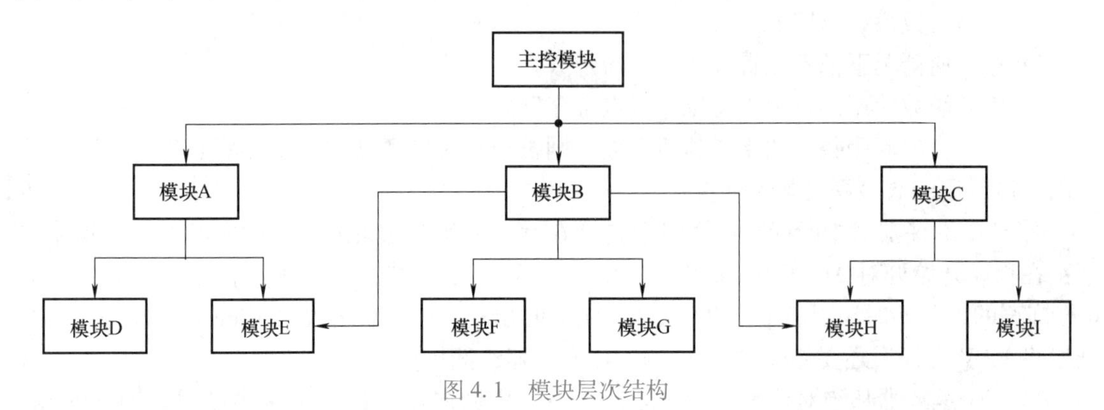

图 4.1　模块层次结构

2. C51 模块编程步骤

(1) 创建头文件

C51 模块编程的关键是一个独立功能模块创建一个 .C 文件(源文件)和一个对应的 .h 文件(头文件)。

(2) 头文件的防重复包含处理

在功能模块的 .h 文件中设置防重复包含处理。方法是在头文件 .h 中加入如下代码：

```
#ifndef  __文件名_H__
#define  __文件名_H__

…  //此处开始添加代码
#endif
```

防重复包含处理由条件预编译语句组成。将 .h 文件的文件名全部大写，把点“.”替换成一个下划线“_”，然后在首尾各添加 2 个下划线“__”。

(3) 代码封装

将需要模块化的代码封装成函数与宏定义。在功能模块的 .C 文件(源文件)中放函数体，相应功能模块的 .h 文件(模块的接口描述文件)中放被外部模块调用的函数声明和宏定义。尽量少用或不用全局变量。一个模块要调用另一个模块，应将被调用模块的 .h 文件包含到调用模块的 .C 文件中。

(4) 添加源程序文件到工程中

将所有功能模块的 .C 文件添加到工程中，这样，被包含在 .h 中的函数、宏定义、全局变量就可以在调用模块的 .C 文件中自由调用了。经编译，生成目标代码 .hex 文件。

3. C51 函数程序一般结构

C51 程序一般结构：

```
#include <>           //头文件,把一个文件加载到另一个文件里
#define               //宏定义
Void fun1()           //函数声明
```

```
 Int fun2()
…
Void main()              //主函数
{
}
Void fun1()              //fun1 函数定义
{
}
Int fun()                //fun 函数定义
{
}
```


头文件的主要作用在于多个代码文件全局变量(函数)的重用、防止定义的冲突，对各个被调用函数给出一个描述，其本身不需要包含程序的逻辑实现代码，只起描述性作用，用户程序只需要按照头文件中的接口声明来调用相关函数或变量，链接器会从库中寻找相应的实际定义代码。头文件是一个接口描述文件，说明模块对外提供的接口函数或者是接口变量，同时会有一些宏定义、结构体定义信息。

宏定义是用一个指定的标识符来代表一个字符串。使用宏定义可以让程序更易读、易于修改、避免前后不一致、键盘输入错误等。

函数包含函数的首部和函数体。函数首部包括函数名、函数类型、函数参数名、参数类型。例如：

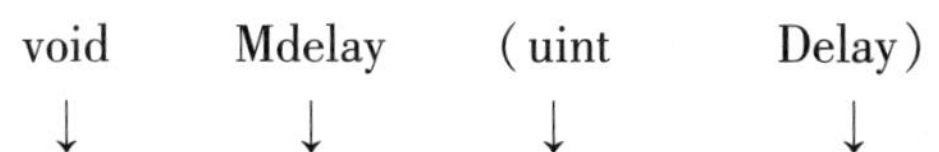

函数类型　函数名　参数类型　函数参数名

函数体即函数首部下面大括号里的内容。

C51 函数说明如下：

1）一个 C51 程序从 main 函数开始执行，不管 main 函数在什么位置。

2）C51 中的字母区分大小写。

3）C51 书写自由，一行可以写几个语句，一个语句也能写在几行上。每个语句必须以分号结束。

4）C51 中的注释可以采用两种符号。第一种是用“/ * … * /”符号，从“/ * ”开始直到“ * /”为止，中间的内容都是注释。第二种是“//”符号引导的注释语句，这种注释只对本行有效。

4.2.2　C51 程序设计举例

编写一段程序，以 P3.7 端口作为控制端，通过按键开关，每按下一次切换不同功能，以点亮 P1 口不同位置的 LED 灯进行区分。

1. 设计分析

P3.7 接按键开关，按下时，引脚为低电平，不按时引脚为高电平；P1 口接 4 个 LED 灯，P1 口引脚低电平时对应灯亮，高电平时 LED 灯熄灭。

2. 程序设计流程图

程序设计流程图如图 4.2 所示。

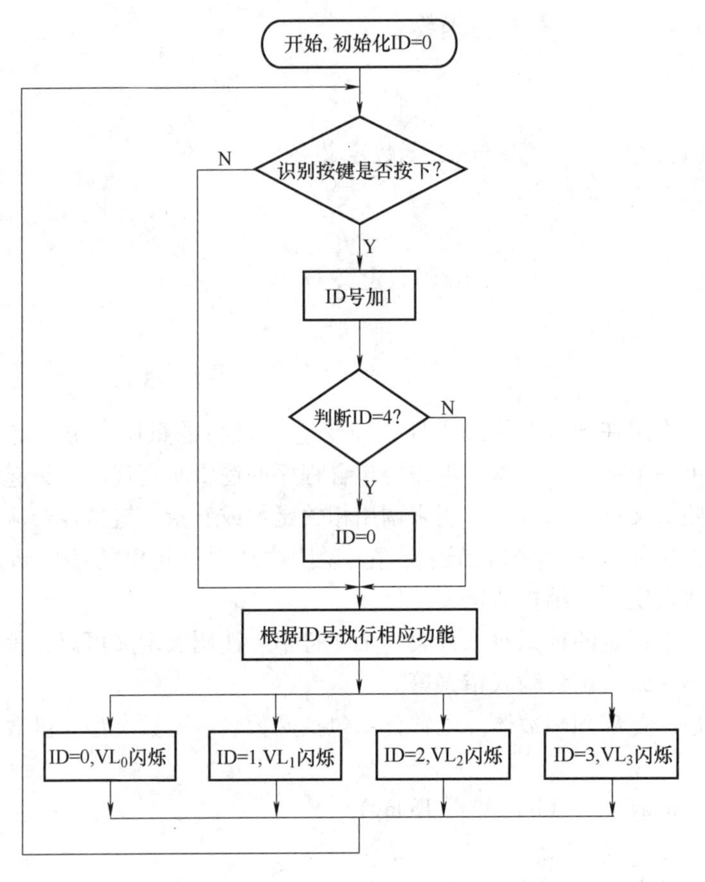

图 4.2　程序设计流程图

3. 参考程序

```
/*****************************************************
*          Title                    :一键多功能
*         Fuction                   :
*          Date                     :2021.6
*****************************************************/
 #include <AT89X51.H>
unsigned char ID;
void delay10ms(void)
{
  unsigned char i,j;
  for(i=20;i>0;i--)
  for(j=248;j>0;j--);
}
void delay02s(void)
```

```
{
  unsigned char i;
  for(i=20;i>0;i--)
    {delay10ms();
    }
}
char code dx516[3] _at_ 0x003b;       //仿真器添加起始地址
void main(void)
{
    while(1)
    {
        if(P3_7==0)
          {
              delay10ms();            //按键消抖
              if(P3_7==0)
              {
                  ID++;               //记录按键次数
              if(ID==4)               //4 次记数限制
                {
                      ID=0;
                }
            while(P3_7==0);
              }

          }
    switch(ID)                        //按键次数对应功能
      {
      case 0:
          P1_0=~P1_0;
          delay02s();
          break;
        case 1:
          P1_1=~P1_1;
          delay02s();
          break;
        case 2:
          P1_2=~P1_2;
          delay02s();
          break;
        case 3:
```

```
            P1_3=~P1_3;
            delay02s();
            break;
        }
    }
}
```

4.3 工程训练 4.1 LED 流水灯的闪烁设计(C 语言版)

1. 工程任务要求

设计实现在单片机 P2 口外接 8 个发光二极管(低电平驱动)。试编写一汇编程序，实现 8 个 LED 灯闪烁显示，闪烁时间间隔约 200ms，完成软件设计。

2. 任务分析

低电平驱动的发光二极管，写 0 灯亮，写 1 灯灭；设计 1ms 延时子程序；P2 口状态翻转，调用延时子程序，调用入口参数 200，延时 200ms，程序循环往复。

3. 程序流程图

LED 流水灯的闪烁设计程序流程图如图 4.3 所示。

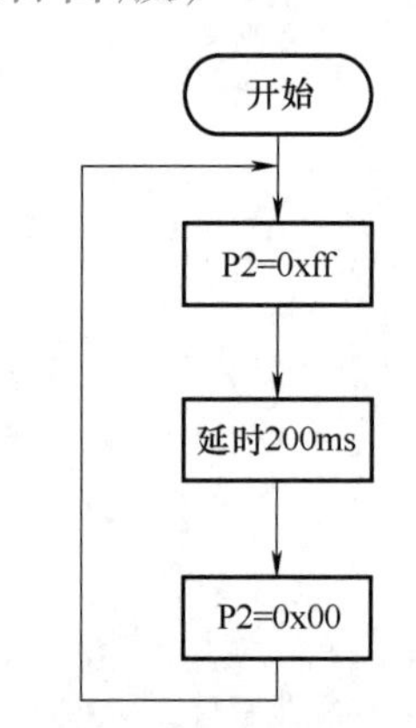

图 4.3 LED 流水灯的闪烁设计程序流程图

4. 软件设计

```
#include<reg51.h>
#define uchar unsigned char
void delay(uchar a)
{
uchar i;
while(a--)for(i=0;i<120;i++);
}
main()
{
while(1)
    {
    P2=0xff;
    delay(200);
    P2=0x00;
    delay(200);
    }
}
```

4.4　工程训练 4.2　LED 数码管显示设计(C 语言版)

1. 工程任务要求

对按键次数进行统计显示，显示范围为 0~99，超过 99 从 0 重新开始计数显示。

2. 任务分析

按键接 P3.6，两位数码管动态显示连接，段码连接 P0 口，位选连接 P2.1、P2.0，变量 count 存放按键次数。

3. 程序流程图

LED 数码管显示设计程序流程图如图 4.4 所示。

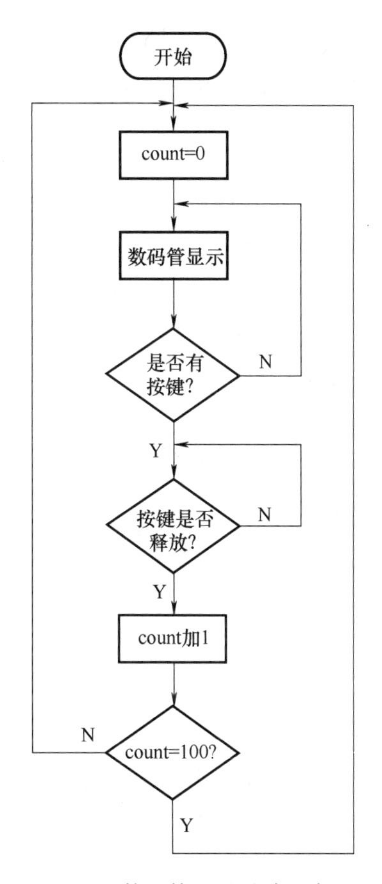

图 4.4　LED 数码管显示设计程序流程图

4. 软件设计

```
include <reg51.H>
sbit P3_6=P3^6;                              //定义计数器端口
unsigned char count=0;                       //定义计数器
unsigned char code table[]=
    {0x3f,0x06,0x5b,0x4f,0x66,0x6d,0x7d,0x07,0x7f,0x6f};
```

```
void delay(unsigned int time){
    unsigned int j=0;
    for (;time>0;time --)
        for(j=0;j<125;j++);
}

void main(void){
        char led_wei=0;
        while(1) {
                P2=2-led_wei;
                if(led_wei==0)
                P0=table[count%10];    //个位输出显示
                else
                P0=table[count/10];    //十位输出显示
                led_wei=1-led_wei;
                while(P3_6==0)          //等待按键抬起,防止连续计数
              if(P3_6==0){              //检测按键是否压下
               delay(10);
               if(P3_6==0){
                count++;                //计数器增 1
                if(count==100) count=0; //判断循环是否超限
              delay(30);
            }
    }
    }
}
```


4.5 工程训练 4.3 键控流水灯设计（C 语言版）

1. 工程任务要求

按键 K1 为启动开关，按下 K1 键时，流水灯从右向左流水显示，当按下 K2 键时，流水灯从左向右流水显示，当按下 K3 键时，流水灯从右向左流水显示，当按下 K4 键时，流水灯停止流水显示。

2. 任务分析

按键 K1~K4 分别接 P2 口 P2.0~P2.3，8 个 LED 灯接 P1 口；软件中定义 run 为启停标志，K1 键按下，run 为 1，表示启动流水显示，K4 键按下，run 为 0，表示停止流水显示；定义 dir 为方向标志，K2 键按下，dir 为 1，表示从左向右流水显示，K3 键按下，dir 为 0，表示从右向左流水显示。

3. 程序流程图

键控流水灯设计程序流程图如图4.5所示。

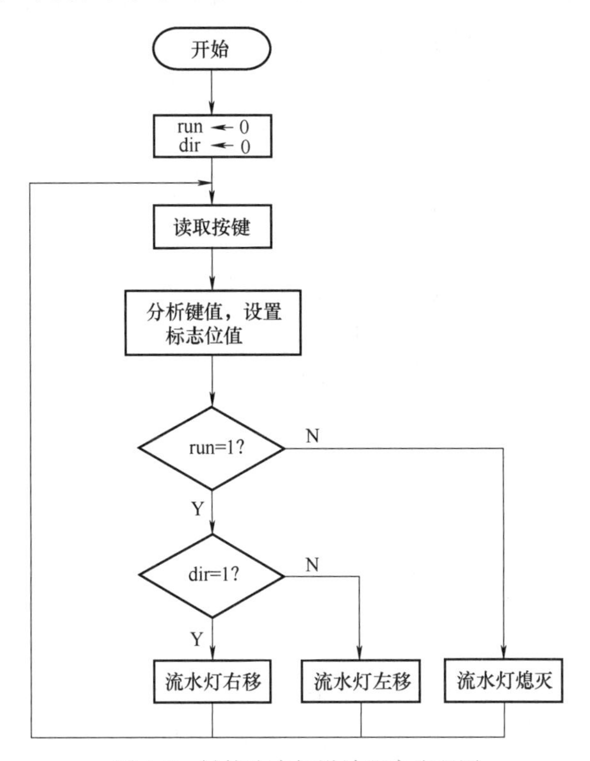

图4.5　键控流水灯设计程序流程图

4. 软件设计

```
#include "reg51.h"
unsigned char led[ ]={0xfe,0xfd,0xfb,0xf7,0xef,0xdf,0xbf,0x7f};
                                                    //流水灯数据
void delay(unsigned char time){                     //延时函数
    unsigned int j=0;
    for(;time>0;time--)
        for(j=0;j<20000;j++);
}
void main(){
    bit dir=0,run=0;                                //标志位定义及初始化
    char i;
    while(1){
        switch (P2 & 0x0f){                         //读取键值
            case 0x0e:run=1;break;                  //K1 动作,设 run=1
            case 0x07:run=0,dir=0;break;            //K4 动作,设 run=dir=0
            case 0x0d:dir=1;break;                  //K2 动作,设 dir=1
            case 0x0b:dir=0;break;                  //K3 动作,设 dir=0
```

```
        }
        if (run)                    //若 run=dir=1,自左向右流水显示
            if(dir)
                for(i=0;i<=7;i++){
                    P1=led[i];
                    delay(200);
                }
            else                    //若 run=1,dir=0,自右向左流水显示
                for(i=7;i>=0;i--){
                    P1=led[i];
                    delay(200);
                }
        else P1=0xff;               //若 run=0,流水灯全灭
    }
}
```


本章小结

1）在 C51 语言中，除了整型(int)、浮点型(float)、字符型(char)、无值型(void)几种基本数据类型外，还有以这些基本数据类型为基础而构造成的较复杂的数据结构，包括数组、指针、结构体、共用体、枚举等数据类型。灵活利用这些数据结构可以简化程序的设计。

2）C51 程序有规范化的结构，可以采用函数模块化程序方法，把设计系统划分成若干个程序模块，每个程序模块采用一个或多个函数来实现；C51 提供的库函数包含许多标准的子程序，可供用户调用，以提高编程效率。

习题与思考题

1. 根据解决复杂问题的一般思维方法，谈谈 C51 模块化层次结构的程序设计优点。
2. 简述 C51 语言的数据结构。
3. C51 语言有哪些数据类型？
4. C51 语言有哪些变量类型？
5. 在 C51 语言中，如何对 8051 单片机特殊功能寄存器变量定义？
6. 在 C51 语言中，如何对 8051 单片机位寻址区(20H~2FH)位变量定义？
7. 写出 C51 语言中断服务函数的一般定义格式。
8. 简述 C51 程序的一般框架。

第5章 单片机应用系统的开发工具

单片机应用系统由硬件和软件组成。在单片机应用系统开发具体实施中，主要是硬件开发设计和软件开发设计。硬件方案确定后，在做样机前，首先可利用 Proteus 仿真硬件电路，在没有目标原型机前可对系统进行调试、测试与验证。软件开发可利用 Keil C51 软件进行源程序的编辑、编译和软件仿真。

5.1 Keil μVision4 集成开发环境

Keil μVision4 软件是功能强大的单片机 C 语言集成开发环境，下面介绍在 Keil μVision 环境下学习编写、调试单片机程序过程。

1. Keil μVision4 程序开发过程

对于单片机程序来说，每个功能程序都必须要有一个配套的工程(Project)，即使点亮 LED 这种简单的功能程序也不例外，因此，首先要新建一个工程。打开 Keil μVision4 软件后，单击“Project”→“New μVision Project”，然后会出现一个新建工程的界面，如图 5.1 所示。

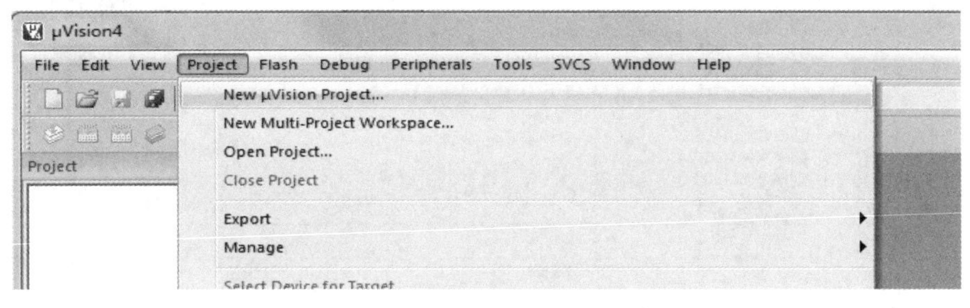

图 5.1　工程创建

输入工程文件名称，并选择保存文件的目录(该目录位置任意，可新建文件夹)，如图 5.2 所示。

为项目文件选择一个目标器件(AT89C51)，如图 5.3 所示。

单击“OK”，会弹出一个对话框，如图 5.4 所示。每个工程都需要一段启动代码，如果单击“否”按钮，编译器会自动处理这个问题，如果单击“是”按钮，这部分代码会提供给用户，用户可以按需要自行处理这部分代码，但这部分代码在用户初学 C51 期间，一般不需要修改，因此这里单击“否”按钮。

工程创建结果，如图 5.5 所示，单击“Target 1”左边的“+”，会出现刚加入的初始化文件 STARTUP. A51。

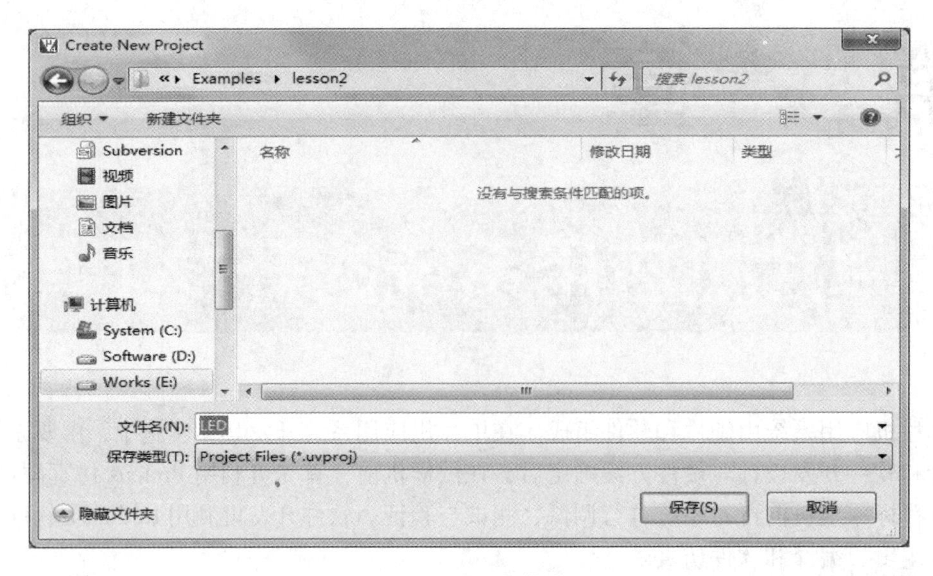

图 5.2 工程文件名

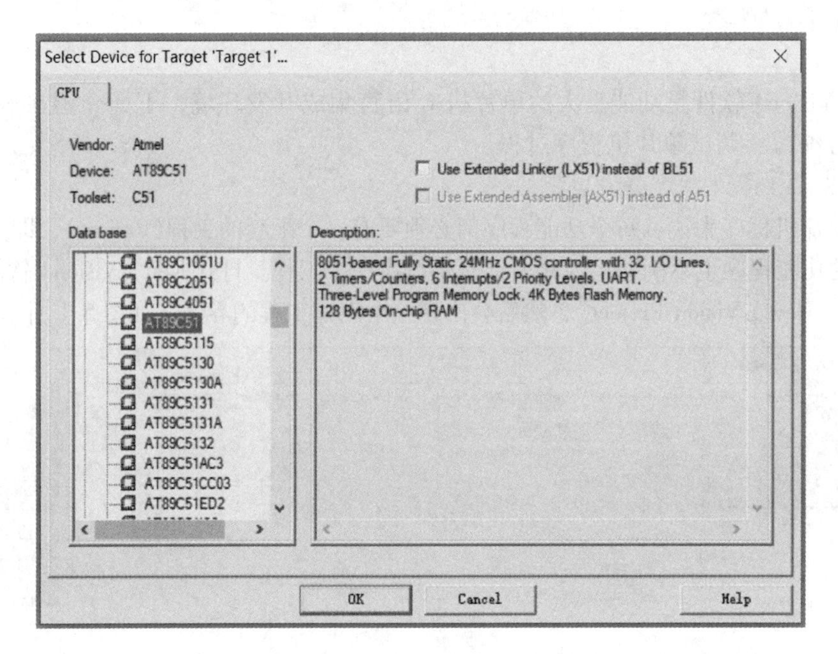

图 5.3 目标器件选择

图 5.4 是否添加启动代码

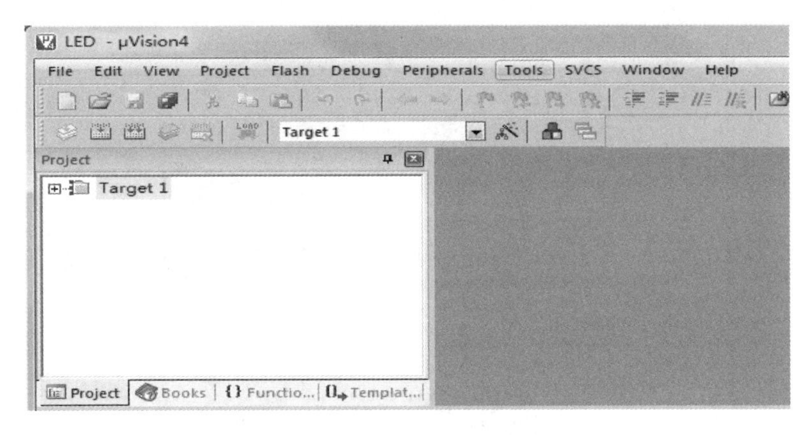

图 5.5　工程创建结果

创建工程之后，需要建立编写代码的文件，单击“File”→“New”，如图 5.6 所示，新建一个文件，也就是编写程序的平台。然后，单击“File”→“Save”或者直接单击“Save”快捷键保存文件，保存时将它命名为 LED. c，这里必须加上 . c，因为如果编写的是汇编语言，这里的扩展名将是 . asm，头文件就是 . h 等，但这里编写的是 C 语言程序，必须自行添加文件的扩展名 . c，如图 5.7 所示。

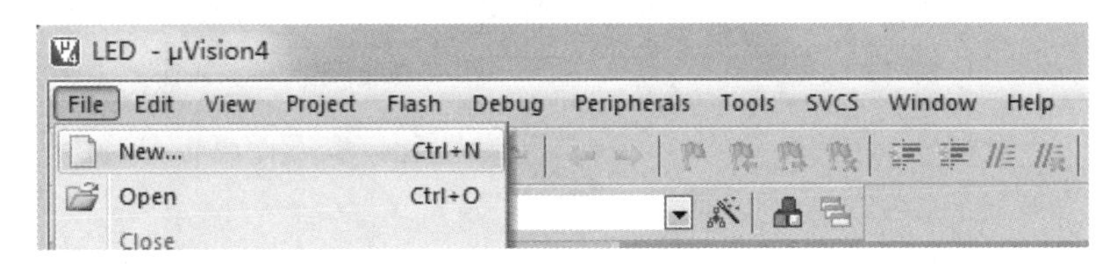

图 5.6　新建代码文件

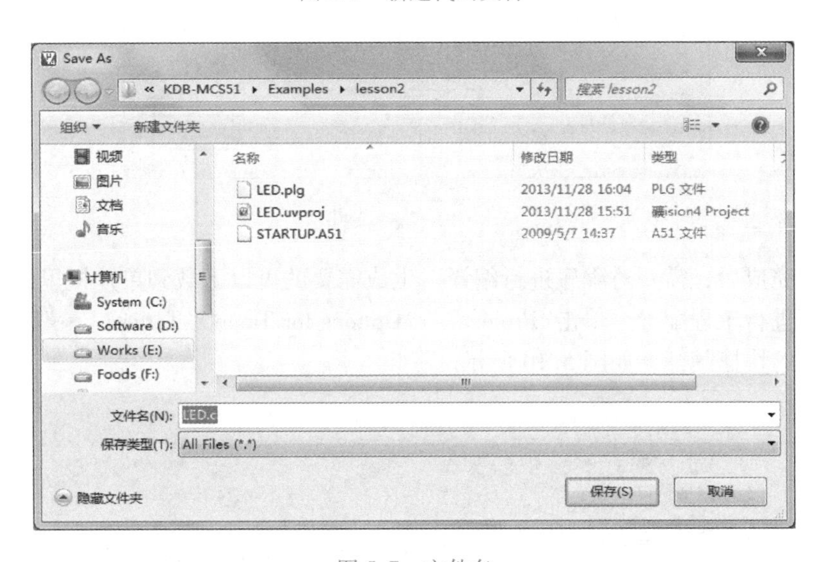

图 5.7　文件名

接下来在建立好的代码文件中输入程序代码，在此之前需要先将建立好的文件添加到所建立的工程中去。鼠标右键单击“Source Group 1”→“Add Files to Group ‘Source Group 1’…”，如图 5.8 所示。

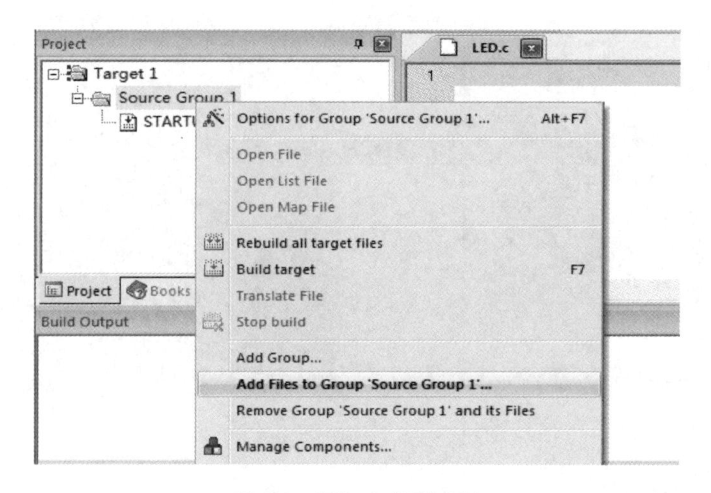

图 5.8　添加文件到工程

在弹出的对话框中，单击“LED. c”，然后单击“Add”按钮，或者直接双击“LED. c”，都可以将文件添加到工程中，然后单击“Close”，关闭添加，如图 5.9 所示。可以看到在“Source Group 1”下边又多了一个 LED. c 文件。

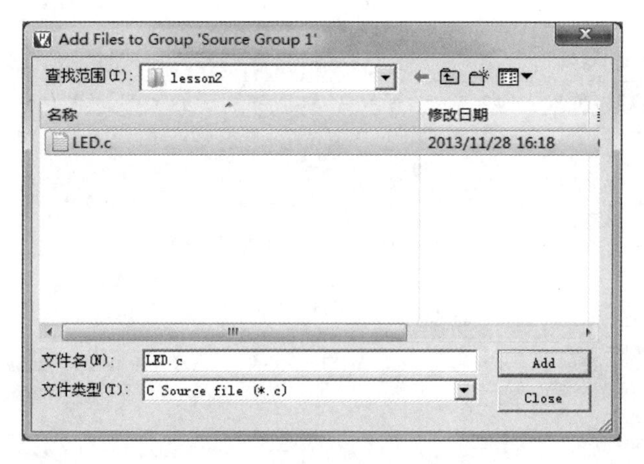

图 5.9　选择文件

程序编写完成后，需要对程序进行编译，生成需要的可以下载到单片机里的文件。在编译之前，先要进行工程配置，单击“Project”→“Options for Target ‘Target1’…”，或者直接单击图中线框内的快捷图标，如图 5.10 所示。

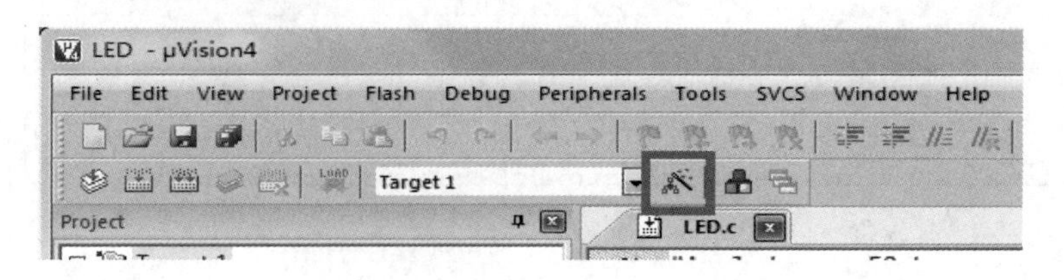

图 5.10　工程配置

在弹出的对话框中，单击“Output”选项卡，勾选“Create HEX File”，然后单击“OK”按钮，完成 HEX 文件创建勾选，如图 5.11 所示。

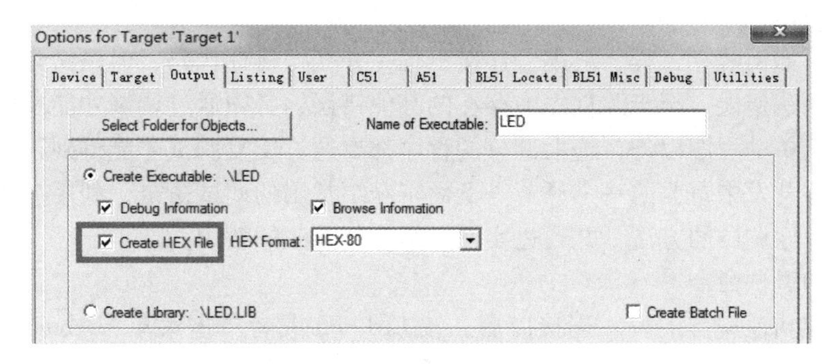

图 5.11　勾选创建 HEX 文件

工程配置完成后，单击“Project”→“rebuild all target files”，或者单击图 5.12 中红线框内的快捷图标，就可以对程序进行编译。编译完成后，在 Keil 下方的 Output 窗口会出现相应的提示，提示编译完成后的情况，如图 5.13 所示。图中，data=9.0 表示程序使用了单片机内部的 256 字节 RAM 资源中的 9 个字节；code=29 表示程序使用了 8KB 代码 Flash 资源中的 29 个字节；0 Error(s)，0 Warning(s)表示程序没有错误和警告，就会出现 creating hex file from “LED”…，表示从当前工程生成了一个 HEX 文件，需要下载到单片机里的就是这个 HEX 文件，如图 5.14 所示。如果出现错误和警告提示，就是 Error 和 Warning 不是 0，那么就要对程序进行检查，找出问题，解决完再进行编译产生 HEX 文件。到此为止，程序编译完成，把编译完成的程序文件下载到单片机里，就可以实现程序的功能。

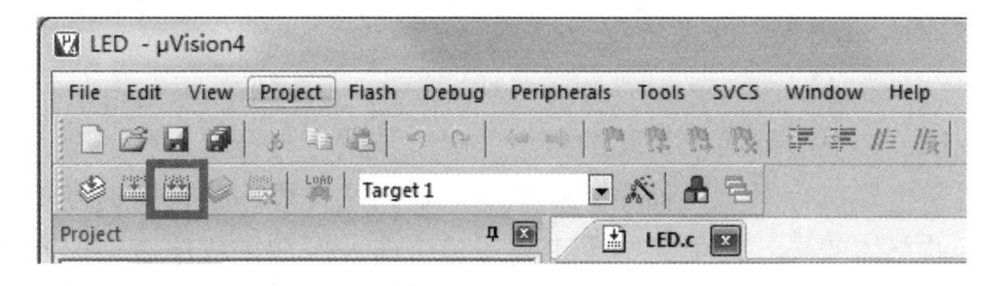

图 5.12　编译文件

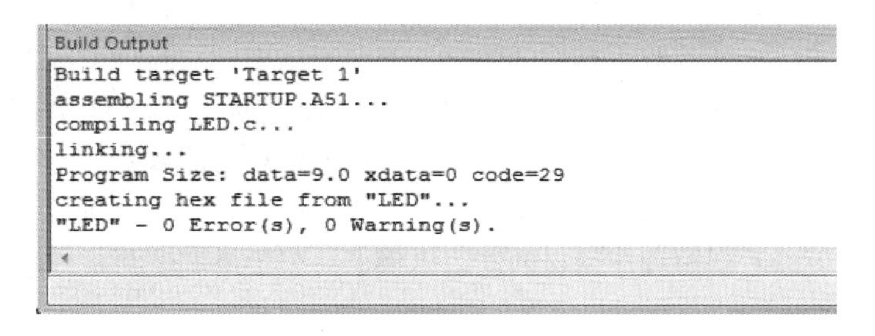

图 5.13　编译输出结果

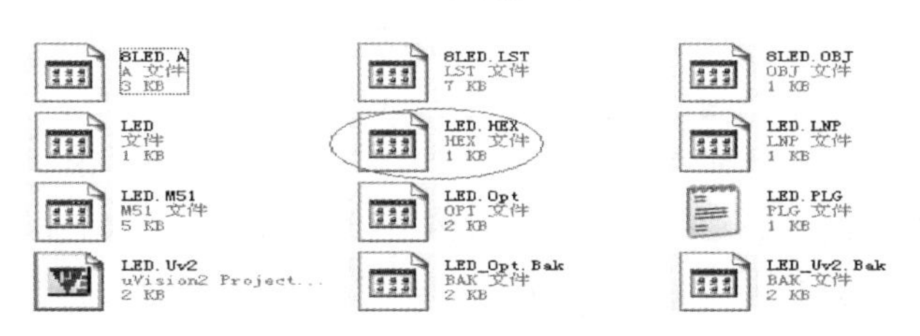

图 5.14　生成的 HEX 文件

2. Keil μVsion 调试方法

前面介绍了如何建立工程、汇编、连接工程，并获得目标代码，但是做到这一步仅仅表示源程序没有语法错误，至于源程序中存在的其他错误，必须通过调试才能发现并解决。事实上，除了极简单的程序以外，绝大部分的程序都要通过反复调试才能得到正确的结果，因此，调试是软件开发中重要的一个环节。下面将介绍常用的调试命令，利用在线汇编、各种断点设置进行程序调试的方法，并通过实例介绍这些方法的使用。

（1）常用的调试命令

在对工程成功地进行汇编、连接以后，按 Ctrl+F5 或者单击菜单“Debug”→“Start/Stop Debug Session”即可进入调试状态，Keil 内建了一个仿真 CPU 来模拟执行程序，该仿真 CPU 功能强大，可以在没有硬件和仿真机的情况下进行程序调试。该模拟调试功能与真实的硬件执行程序最明显的区别就是时序，软件模拟不可能和真实的硬件具有相同的时序，具体的表现就是程序执行的速度和个人使用的计算机有关，计算机性能越好，运行速度越快。

进入调试状态后，界面与编辑状态相比有明显的变化，菜单“Debug”项中原来不能用的命令现在已经可以使用，工具栏会增加一个用于运行和调试的工具条，如图 5. 15 所示，菜单“Debug”项中的大部分命令可以在此找到对应的快捷按钮，从左到右依次是复位、运行、暂停、单步、过程单步、执行完当前子程序、运行到当前行、下一状态、打开跟踪、观察跟踪、反汇编窗口、观察窗口、代码作用范围分析、1#串行窗口、内存窗口、性能分析、工具按钮等命令。

图 5. 15　用于运行和调试工具条

学习程序调试，必须明确两个重要的概念，即单步执行与全速运行。全速执行是指一行程序执行完以后紧接着执行下一行程序，中间不停止，这样程序执行的速度很快，并可以看到该段程序执行的总体效果，即最终结果正确还是错误，但如果程序有错，则难以确认错误出现在哪些程序行。单步执行是每次执行一行程序，执行完该行程序以后即停止，等待命令执行下一行程序，此时可以观察该行程序执行完以后的结果，是否与编写该行程序所要得到的结果相同，借此可以找到程序中存在的问题。程序调试中，这两种运行方式都要用到。

单击菜单“Debug”→“STEP”或工具栏中的单步按钮或使用快捷键 F11 可以单步执行程序，单击菜单“STEP OVER”或功能键 F10 可以以过程单步形式执行命令。所谓过程单步，是指将汇编语言中的子程序或高级语言中的函数作为一个语句来全速执行。

按下 F11 键，可以看到源程序窗口的左边出现了一个黄色调试箭头，指向源程序的第一行，如图 5. 16 所示。

每按一次 F11 键，即执行该箭头所指程序行，然后箭头指向下一行，当箭头指向“LCALL DELAY”行时，再次按下 F11 键，会发现箭头指向了延时子程序 DELAY 的第一行。不断按 F11 键，即可逐步执行延时子程序。通过单步执行程序，可以找出程序中一些问题的所在，但是仅依靠单步执行来查错有时是困难的，或虽能查出错误但效率很低，为此必须辅之以其他方法，如本例中的延时程序是通过执行“D2：DJNZ　R6，D2”行程序将 60000 多次来达到延时目的的，如果用按 F11 键 60000 多次的方法来执行完该程序行，显然不合适。为此，可以采取以下方法：

图 5.16 调试窗口

1）用单击子程序的最后一行(ret)，把光标定位于该行，然后单击菜单“Debug”→“Run to Cursor line”(执行到光标所在行)，即可全速执行完黄色箭头与光标之间的程序行。

2）在进入该子程序后，单击菜单“Debug”→“Step Out of Current Function”(单步执行到该函数外)，即可全速执行完调试光标所在的子程序或子函数，并指向主程序中的下一行程序(这里是“JMP LOOP”行)。

3）在开始调试时，按 F10 键而非 F11 键，程序也将单步执行，不同的是执行到“LCALL DELAY”行时，按下 F10 键，调试光标不进入子程序的内部，而是全速执行完该子程序，然后直接指向下一行“JMP LOOP”。

灵活应用以上方法，可以大大提高查错的效率。

(2) 在线汇编

进入 Keil 软件的调试环境以后，如果发现程序有错，可以直接对源程序进行修改，但是要使修改后的代码起作用，必须先退出调试环境，重新进行编译、连接后再次进入调试。如果只是需要对某些程序行进行测试，或仅需对源程序进行临时的修改，这样的过程未免有些麻烦，为此 Keil 软件提供了在线汇编的能力，将光标定位于需要修改的程序行上，单击菜单“Debug”→“Inline Assambly…”，即可出现如图 5.17 的对话框，在“Enter New Instruction”后面的文本框内直接输入需更改的程序语句，输入完成后按回车键将自动指向下一条语句，可以继续修改，如果不再需要修改，可以单击右上角的关闭按钮关闭窗口。

(3) 断点设置

程序调试时，一些程序行必须满足一定的条件才能被执行到，如程序中某变量达到一定的值、按键被按下、串口接收到数据、有中断产生等，这些条件往往是异步发生或难以预先设定的，这类问题使用单步执行的方法很难调试，这时就要使用程序调试中的另一种非常重

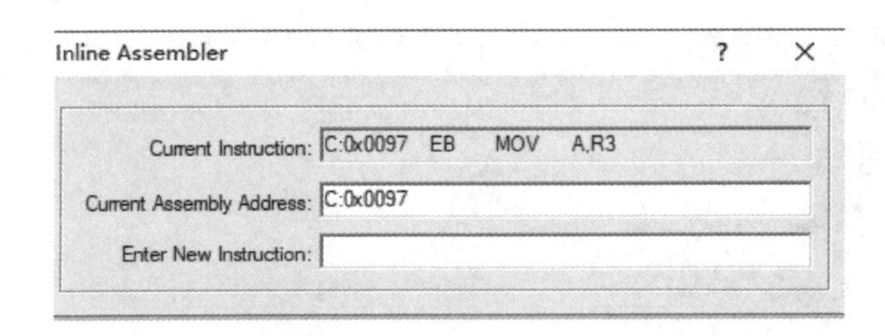

图 5.17 在线汇编窗口

要的方法——断点设置。断点设置的方法有多种，常用的是在某一程序行设置断点，设置好断点后可以全速运行程序，一旦执行到该程序行即停止，可在此观察有关变量值，以确定问题所在。在程序行设置/移除断点的方法是将光标定位于需要设置断点的程序行，单击菜单“Debug”→“Insert/Remove BreakPoint”设置或移除断点(也可以用鼠标在该行双击实现同样的功能)；单击菜单“Debug”→“Enable/Disable Breakpoint”开启或暂停光标所在行的断点功能；单击菜单“Debug”→“Disable All Breakpoint”暂停所有断点；单击菜单“Debug”→“Kill All BreakPoint”清除所有的断点设置。这些功能也可以用工具条上的快捷按钮实现。除了在某程序行设置断点这一基本方法以外，Keil 软件还提供了多种设置断点的方法，单击菜单“Debug”→“Breakpoints…”即出现一个对话框，该对话框用于对断点进行详细的设置，如图 5.18 所示。图中“Expression”后的文本框用于输入表达式，该表达式用于确定程序停止运行的条件。

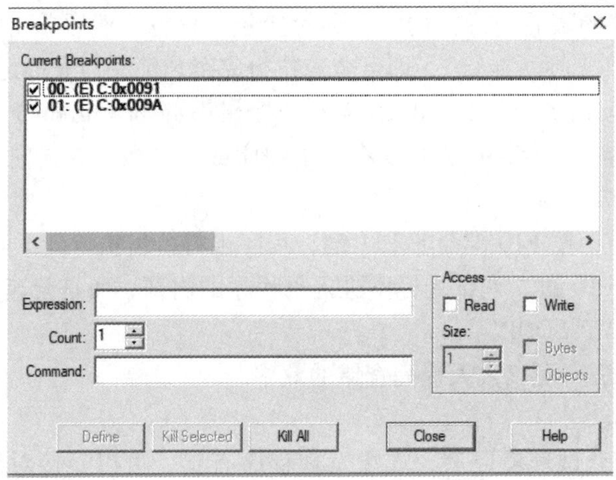

图 5.18 断点设置窗口

5.2 Proteus 原理图设计与仿真

Proteus 是英国 LabCenter electronics 公司开发的电路分析与实物仿真软件。它运行于 Windows 操作系统上，可以仿真、分析(SPICE)各种模拟器件和集成电路，是目前比较好的仿真单片机及外围器件的工具。Proteus 包括两个重要的软件：ISIS 和 ARES 应用软件。其中，ISIS 为智能原理图输入系统，是系统设计与仿真的基本平台，ARES 主要用于高级 PCB 布线编辑。本书案例设计采用 Proteus 7 Professional 版。

5.2.1　Proteus 原理图设计

下面以单片机连接 8 个发光二极管为例介绍 Proteus 的使用，如图 5.19 所示。

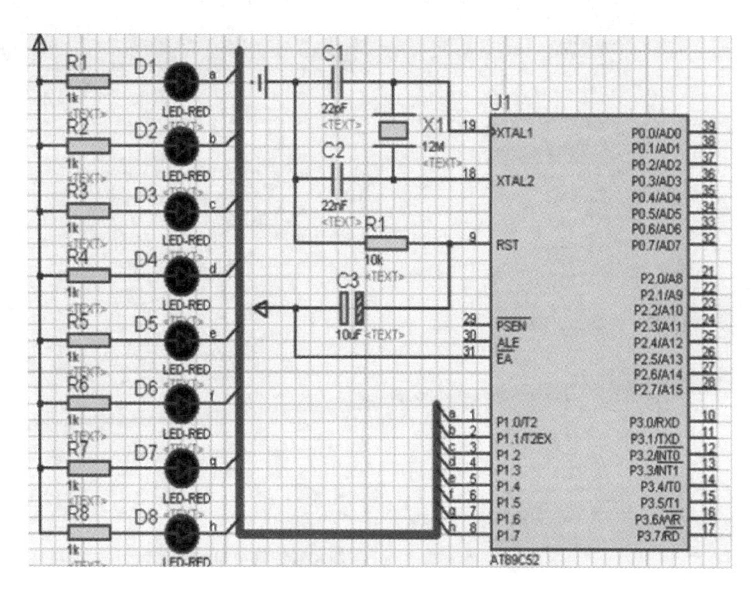

图 5.19　单片机连接 8 个发光二极管电路原理图

1. ISIS 7 Professional 启动界面

启动 ISIS 7 Professional 后，打开如图 5.20 所示界面。

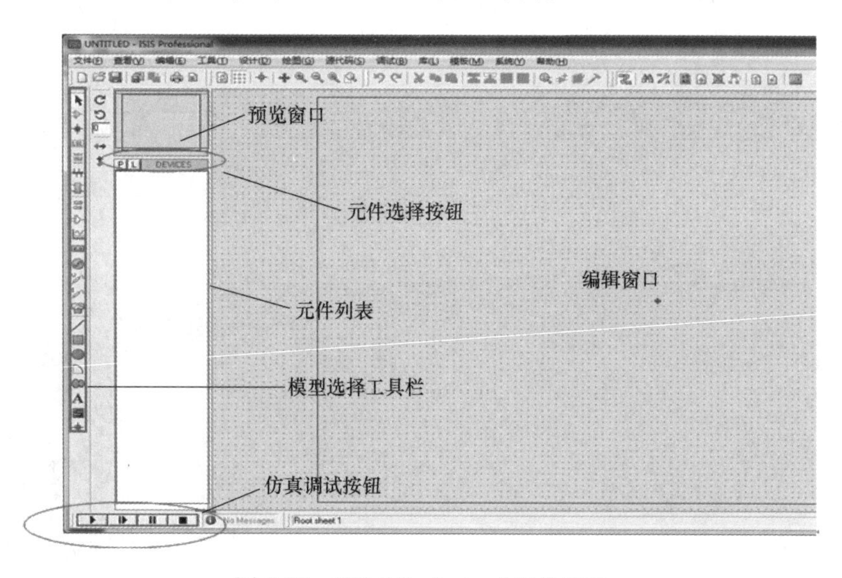

图 5.20　ISIS 7 Professional 工作界面

2. 元器件选择

首先是微处理器 AT89C52 选择，即将需要用到的元件 AT89C52 添加到对象选择器窗口。单击对象选择器按钮 P，如图 5.21a 所示，弹出"Pick Devices"对话框，在"Category"列表框中找到"Mircoprocessor ICs"选项，单击该选项，在对话框右侧会提供大量常见的各种型号的单片机。找到"AT89C52"，双击，即可将元件 AT89C52 添加到对象选择器中。

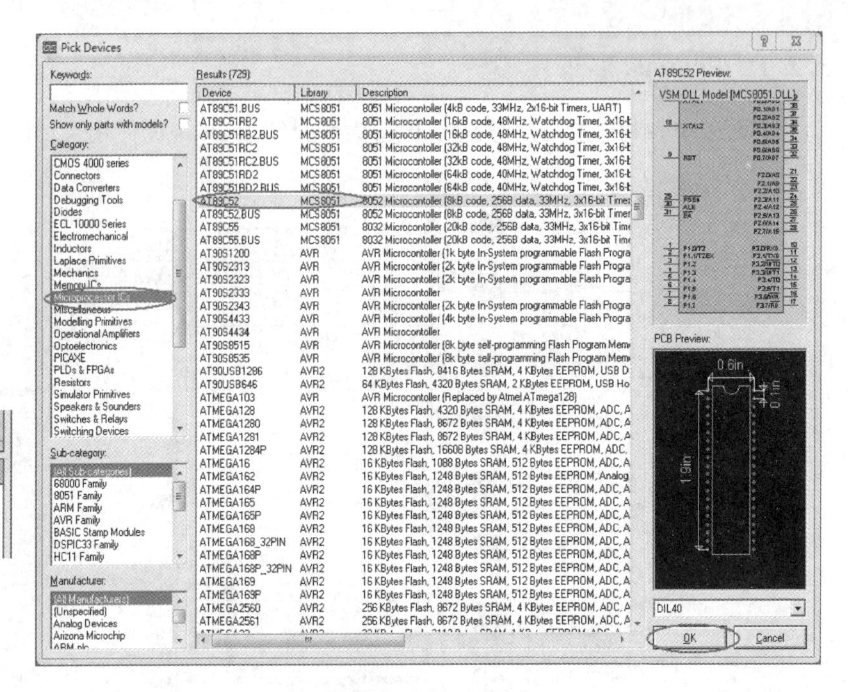

a) 对象选择器按钮　　　　b) 添加元器件到对象选择器窗口

图 5.21　元器件选择界面

如果知道元器件的名称或者型号，则可以在“Keywords”输入“AT89C52”，系统在对象库中进行搜索查找，并将搜索结果显示在“Results”中，如图 5.22 所示。

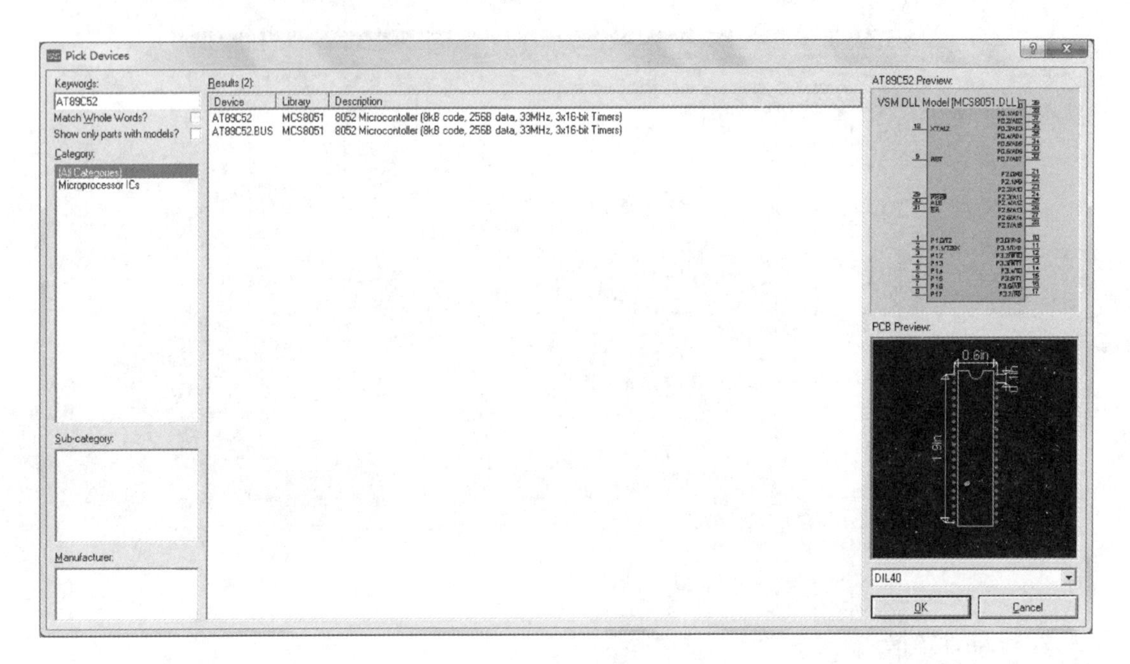

图 5.22　搜索 AT89C52

在“Results”列表中，双击“AT89C52”即可将 AT89C52 添加到对象选择器窗口中。晶振 CRYSTAL 选择如图 5.23 所示。无极性电容 CAP 选择如图 5.24 所示。

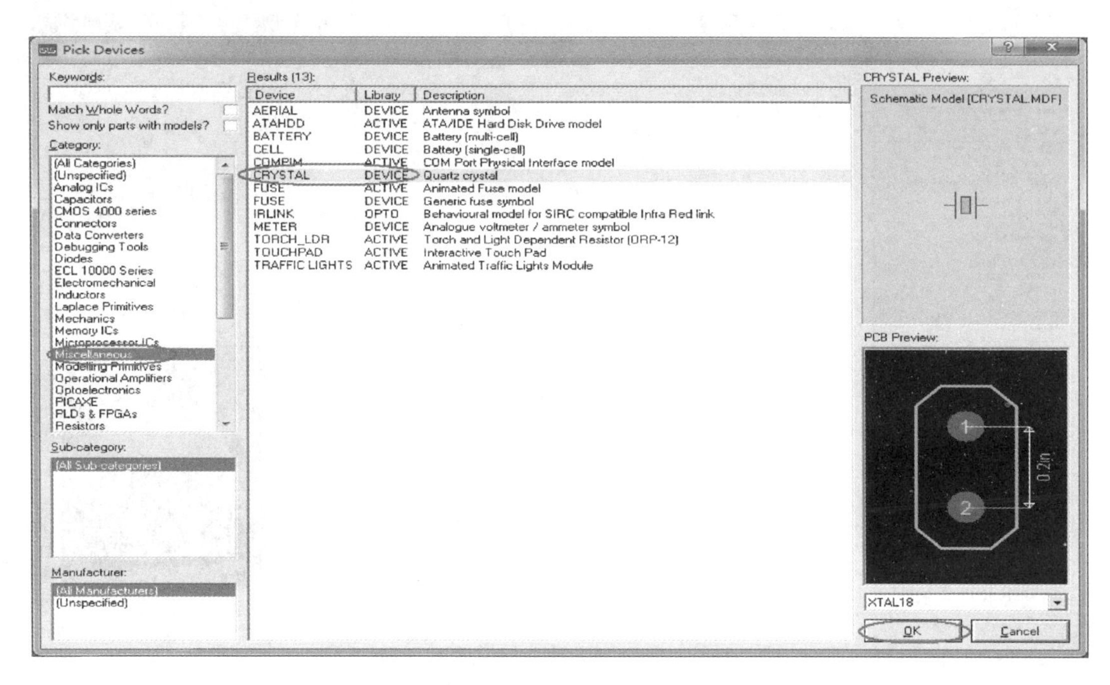

图 5.23　晶振 CRYSTAL 选择

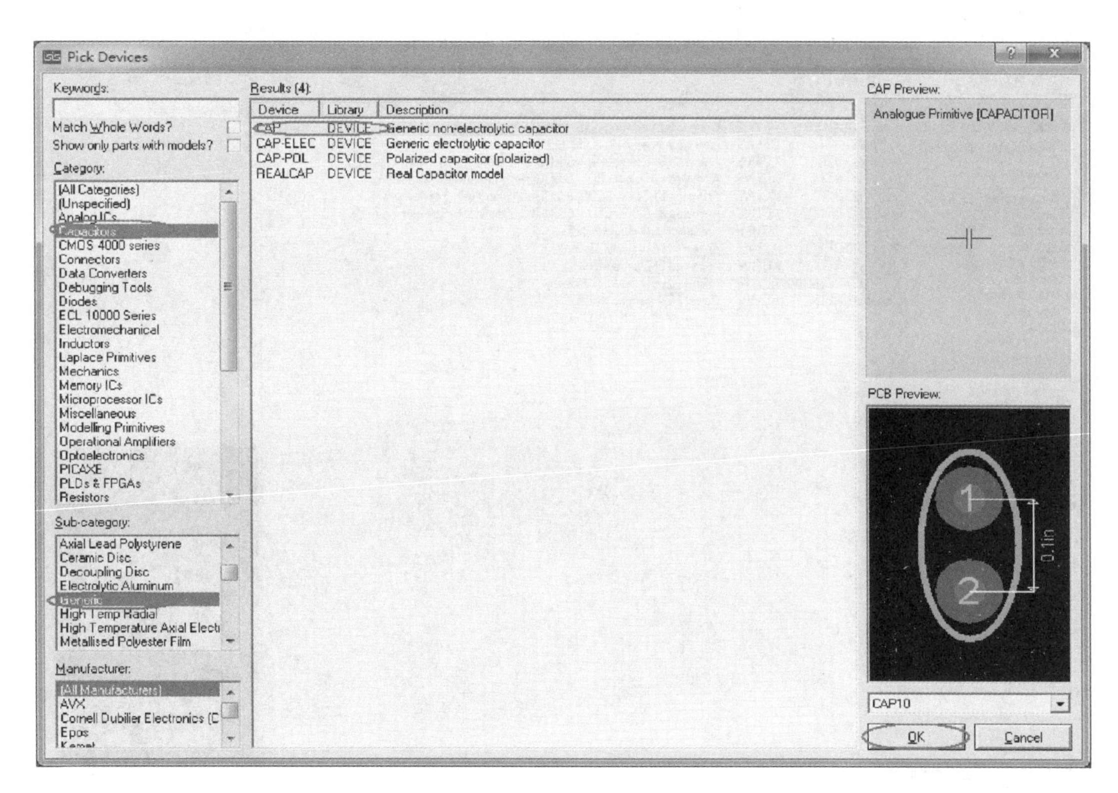

图 5.24　无极性电容 CAP 选择

有极性电容 CAP-POL 选择如图 5.25 所示。

红色发光二极管 LED-RED 选择如图 5.26 所示。

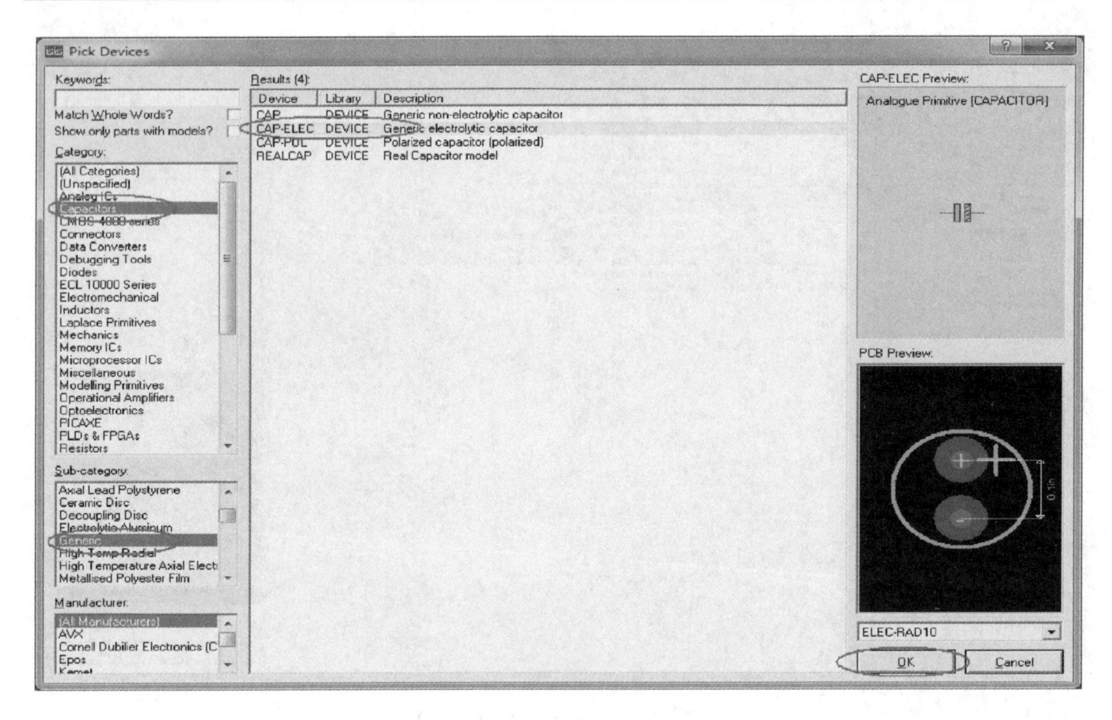

图 5.25　有极性电容 CAP-POL 选择

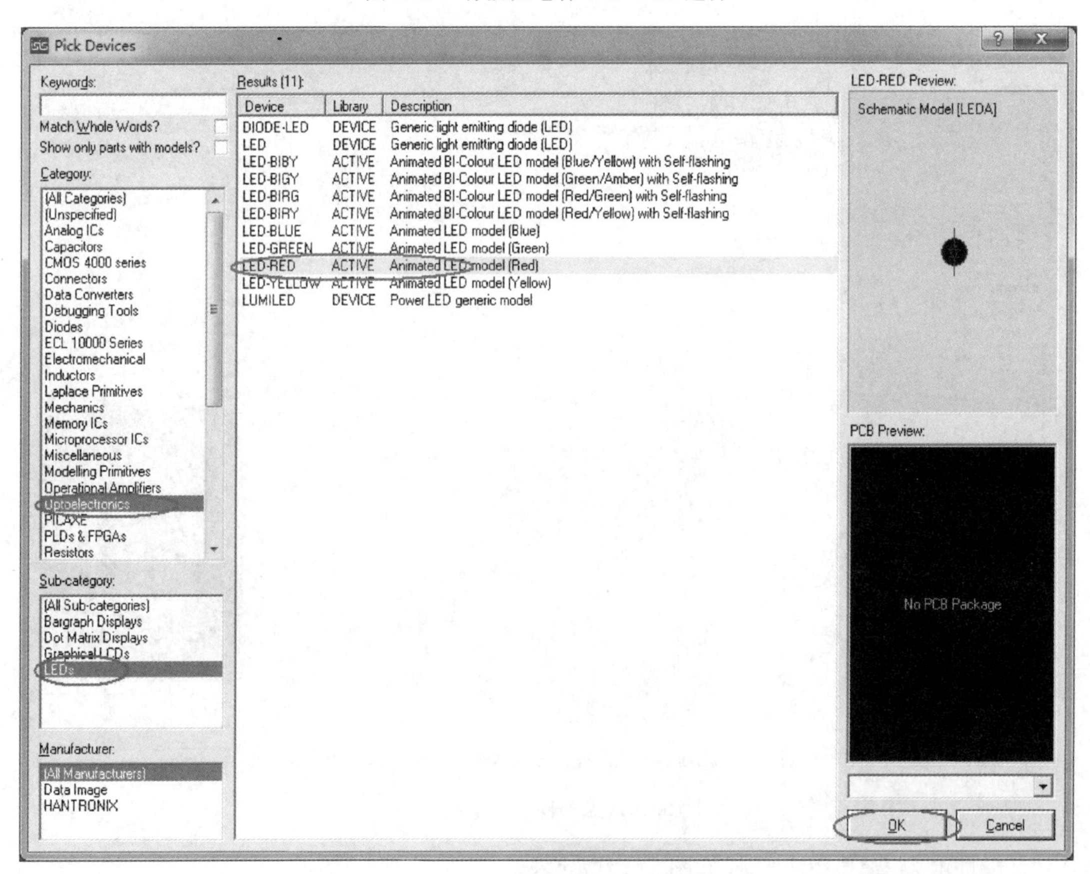

图 5.26　红色发光二极管 LED-RED 选择

电阻 RES 选择如图 5. 27 所示：

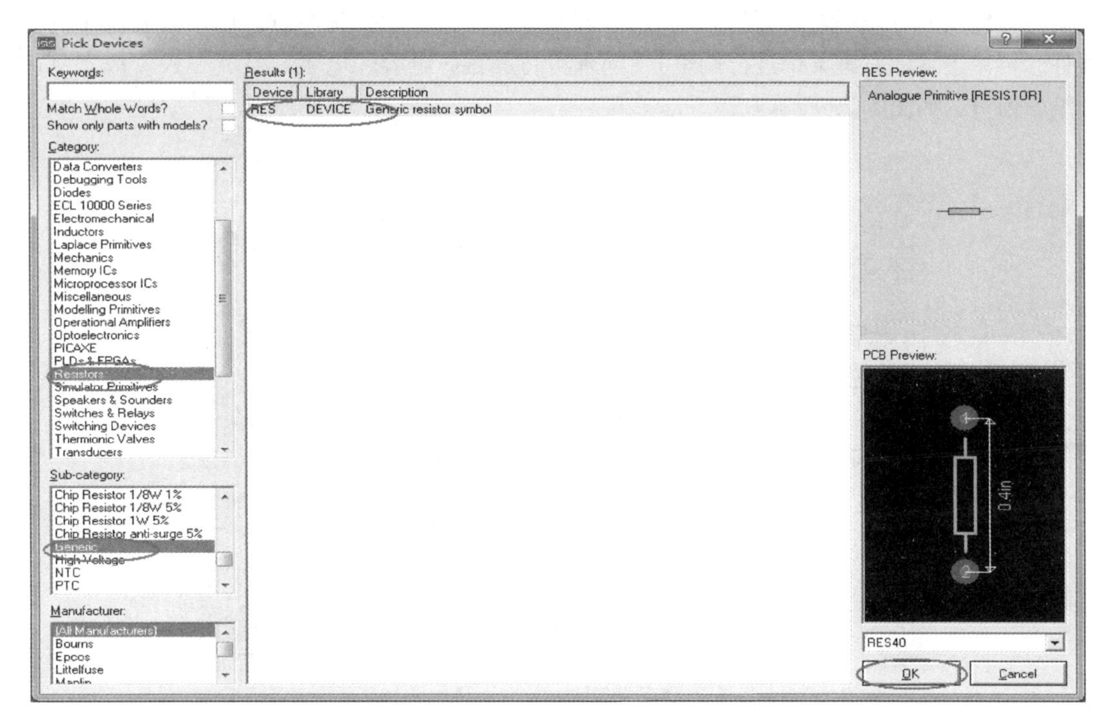

图 5. 27 电阻 RES 选择

完成上述操作后便已经将 AT98C52、晶振等元件添加到了对象选择器窗口中。

在对象选择器窗口中单击“AT89C52”，会将在预览窗口中看到 AT89C52 的实物图，且绘图工具栏中的元器件 →按钮处于选中状态。单击“CRYSTAL”“LED-RED”也能看到对应的实物图，元器件按钮也处于选中状态，如图 5. 28 所示。

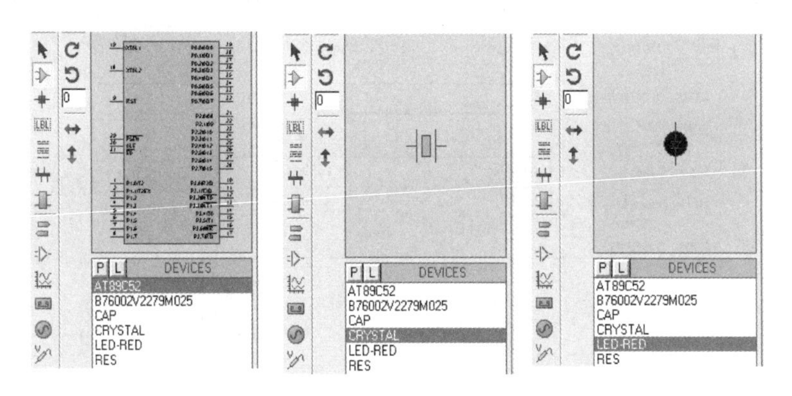

图 5. 28 选中元器件

3. 将元器件放置到图形编辑窗口

在对象选择器窗口中选中“AT89C52”，如果元器件的方向不符合要求，可使用预览对象方向控制按钮进行操作。如用按钮对元器件进行顺时针旋转，用按钮对元器件进行逆时针旋转，用按钮对元器件进行左、右反转，用按钮对元器件进行上、下反转。元器件方向符合要求后，将鼠标置于图形编辑窗口元器件需要放置的位置，单击鼠标左键，将出现紫红色的元器件轮廓符号(此时还可对元器件的放置位置进行调整)。再单击鼠标左键，元器件被完全放置(放置元器件后，如还需调整方向，可使用鼠标左键，单击需要调整的元器件，再单击鼠标右键菜单进行调整)。同理可将晶振、电容、电阻、发光二极管放置到图形编辑窗口，如图 5. 29 所示。

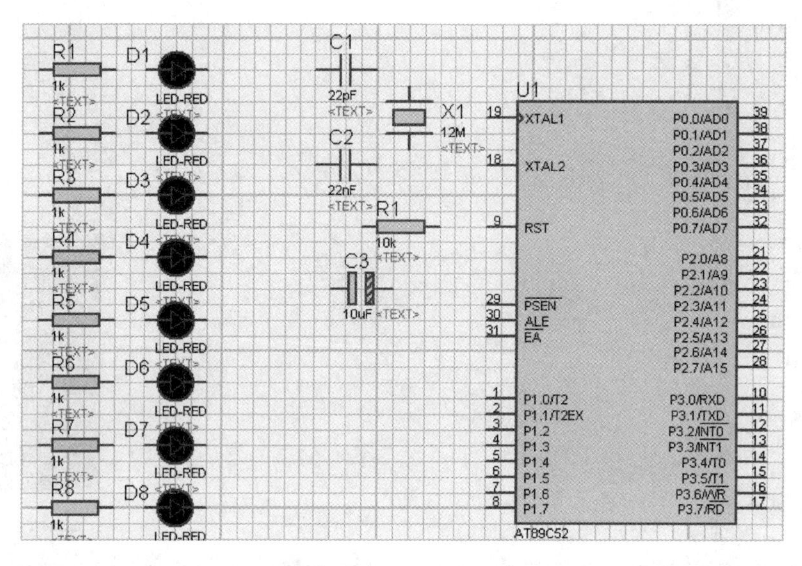

图 5. 29　元器件放置

图 5. 29 中的元器件已完成了编号，并修改了参数。修改的方法是在图形编辑窗口中，双击元器件，在弹出的“Edit Component”对话框中进行修改。下面以电阻为例，在“Edit Component”对话框中，把“Component Reference”中的“R?”改为“R1”，把“Resistance”中的“10k”改为“1k”。修改完成后单击“OK”按钮，如图 5. 30 所示。这时图形编辑窗口就会出现一个编号为 R1、阻值为 1k 的电阻。重复以上步骤，可对其他元器件的参数进行修改。

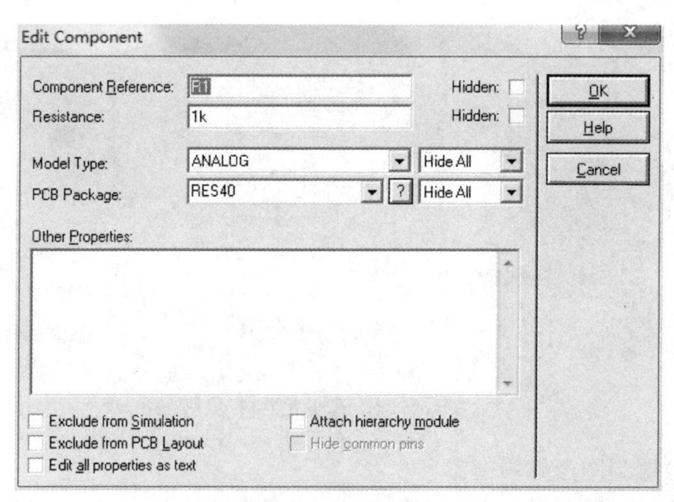

图 5. 30　元器件参数编辑

4. 元器件与元器件的电气连接

Proteus 软件具有自动线路功能(wire auto router)，当鼠标移动至连接点时，鼠标指针处出现一个虚线框，如图 5. 31 所示。

单击虚线框，移动鼠标至 LED-RED 的阳极，出现虚线框时，单击鼠标左键完成连线，如图 5.32 所示。

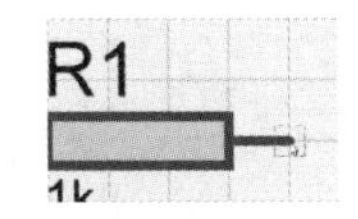

图 5.31　单击连线接点

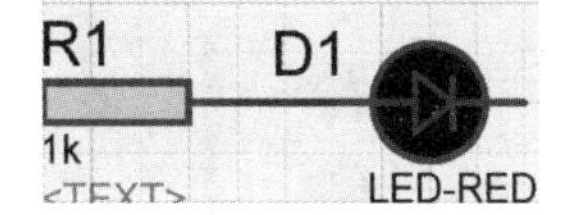

图 5.32　连线结果

同理可以完成其他连线。在此过程中，可以按下 ESC 键或者单击鼠标右键放弃连线。

5. 放置电源端子

单击绘图工具栏中的 按钮，使之处于选中状态。单击选中“POWER”，放置两个电源端子；单击选中“GROUND”，放置一个接地端子。放置完成后进行连线，如图 5.33 所示。

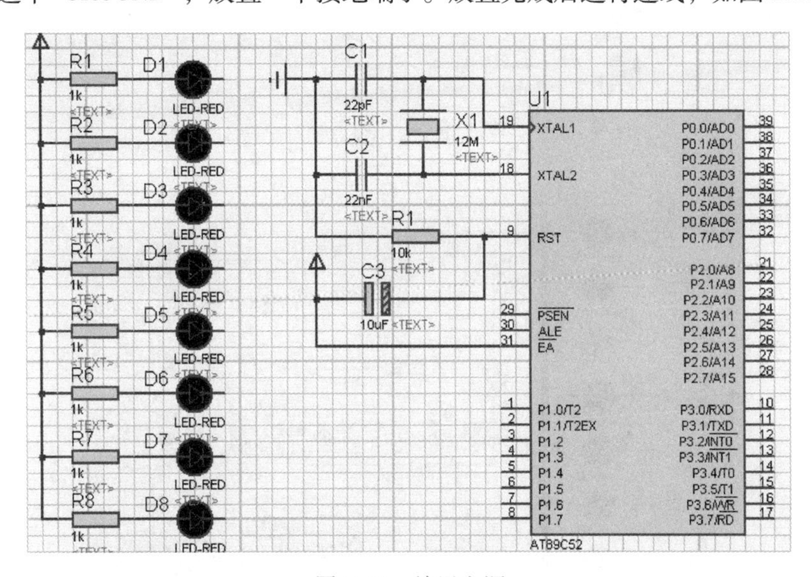

图 5.33　放置电源

6. 在编辑窗口绘制总线

单击绘图工具栏中的按钮，使之处于选中状态。将鼠标置于图形编辑窗口，单击鼠标左键，确定总线的起始位置；移动鼠标，屏幕出现一条蓝色的粗线，选择总线的终点位置，双击鼠标左键，这样一条总线就绘制好了，如图 5.34 所示。

7. 元器件与总线的连线

在绘制与总线的连接导线时，为了与一般的导线区分，一般选择画斜线来表示分支线。此时需要自行决定走线路径，在想要拐点处单击鼠标左键即可。在绘制斜线时，需要关闭自动线路功能，可通过使用工具栏中的 WAR 命令 按钮关闭。绘制完后的效果如图 5.35 所示。

8. 放置网络标号

单击绘图工具栏的网络标号 按钮使之处于选中状态。将鼠标置于要放置网络标号的导线上，这时会出现一个“×”，表明该导线可以放置网络标号。单击鼠标左键，弹出“Edit Wire Label”对话框，在“String”中输入网络标号名称，如图 5.36 中 a，单击“OK”按钮，完成该导线的网络标号的放置。同理，可以放置其他导线的标号。注意：在放置导线网络标号的过程中，相互接通的导线必须标注相同的标号。

至此，整个电路图的绘制便已完成。在菜单中选择“File”→“Save Design”，将电路图保存到自己设定的文件路径中。

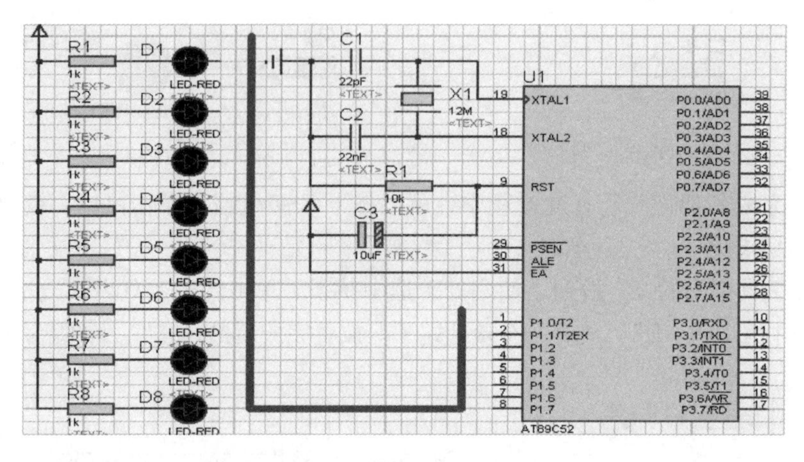

图 5. 34　绘制总线

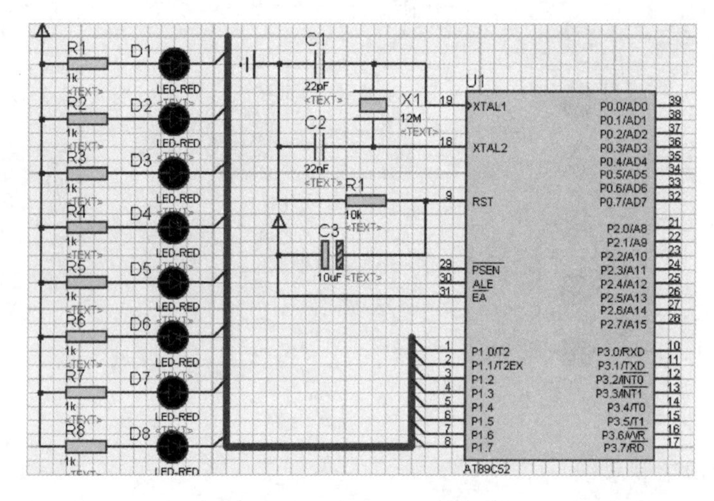

图 5. 35　元器件与总线的连线

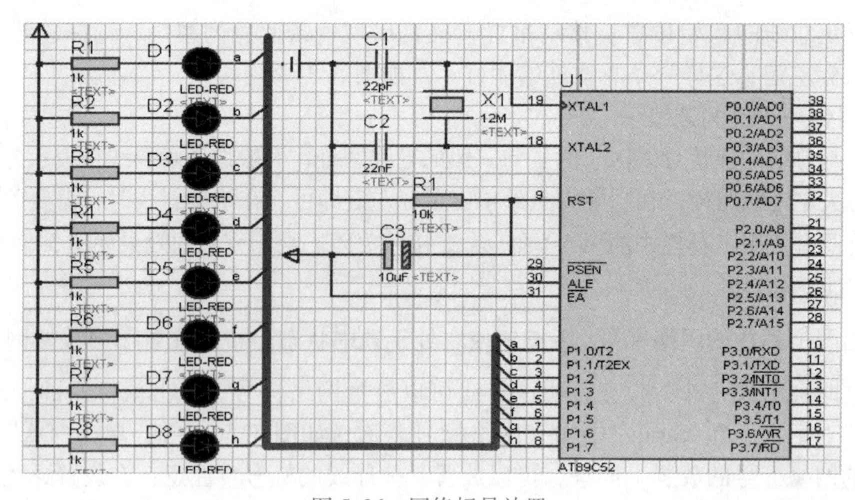

图 5. 36　网络标号放置

5.2.2　Proteus 仿真

1. 加载 HEX 文件仿真

在 Proteus ISIS 界面调入所设计的硬件图，双击 CPU，在弹出的“Edit Component”窗口的“Program File”文本框中填入相应的 HEX 运行文件的名称，如图 5.37 所示，按“OK”键退出。单击图 5.38 中的运行按钮，即可实现与硬、软件的联合调试，如图 5.39 所示。

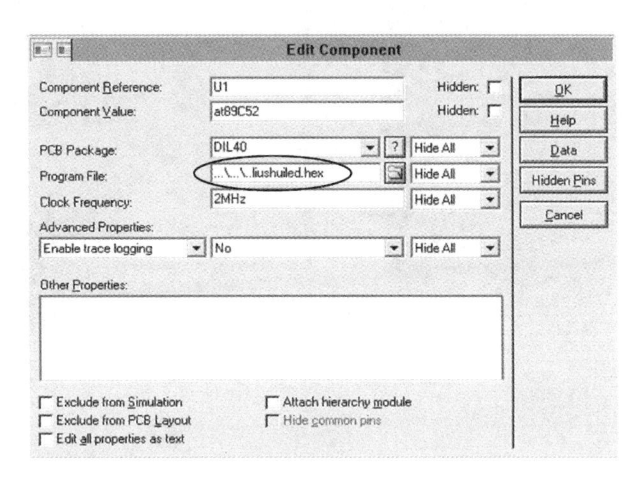

图 5.37　输入 HEX 文件的名称

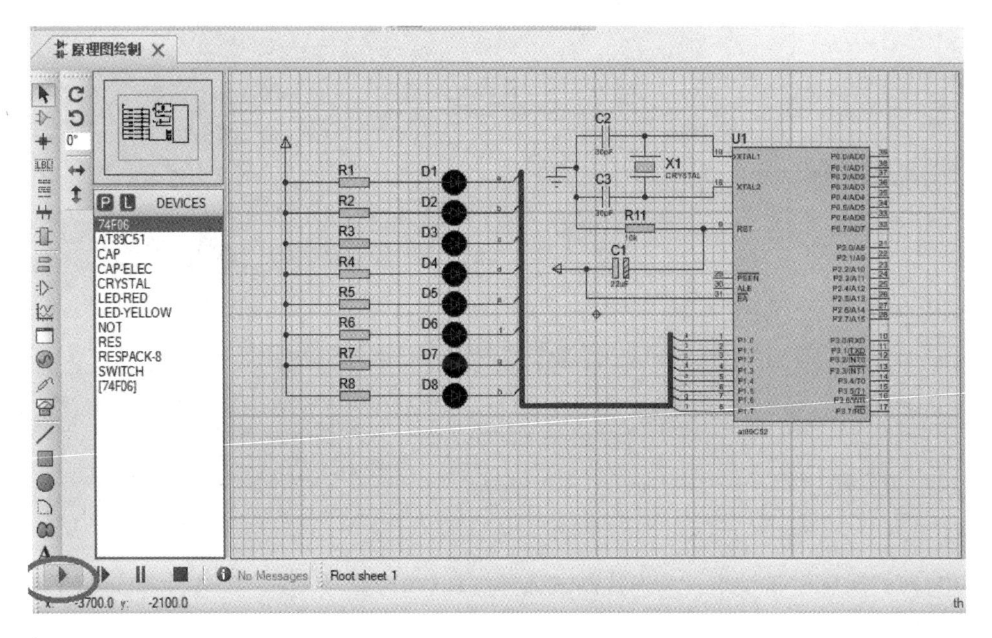

图 5.38　单击运行按钮启动仿真运行

2. Keil 与 Proteus 联合仿真

在 Proteus ISIS 界面调入所设计的硬件图，在菜单栏中选择“Debug”→“Use Remote Debug Monitor”，如图 5.40 所示，即启动了 Proteus 与 Keil 的远程联调功能。紧接着单击 ISIS 界面左下方的运行按钮，使得所设计的电路处于运行模式。

在 Keil 平台创建工程，在菜单栏选择“Project”→“Options for Target ‘Target 1’”，在弹出

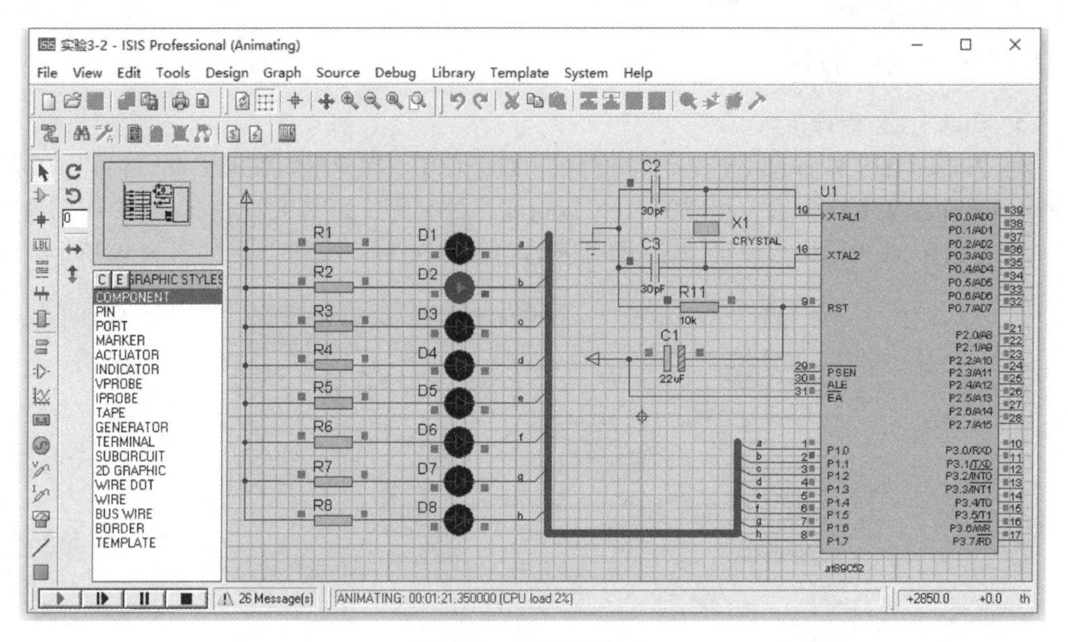

图 5.39　仿真运行结果

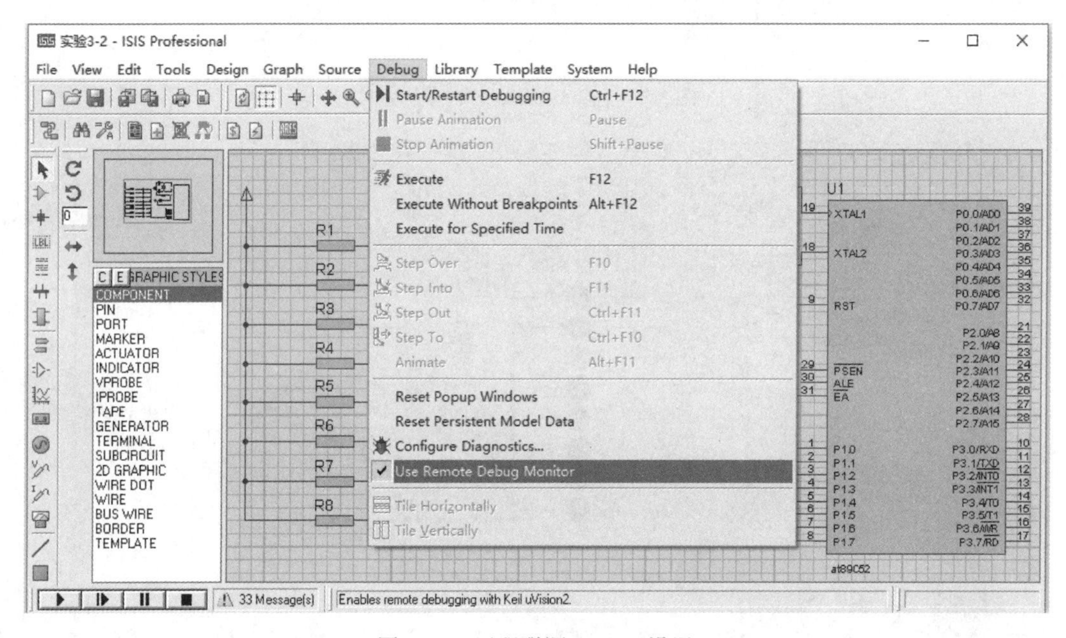

图 5.40　远程联调 Proteus 设置

的窗口中打开“Debug”选项卡，为连接调试选择仿真器(选择“Proteus VSM Monitor-51 Driver”)，按“确定”按钮，如图 5.41 所示。

设置完毕后，单击 Keil 工程编译，编译成功后，单击图 5.42 中的按钮，使得编译成功的源文件进入联调状态。

进入联调状态后，程序处于待运行状态，最初 PC 指针光标指向 0000H 开始的位置。用户可以使用四个功能按钮，实现程序全速运行、单步进入、单步退出及程序复位功能的选择，如图 5.43 所示。实现程序运行的 Debug 跟踪，辅助调试程序，通过图 5.39 的 ISIS 界面可以观察最终用户运行的结果及硬件的状态变化。

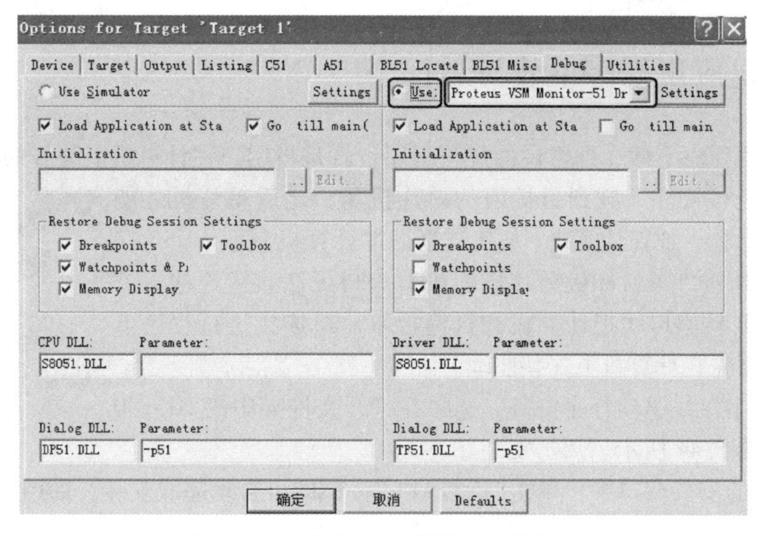

图 5.41　Keil+Proteus 联调 Keil 端设置

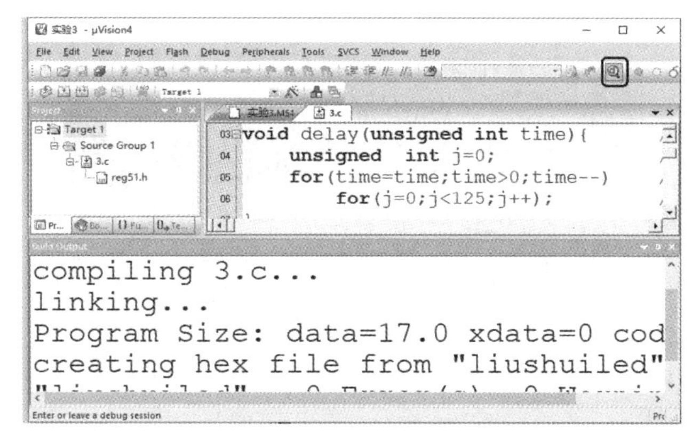

图 5.42　Keil+Proteus 联调

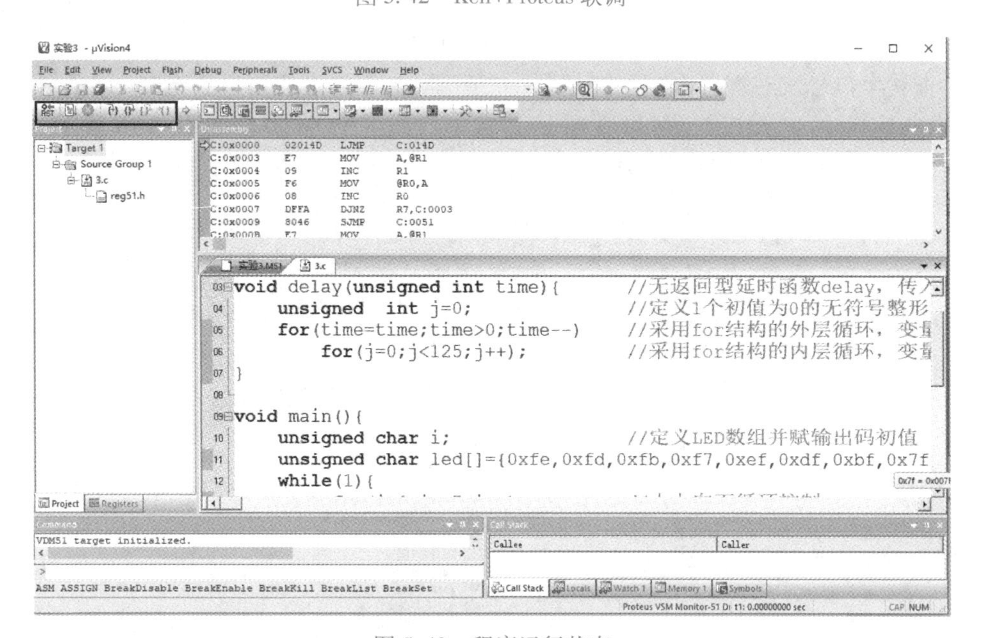

图 5.43　程序运行状态

5.3　单片机应用程序下载与运行

单片机应用程序下载，即常说的烧写程序，就是将用户在计算机上写好的代码，通过软件编译后，用烧写软件下载到目标板的单片机里，之后单片机才能根据程序执行指令。现在计算机(尤其是笔记本计算机)使用USB接口较多，而USB接口与目标板单片机的TTL串口无法直接连接，一般需要通过USB转串口线把计算机和目标板单片机连接进行程序下载，下载前需要先在计算机上安装驱动。

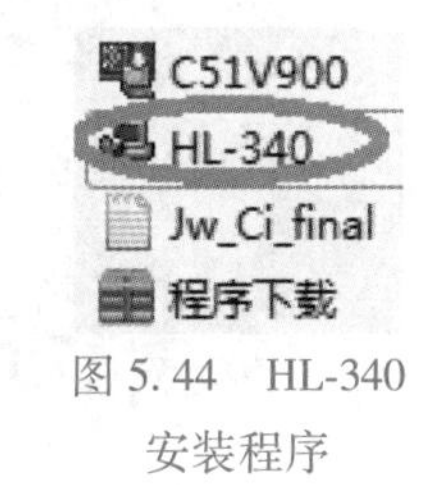

图5.44　HL-340安装程序

1）USB转串口线驱动程序安装。选中并打开文件夹中的HL-340安装程序，如图5.44所示，双击安装。

2）在弹出的安装窗口中，单击“INSTALL”按钮即可自动完成安装，如图5.45所示。

图5.45　HL-340驱动安装

3）用USB转串口线连接计算机的USB口和单片机的串口。

4）查看串口号。右键单击“我的电脑”→“管理”，在弹出的窗口中选择“设备管理器”，再单击右边窗口中的“端口”，可以看到USB转串口线的COM口，如图5.46所示为COM3口，记住该COM口，下载程序时要用到。

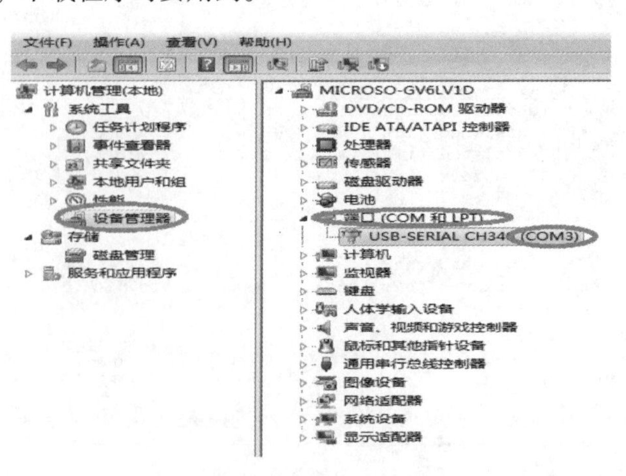

图5.46　查看串口号

5）程序下载。双击打开 STC-ISP 烧录软件，界面如图 5.47 所示。选择芯片种类、端口号，设定波特率，选择 HEX 文件(每次下载程序时都要重新选择)，单击“下载/编程”，开始下载程序时会出现“在等待检测目标单片机时，通电”提示，程序下载完成后，会提示“操作成功”。下载成功后的单片机会自动运行下载的程序。

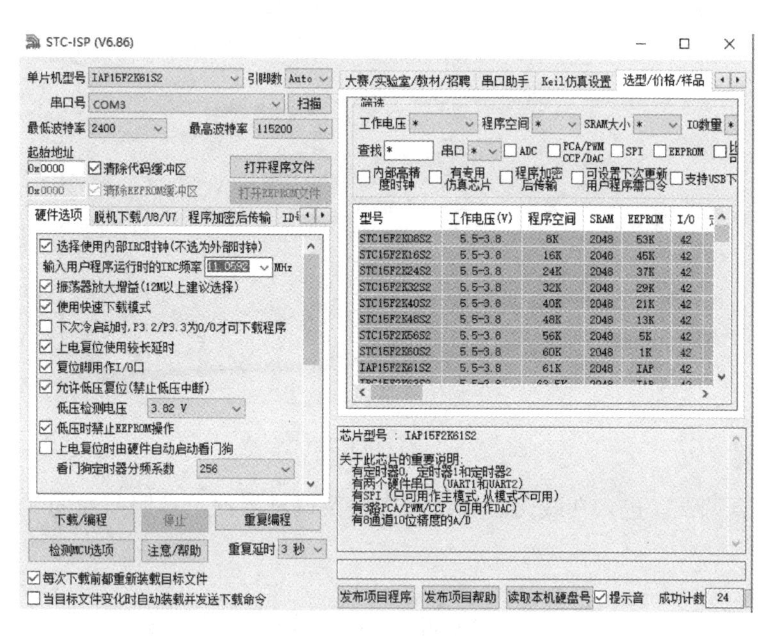

图 5.47　STC-ISP 烧录软件界面

5.4　单片机的在线仿真调试

单片机实验与应用开发中最重要的环节是软、硬件综合调试，通常采用的方法有两种：一种是使用仿真器，优点是功能齐全，但是价格较高，一般在厂家研发时采用；另一种是使用软件仿真和芯片直接烧写验证的方法，成本虽然低，但在程序或硬件出现疑难问题时，很难找到原因。实际上，还有一种成本低且具有在线仿真调试功能的技术，即在线仿真调试，它特别适合初学者。在线仿真调试是指通过 Keil C51 编译器，结合单片机中的监控程序，对系统的应用程序和硬件进行仿真调试，可以使单片机以单步、断点、全速等运行模式来执行程序。通过在线仿真调试不断优化程序，才能最终完成一项完美的代码工程。在线仿真调试的基础条件是要对程序运行的原理有很好的理解，包括何时打断点、代码运行将引起变量如何变化、内存空间如何进行数据处理等。在线仿真调试能很好地跟踪程序运行的每一步，及时显示运行结果，程序员根据代码的运行情况，可以实时做出相应的调整，以达到最佳效果。在线仿真调试一般都需要一台在线仿真器，配合驱动软件，可以和上位软件实现在线联调。下面介绍在线仿真调试的操作步骤。

1）连接计算机和目标板单片机。

2）在 Keil C 中进行硬件仿真调试配置。配置方法和前面的 Keil 与 Proteus 联合仿真基本相同，不同的是这里选择“Keil Monitor-51 Driver”，然后再单击“Settings”按钮，在弹出的“Target Setup”窗口中设置相应的识别端口、波特率及串口中断，如图 5.48 所示。工程配置完成后，需要重新编译一次，生成新的目标文件。

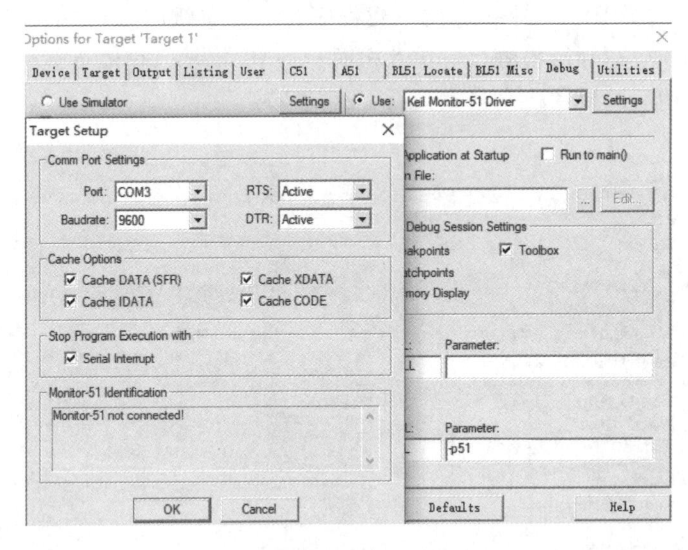

图 5.48　硬件仿真调试配置

3）在线仿真调试。进入在线仿真调试的方法及调试界面可参照前面的 Keil 与 Proteus 联合仿真部分内容。

5.5　工程训练 5.1　Keil C 集成开发环境的操作使用

1. 工程任务要求

设计实现流水灯从左到右、从右到左流水显示。

2. 任务分析

流水灯接 P1 口，通过每隔一段时间依次调用数组 led[ ] = {0xfe,0xfd,0xfb,0xf7,0xef,0xdf,0xbf,0x7f}，实现某一时刻 P1 口只有引脚是低电平，从而实现流水灯效果。

3. 软件设计

单片机参考程序如下：

```
#include "reg51.h"                //预处理命令,将 reg51.h 头文件包含进来

void delay(unsigned int time){ //延时函数 delay
     unsigned  int j=0;
     for(time=time;time>0;time--)
          for(j=0;j<125;j++);
}

void main(){
     unsigned char i;
     unsigned char led[ ] = {0xfe, 0xfd, 0xfb, 0xf7, 0xef, 0xdf, 0xbf,
0x7f};                            //定义 LED 数组并赋输出码初值
```

```
    while(1){
        for(i=0;i<=7;i++){                          //从右到左循环控制
            P1=led[i];
            delay(50000);                           //延时
        }
        for(i=7;i>0;i--){                           //从左到右循环控制
            P1=led[i];
            delay(50000);                           //延时
        }
    }
}
```

4. Keil C 集成开发环境的操作步骤

（1）启动 Keil μVision4

双击桌面 Keil μVision4 快捷图标，启动 Keil μVision4，如图 5.49 所示。

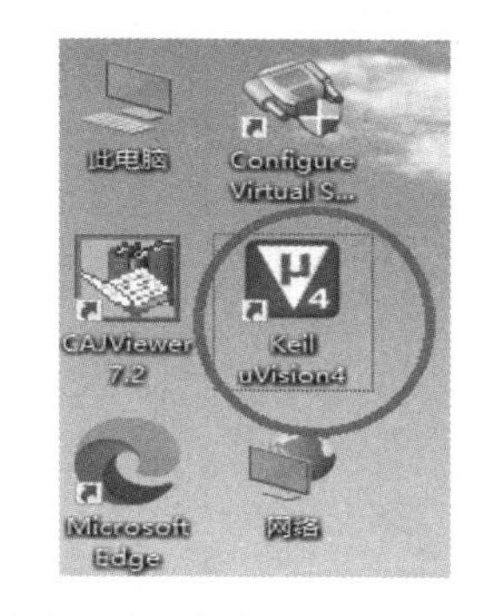

图 5.49 启动 Keil μVision4

（2）创建工程

单击菜单栏“Project”→“New μVision Project...”，如图 5.50 所示，会出现一个新建工程的界面。

（3）选择工程文件保存路径和输入工程文件名

在弹出的创建工程窗口中，选择文件路径(建议创建工程前，首先建立一个工程文件夹，后面所有相关文件都放在该文件夹中)，输入工程文件名，扩展名默认为*.uvproj，然后单击“保存”按钮，如图 5.51 所示。

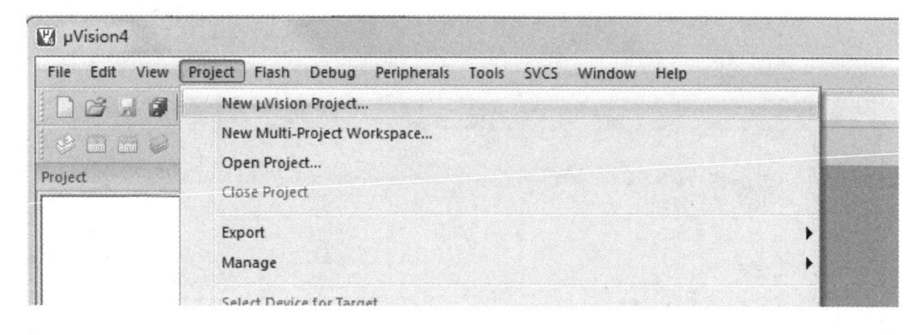

图 5.50 工程创建

（4）选择器件型号

在弹出的选择器件窗口中，在左侧器件库列表框中选择需要的器件型号，此处选择“AT89C52”，如图 5.52 所示，然后单击“OK”按钮。这时会弹出一个对话框，询问是否需要添加启动代码，如图 5.53 所示，单击“是”按钮。

（5）创建程序代码文件

单击菜单栏“File”→“New...”，如图 5.54a 所示，新建一个程序代码文件，在代码文件区输入源程序代码，如图 5.54b 所示。

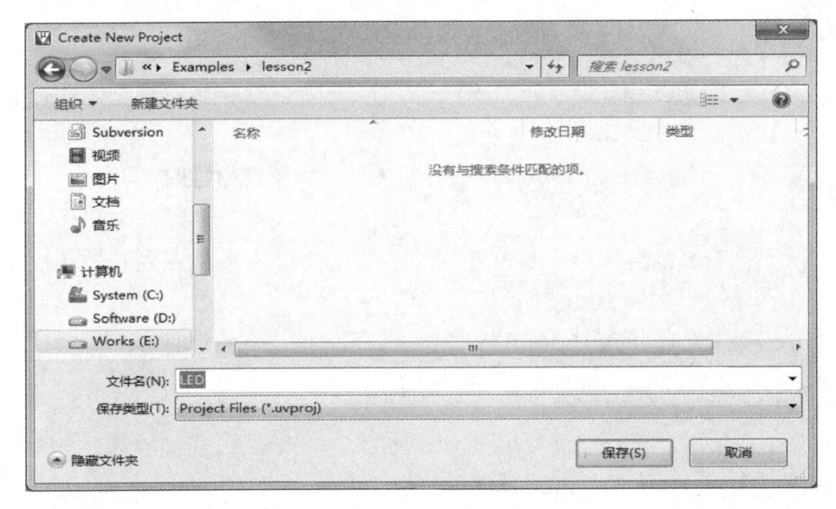

图 5.51 工程文件名输入

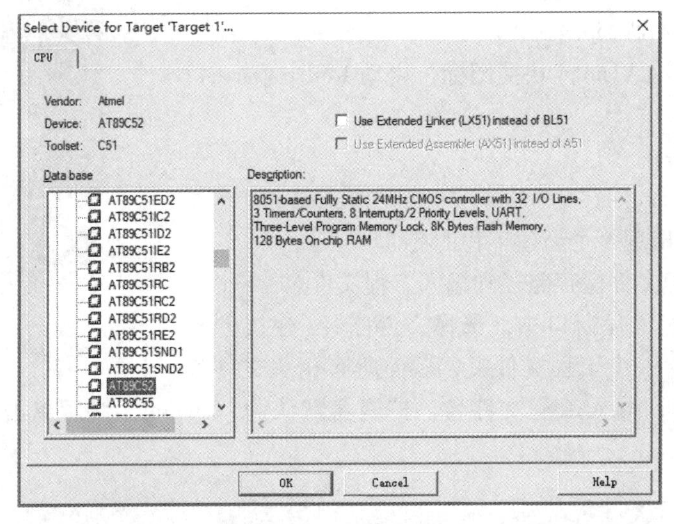

图 5.52 器件选择

图 5.53 提示是否添加启动代码

(6) 保存程序代码文件

单击菜单栏“File”→“Save”，将代码文件命名为 LED. c，单击“保存”按钮，如图 5. 55 所示。

(7) 将程序代码文件添加到工程中

鼠标单击选中“Source Group 1”，单击右键，选择“Add Files to Group，‘Source Group 1’...”，如图 5. 56a 所示。然后，在弹出的添加文件对话框中，找到程序代码文件所在路径，选中刚才创建的程序代码文件 LED. c，单击“Add”按钮完成添加，如图 5. 56b 所示。

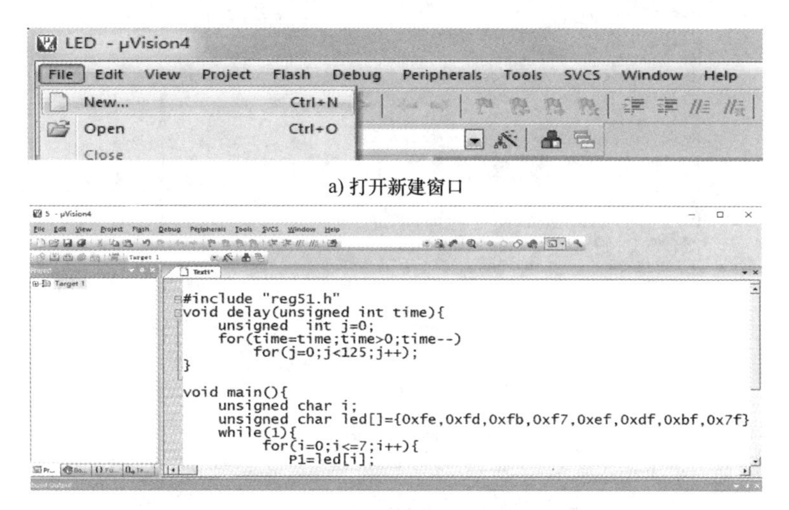

b) 编辑代码

图 5.54　新建代码文件

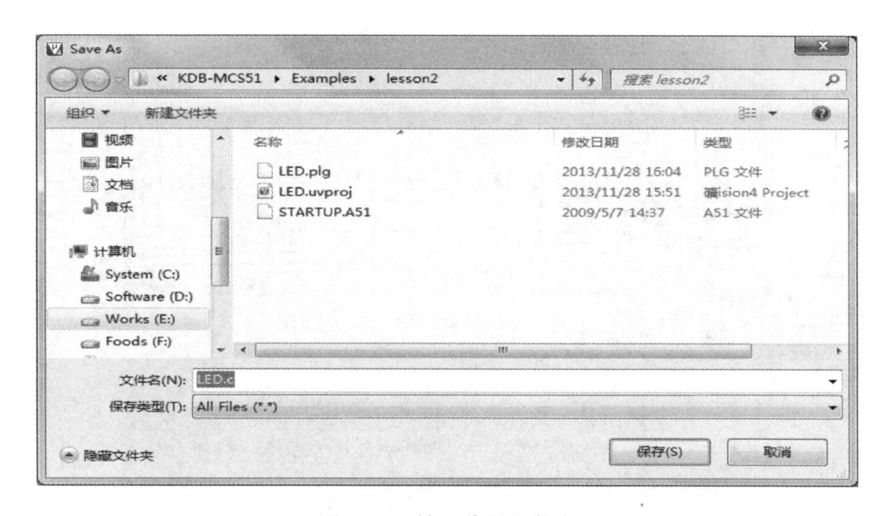

图 5.55　输入代码文件名

（8）配置工程目标

单击工具栏中的“目标配置”图标，进行工程选项配置，如图 5.57a 所示。在弹出的对话框中，单击“Output”标签，在“Output”选项卡中勾选其中的“Create HEX File”复选框，然后单击“OK”按钮，如图 5.57b 所示。

（9）编译工程

单击工具栏中的“全部编译”图标，如图 5.58a 所示。编译完成后，在下方的“Build Output”窗口会出现编译结果信息，如图 5.58b 所示，如果编译有错误，可以根据编译错误提示对源程序进行对应修改，修改后再编译，直到没有错误。

（10）软件仿真调试

1）启动调试。单击工具栏中的“开始/停止”图标，如图 5.59 所示，启动调试。

2）打开程序相关的 P1 口仿真窗口。单击菜单栏中的“Peripherals”→“I/O-Portse”→“Port1”，如图 5.60 所示。

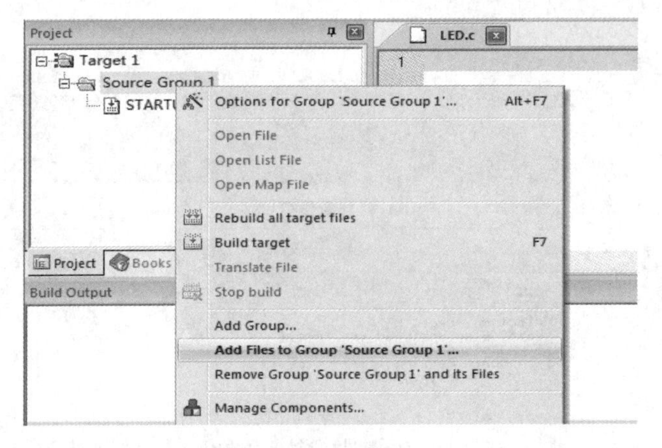

a) 打开添加文件的窗口

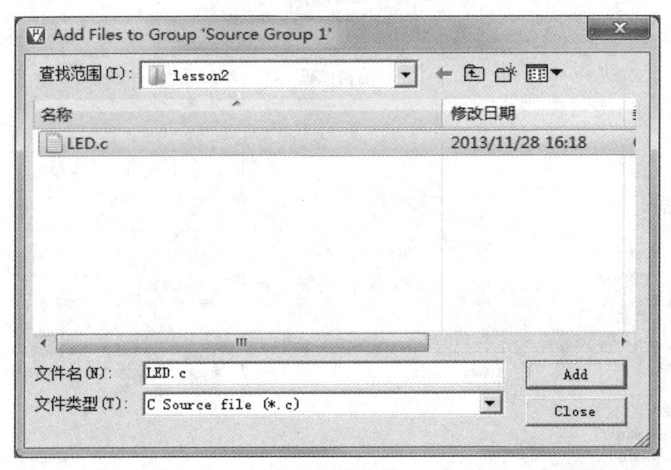

b) 选择文件

图 5.56　添加代码文件到工程

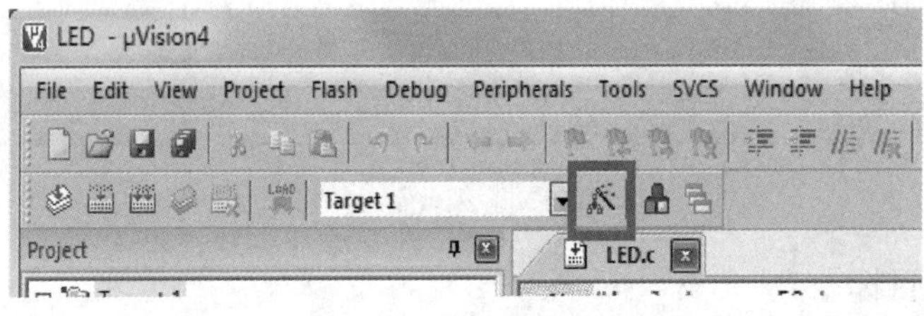

a) 打开配置

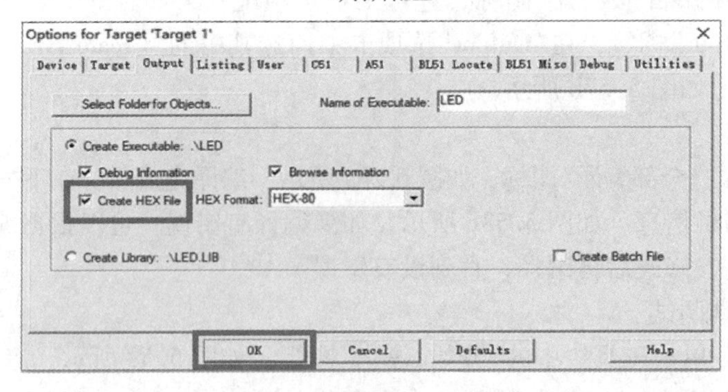

b) 配置选项

图 5.57　配置工程目标

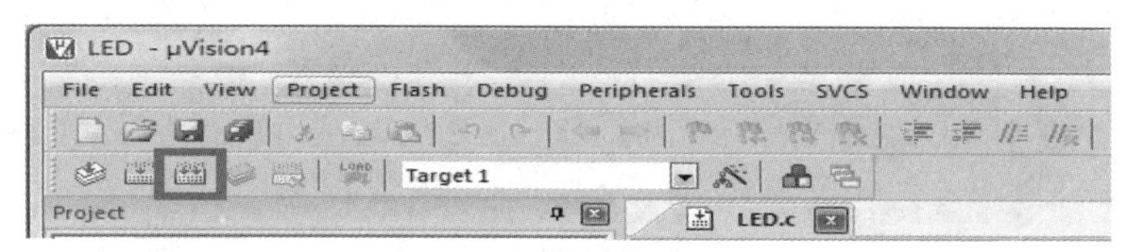

a) 单击“全部编译”图标

```
Build Output
Build target 'Target 1'
assembling STARTUP.A51...
compiling LED.c...
linking...
Program Size: data=9.0 xdata=0 code=29
creating hex file from "LED"...
"LED" - 0 Error(s), 0 Warning(s).
```

b) 编译输出结果

图 5.58　编译工程

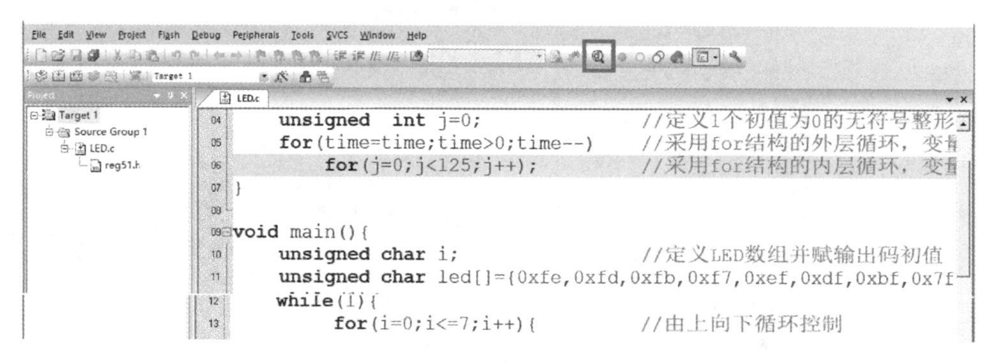

图 5.59　启动调试

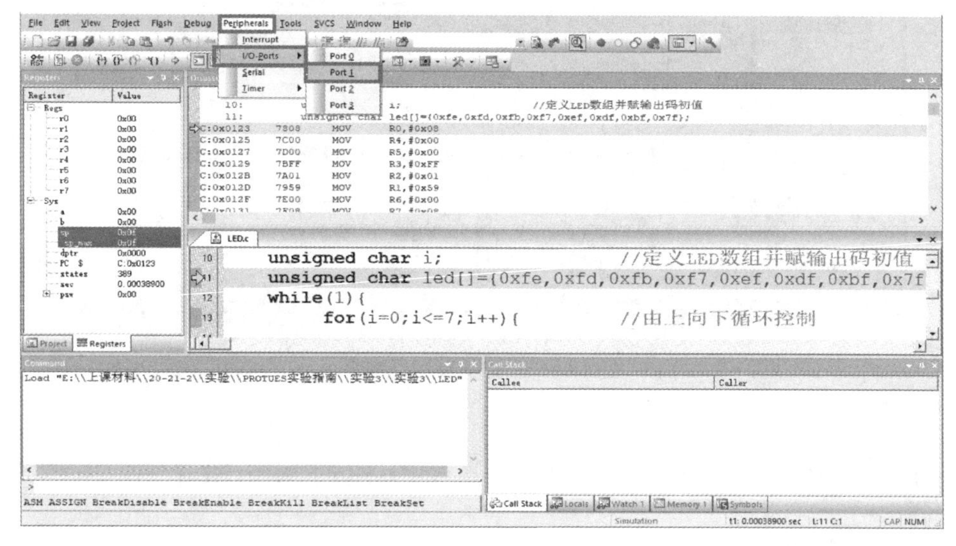

图 5.60　打开 P1 口仿真窗口

3）调试运行程序。进入调试状态后，使用运行和调试工具栏中的复位、运行、暂停、单步、过程单步、执行完当前子程序、运行到当前行等图标进行调试，如图 5.61 所示。

4）观察结果。调试运行过程中，利用寄存器窗口、端口仿真窗口、符号窗口等观察仿真运行结果，如图 5.62 所示。

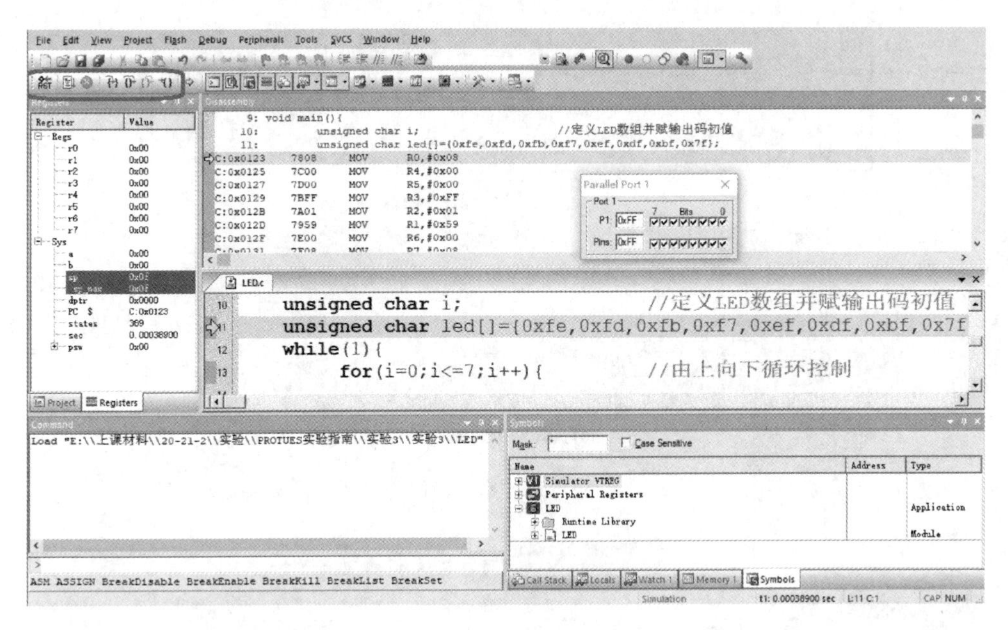

图 5.61　调试运行程序

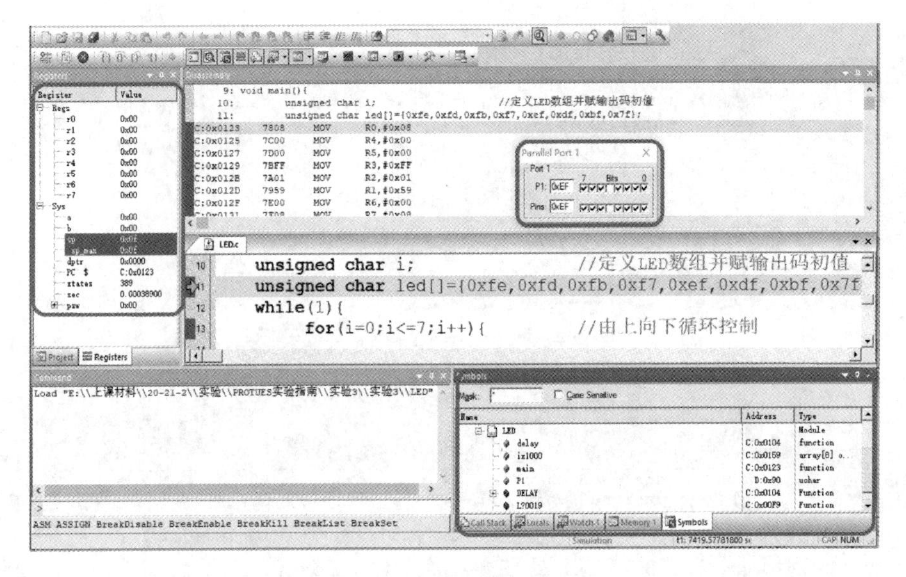

图 5.62　观察仿真运行结果

5.6　工程训练 5.2　用 Proteus 仿真单片机应用系统

1. 工程任务要求

设计实现用 Proteus 仿真流水灯从上到下、从下到上流水显示。

2. 任务分析

流水灯接 P1 口，通过每隔一段时间依次调用数组 led[ ] = {0xfe,0xfd,0xfb,0xf7,0xef,0xdf,0xbf,0x7f}，实现某一时刻 P1 口只有引脚是低电平，从而实现流水灯效果。

3. Proteus 原理图绘制

流水灯 Proteus 原理图详细绘制过程可参照 5.2.1 节，如图 5.63 所示。

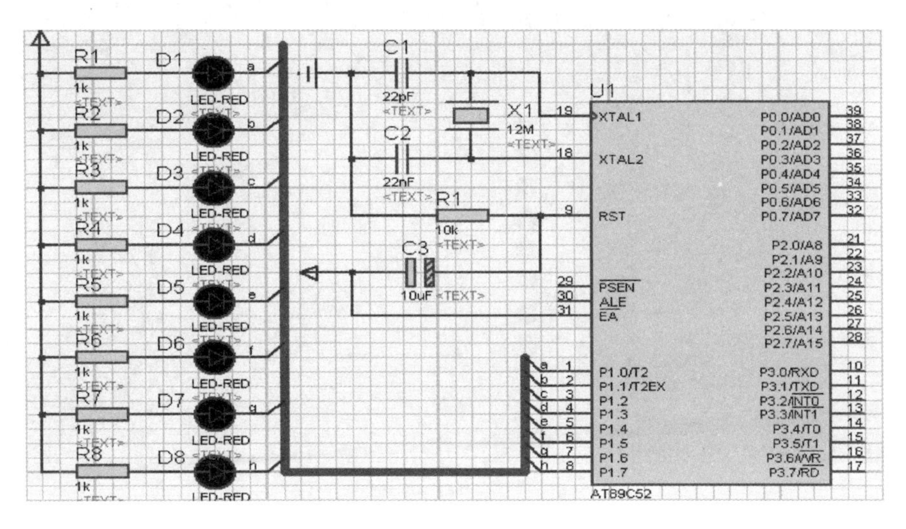

图 5.63　流水灯 Proteus 原理图

4. 软件设计

软件设计参考 5.5 节“4. Keil C 集成开发环境的操作步骤”中的步骤(1)~(9)，创建生成 LED. hex 文件即可。

5. Proteus 仿真

(1) 加载 HEX 文件仿真

在图 5.63 中，双击 U1(AT89C52)，在弹出的编辑元件窗口中，打开“Program File”的文件按钮选择所需的“LED. hex”文件，如图 5.64 所示，单击“OK”按钮确认退出。

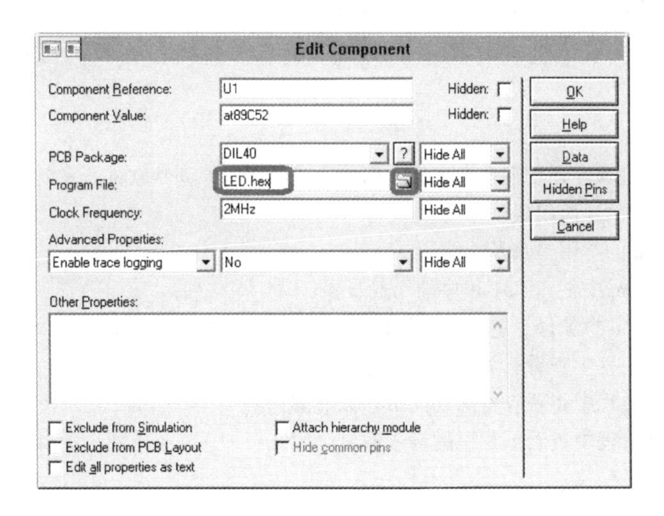

图 5.64　加载 HEX 文件仿真

(2) 观察调试 Proteus 仿真结果

使用图 5.65 框中的运行、单步、暂停、停止功能按钮调试仿真系统，观察调试运行结果，如图 5.65 所示。

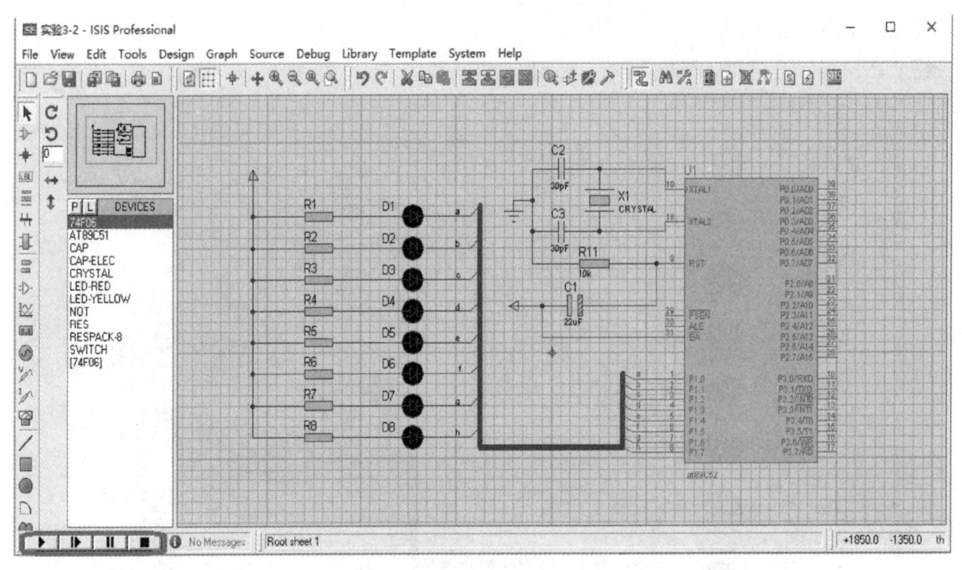

图 5.65 调试运行结果

本章小结

1）利用 Keil C51 软件进行源程序的编辑、编译和软件仿真，在仿真过程中可以使用复位、运行、暂停、单步、运行到当前行、打开跟踪、观察跟踪、反汇编窗口、观察窗口、代码作用范围分析、1#串行窗口、内存窗口、性能分析等功能按钮进行有效的软件仿真调试。

2）Proteus 是英国著名的 EDA 工具(仿真软件)，从原理图布图、代码调试到单片机与外围电路协同仿真，一键切换到 PCB 设计，真正实现了从概念到产品的完整设计。

3）单片机程序下载就是将用户在计算机上写好的代码，通过软件编译后，用烧写软件下载到目标板单片机里，之后单片机才能根据程序执行指令。下载时一般通过 USB 转串口线连接计算机和目标板单片机进行程序下载，下载前需要先在计算机上安装驱动。

习题与思考题

1. 目前，国外单片机软件开发平台占主流，请谈谈基础性、原创性软件开发的紧迫性和必要性。
2. 简述 Keil μVision 的界面组成。
3. 简述 Keil μVision 的常用工具及功能。
4. 简述在 Keil μVision 中创建 C51 程序的一般步骤。
5. 简述在 Keil μVision 中编译、链接后编译输出窗口中信息的含义。
6. 如何在调试程序过程中查看有关变量和内存单元的值?
7. 如何在调试程序过程中查看有特殊功能寄存器的值?
8. 如何在调试程序过程中查看单片机的输入输出口的值?
9. 如何进行断点调试?
10. 简述 Proteus ISIS 模块的主界面组成。
11. 简述 Proteus 原理图的一般绘制过程。
12. 简述 Proteus 原理图中总线的绘制方法。
13. 简述 Proteus 原理图中总线标签的标注方法。
14. 如何进行 Proteus 与 Keil uVsion 的联合仿真?
15. 如何下载 HEX 程序文件到目标板单片机?

第6章 MCS-51单片机的中断系统

中断是 CPU 处理随机事件和外部请求的有效手段。中断可实现 CPU 与外设同时工作、实时信息处理及故障检测与处理。为了有效、可靠、可控地使用中断，计算机有一套中断管理系统，包括中断源、中断请求标志、中断允许、中断优先级、中断矢量地址、中断服务程序执行等技术环节，由此产生了计算机的中断系统与中断技术。

6.1 中断的概念

现实生活中的中断现象经常发生。例如，当你在家正看书时，门铃响了，当你开门和来人交流时，手机铃声响了，你表示抱歉后先接听了电话，然后继续和来人交谈，交谈完毕，来人离开，你又继续看书，这一过程包含了门铃响和手机铃声响两个突发事件，读书被连续两次突发事件中断，如图 6.1 所示。

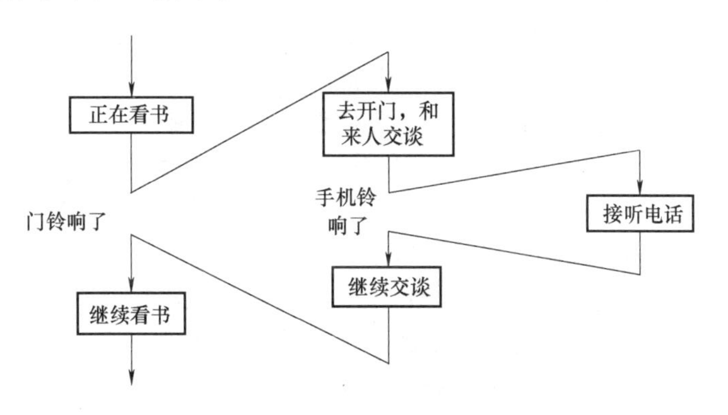

图 6.1　中断示意图

在单片机工作中，中断是 CPU 与有关功能模块信息处理的一种有效方式。在 CPU 执行程序过程中，如果发生急需处理的事件，CPU 会暂停正在执行的程序，跳转到与该事件对应的处理程序(即中断服务程序)。该中断服务程序执行完后，CPU 再返回到被暂停的原程序处继续执行，这个过程就是单片机中断。如若单片机应用系统中要求按键扫描处理优先于显示器输出处理，则 CPU 在处理显示器内容的过程中，可以被按键的动作所打断，转而处理键盘扫描问题，待扫描结束后再继续进行显示器处理过程。

1. 中断技术的功能

(1) 分时操作、并行工作

利用中断技术可解决快速 CPU 与慢速外设之间的矛盾，可以使 CPU 与外设同时工作。

CPU 在启动外设后，继续执行主程序，同时外设也在工作。当外设需要和 CPU 进行信息传递时，就向 CPU 发出中断请求，CPU 响应该中断请求，停止正在执行的程序，转去执行中断服务程序，服务程序执行完毕后，CPU 再返回原来的断点处继续执行主程序。外设在得到服务后，也继续进行自己的工作。可见，通过此中断方式，CPU 可以使多个外设同时工作，并分时为各外设提供服务，从而大大提高了 CPU 的利用率和输入/输出速度。

（2）实时处理

当单片机用于实时控制时，利用中断技术，CPU 可及时采集现场信息，在不需要采集现场信息时，单片机 CPU 可执行主程序，进行主程序任务处理，不需要专门等待采集信息时刻的到来。

（3）故障处理

单片机系统在运行时往往会出现一些故障，如电源掉电、存储器出错、运算溢出等。这些都是意外的随机事件，事先无法准确判知。采用中断技术，CPU 能够根据故障源发出的中断请求，立即执行相应的故障处理服务程序，实现故障检测和自动处理。

2. 中断处理过程

单片机通过中断控制系统处理突发事件，整个处理过程包括中断请求、中断响应、中断处理、中断返回。中断处理系统能够处理的突发事件称为中断源，中断源向 CPU 提出的处理请求称为中断请求，针对中断源和中断请求提供的服务函数称为中断服务函数(或中断服务子程序)。在中断服务过程中执行更高级别的中断服务称为中断嵌套。具有中断嵌套功能的系统称为多级中断系统，反之称为单级中断系统。中断嵌套示意图如图 6.2 所示。

图 6.2 表明，中断过程与调用一般函数过程有许多相似性，两者都需要保护断点(即下一条指令地址)、跳至子程序或中断服务函数、保护现场、子程序或中断处理、恢复现场、恢复断点(即返回主程序)。两者都可实现嵌套，即正在执行的子程序再调另一子程序或正在处理的中断程序又被另一新中断请求所中断，嵌套可为多级。但中断过程与调用一般函数过程从本质上讲是不同的。两者的根本区别主要表现在服务时间与服务对象不一样。首先，调用子程序过程发生的时间是已知和固定的，即在主程序中的调用指令(CALL)执行时发生主程序调用子程序，调用指令所在位置是已知和固定的。而中断过程发生的时间一般是随机的，CPU 在执行某一主程序时收到中断源提出的中断请求时，就会发生中断过程，而中断请求一般由硬件电路产生，请求提出的时间是随机的(软中断发生时间是固定的)，也可以说，调用子程序是程序设计者事先安排的，而执行中断服务程序是由系统工作环境随机决定的。其次，子程序完全为主程序服务的，两者属于主从关系，主程序需要子程序时就去调用子程序，并把调用结果带回主程序继续执行。而中断服务程序与主程序两者一般是无关的，不存在谁为谁服务的问题，两者是平行关系。第三，主程序调用子程序过程完全属于软件处理过程，不需要专门的硬件电路，而中断处理系统是一个软、硬件结合系统，需要专门的硬件电路才能完成中断处理的过程。第四，子程序嵌套可实现若干级，嵌套的最多级数由计算机内存开辟的堆栈大小限制，而中断嵌套级数主要由中断优先级数来决定，一般优先级数不会很大。

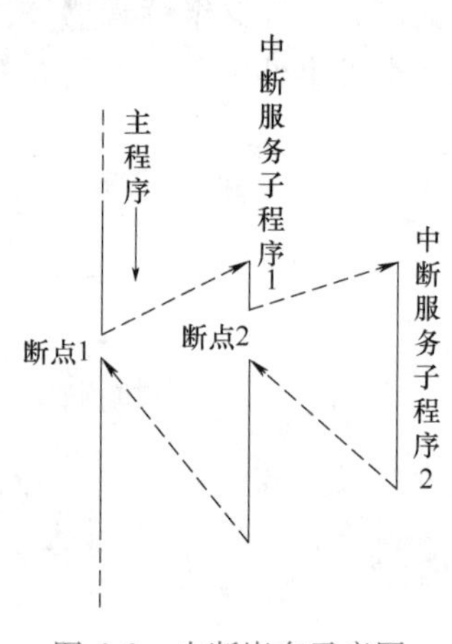

图 6.2 中断嵌套示意图

6.2　MCS-51 单片机中断控制系统

单片机通过中断控制系统处理中断，中断控制系统包括中断硬件系统和中断服务程序。MCS-51 单片机中断硬件系统结构如图 6.3 所示。

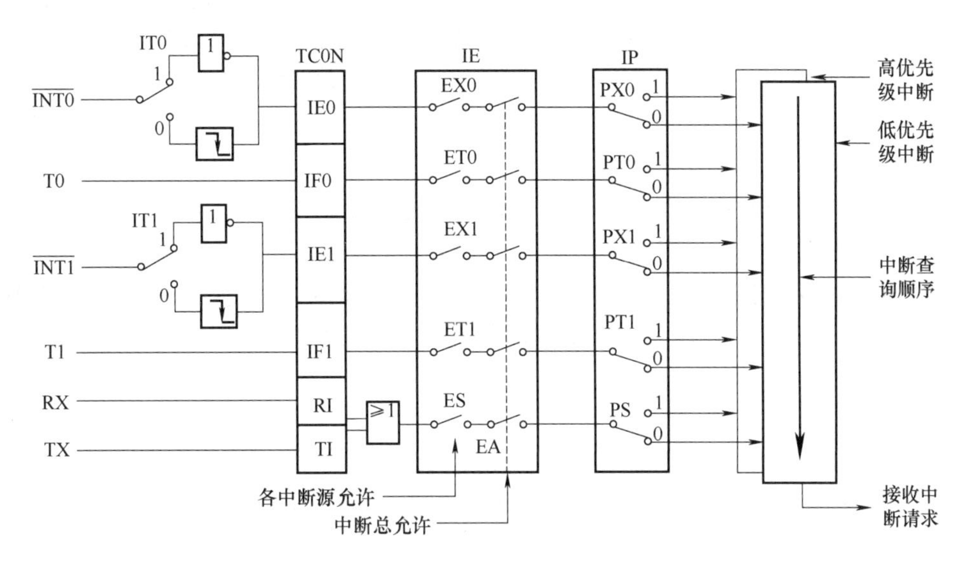

图 6.3　MCS-51 单片机中断硬件系统结构

6.2.1　中断源与中断请求标志位

MCS-51 单片机提供了 5 个中断源，包括 2 个外部中断源和 3 个内部中断源。每个中断源都有 1 个中断请求标志位，但串行口占 2 个中断请求标志位，一共 6 个中断请求标志位。MCS-51 单片机中断源与中断请求标志位见表 6.1。

表 6.1　MCS-51 单片机中断源与中断请求标志位

分类	中断源名称	中断请求标志位	触发方式	中断入口地址
外部中断	$\overline{\text{INT0}}$外部中断 0	IE0(TCON.1)	$\overline{\text{INT0}}$(P3.2)引脚上的低电平/下降沿引起的中断	0003H
内部中断	T0 定时/计数器 0 中断	IF0(TCON.5)	T0 定时/计数器溢出后引起的中断	000BH
外部中断	$\overline{\text{INT1}}$外部中断 1	IE1(TCON.3)	$\overline{\text{INT1}}$(P3.3)引脚上的低电平/下降沿引起的中断	0013H
内部中断	T1 定时/计数器 1 中断	IF1(TCON.7)	T1 定时/计数器溢出后引起的中断	001BH
内部中断	串行口中断	RI(SCON.0) TI(SCON.1)	串行口接收完或发送完一帧数据后引起的中断	0023H

中断源是能够引发中断系统处理的突发事件。单片机硬件是个数字系统，中断源都是以数字信号的变化标志事件的发生。

外部中断源由可以向单片机提出中断请求的外部原因引起，共有两个中断源，即外部中断0和外部中断1，请求信号分别由引脚$\overline{INT0}$(P3.2)和$\overline{INT1}$(P3.3)接入。外部中断的信号被称为外部事件，该信号究竟是低电平有效还是下降沿有效，可以通过软件设定，称为外部中断触发方式选择。

内部中断源有定时器中断和串行中断两种。定时器中断是为满足定时或计数的需要而设置的。在单片机内部有两个定时/计数器，当其内部计数器溢出时，即表明定时时间已到或计数值已满，这时就以计数溢出作为中断请求去置位一个标志位，作为单片机接收中断请求的标志。这个中断请求是在单片机内部发生的，因此，无须从单片机芯片的外部引入输入端。

串行中断是为串行数据传送的需要而设计的，每当串行口接收和发送完一帧串行数据时，就产生一个中断请求。中断请求标志位是在两个特殊功能寄存器TCON和SCON中定义了相应位作为中断标志位，当其中某位为0时，相应的中断源没有提出中断请求；当其中某位变成1时，表示相应中断源已经提出了中断请求。

6.2.2 与中断有关的特殊功能寄存器

与中断有关的特殊功能寄存器是中断允许控制寄存器(IE)、定时器控制寄存器(TCON)、中断优先级控制寄存器(IP)及串行口控制寄存器(SCON)。这4个寄存器都属于专用寄存器，且可以位寻址，通过置位和清0这些位可以对中断进行控制。

1. 中断允许控制寄存器(IE)

这个特殊功能寄存器的字节地址为0A8H，其位地址为0A8H~0AFH，也可以用IE.0~IE.7表示。该寄存器中各位的位地址及定义见表6.2。

表6.2 中断允许控制寄存器(IE)中各位的位地址及定义

位地址	0AFH	0AEH	0ADH	0ACH	0ABH	0AAH	0A9H	0A8H
位符号	EA			ES	ET1	EX1	ET0	EX0

由表6.2可见，IE寄存器只有7位有定义，它们是：

EA：中断允许的总控制位。EA=0时，中断总禁止，相当于关中断，即禁止所有中断；EA=1时，中断总允许，相当于开中断。总的中断允许后，各个中断源是否可以请求中断，则由其余各中断源的中断允许位进行控制。

EX0：外部中断0允许控制位。EX0=0时，禁止外部中断0；EX0=1时，允许外部中断0。

EX1：外部中断1允许控制位。EX1=0时，禁止外部中断1；EX1=1时，允许外部中断1。

ET0：定时器0中断允许控制位。ET0=0时，禁止定时器0中断；ET0=1时，允许定时器0中断。

ET1：定时器1中断允许控制位。ET1=0时，禁止定时器1中断；ET1=1时，允许定时器1中断。

ES：串行口中断允许控制位。ES=0时，禁止串行中断；ES=1时，允许串行中断。

由上可见，单片机通过中断允许控制寄存器进行两级中断控制。EA位作为总控制位，以各中断源的中断允许位作为分控制位。当总控制位为禁止(EA=0)时，无论其他位是 1 或 0，整个中断系统是关闭的。只有总控制位为 1 时，才允许由各分控制位设定禁止或允许中断，因此，单片机复位时，IE 寄存器的初值是(IE)=00H，中断系统处于禁止状态，即关中断。

需要注意的是，单片机在响应中断后不会自动关中断(8086 等很多 CPU 响应中断后会自动关中断)，因此，如果在转入中断处理程序后，想要禁止更高级的中断源的中断请求，可以用软件方式关闭中断。

对于中断允许寄存器状态的设置，由于 IE 既可以字节寻址又可以位寻址，因此，对该寄存器的设置既能够用字节操作指令，也可以使用位操作指令进行设置。

例如，如果要开放外部中断 0，使用字节操作的指令为

```
MOV IE,#81H
```

如果使用位操作指令，则需要 2 条指令，即

```
SETB  EA
SETB  EX0
```

2. 定时器控制寄存器(TCON)

该寄存器的字节地址为 88H，位地址为 88H～8FH，也可以用 TCON.0～TCON.7 表示。定时器控制寄存器的位地址及定义见表 6.3。

表 6.3 定时器控制寄存器(TCON)的位地址及定义

位地址	8FH	8EH	8DH	8CH	8BH	8AH	89H	88H
位符号	TF1	TR1	TF0	TR0	IE1	IT1	IE0	IT0

TCON 寄存器既有中断控制功能，又有定时/计数器的控制功能。其中与中断有关的控制位有 6 位，它们是：

IE0：外部中断 0 ($\overline{\text{INT0}}$)请求标志位。当 CPU 采样到$\overline{\text{INT0}}$引脚出现中断请求后，此位由硬件置 1。在中断响应完成后转向中断服务程序时，再由硬件自动清 0。这样，就可以接收下一次外部中断源的请求。

IE1：外部中断 1($\overline{\text{INT1}}$)请求标志位，功能同上。

IT0：外部中断 0 请求信号方式控制位。IT0=1 时，后沿负跳变有效；IT0=0 时，低电平有效。此位可由软件置 1 或清 0。

IT1：外部中断 1 请求信号方式控制位。IT1=1 时，后沿负跳变有效；IT1=0 时，低电平有效。

TF0：计数器 0 溢出标志位。当计数器 0 产生计数溢出时，该位由硬件置 1，当转到中断服务程序时，再由硬件自动清 0。这个标志位的使用有两种情况：当采用中断方式时，把它作为中断请求标志位用，该位为 1，当 CPU 开中断时，则 CPU 响应中断；而当采用查询方式时，把它作为查询状态位使用。

TF1：计数器 1 溢出标志位，功能同 TF0。

3. 中断优先级控制寄存器(IP)

单片机中断优先级的控制比较简单，因为系统只定义了高、低两个优先级，各中断源的

优先级由特殊功能寄存器 IP 设定。

通过对特殊功能寄存器 IP 编程，可以把 5 个中断源分别定义在两个优先级中。IP 是中断优先级寄存器，可以位寻址。IP 的低 6 位分别各对应一个中断源：某位为 1 时，相应的中断源定义为高优先级；某位为 0 时，定义为低优先级。软件可以随时对 IP 的各位清 0 或置位。

IP 寄存器的字节地址为 0B8H，位地址为 0B8H~0BFH，或用 IP.0~IP.7 表示。IP 寄存器的位地址及定义见表 6.4。

表 6.4　中断优先级控制寄存器(IP)的位地址及定义

位地址	BFH	BEH	BDH	BCH	BBH	BAH	B9H	B8H
位符号				PS(IP.4)	PT1(IP.3)	PX1(IP.2)	PT0(IP.1)	PX0(IP.0)

由表 6.4 可见，IP 寄存器只有 5 位有定义，它们是：

PX0：外部中断 0 优先级设定位。该位为 0，优先级为低；该位为 1，优先级为高。

PT0：定时器 0 中断优先级设定位，定义同上。

PX1：外部中断 1 优先级设定位，定义同上。

PT1：定时器 1 中断优先级设定位，定义同上。

PS：串行口中断优先级设定位，定义同上。

另外，单片机硬件在全部中断源在同一个优先级的情况下对优先权进行了顺序排列，外部中断 0($\overline{\text{INT0}}$)优先权最高，串行口中断优先权最低，即

$\overline{\text{INT0}}$　　T0　　$\overline{\text{INT1}}$　　T1　　串行口

最高←——————优先权——————最低

在开放中断的条件下，中断优先级结构解决了如下两个问题：①正在执行一个中断服务子程序时，如果发生了另一个中断请求，CPU 是否立即响应它而形成中断嵌套；②如果一个中断服务子程序执行完之后，发现已经有若干中断都提出了请求，那么应该先响应哪一个申请。

在开放中断的条件下，用以下 4 个原则使用中断优先级结构：

1) 非中断服务子程序可以被任何一个中断请求所中断，而与中断优先级结构无关。

2) 如果若干中断同时提出请求，则 CPU 将选择优先级、优先权最高者予以响应。

3) 低优先级可以被高优先级的中断申请所中断。换句话说，同级不能形成嵌套、高优先级不能被低优先级嵌套，当禁止嵌套时，必须执行完当前中断服务子程序之后才考虑是否响应另一个中断请求。

4) 同一个优先级中，优先权的顺序是由硬件决定而不能改变。但用户可以通过改变优先级的方法改变中断响应的顺序。如单片机中串行口的优先权最低，但在中断优先级寄存器(IP)中写入 10H 后，则只有串行口是最高优先级。若同时有若干中断提出请求，则一定会优先响应串行口的请求。

单片机复位以后，特殊功能寄存器 IP 的内容为 00H，所以在初始化程序中要考虑到对其编程。

4. 串行口控制寄存器(SCON)

SCON 寄存器字节地址为 98H，位地址为 98H~9FH，或用 SCON.0~SCON.7 表示。

SCON 寄存器的位地址及定义见表 6.5。

表 6.5 串行口控制寄存器(SCON)的位地址及定义

位地址	9FH	9EH	9DH	9CH	9BH	9AH	99H	98H
位符号	SM0	SM1	SM2	REN	TB8	RB8	TI	RI

SCON 寄存器中与中断有关的控制位共 2 位，它们是：

TI：串行口中断请求标志位。当发送完一帧串行数据后，由硬件中断置 1，在转向中断服务程序后，用软件清 0。

RI：串行口接收中断请求标志位。当接收完一帧串行数据后，由硬件中断置 1，在转向中断服务程序后，用软件清 0。

串行口中断请求由 TI 和 RI 的逻辑或得到，即无论是发送标志位还是接收标志位都会产生串行口中断请求。

6.3 中断处理过程

中断处理过程就是 CPU 对某一中断源所提出的中断请求的响应。中断请求被 CPU 响应后，再经过一系列的操作，然后才转向中断服务程序，完成中断所要求的处理任务。下面对 MCS-51 单片机的整个中断响应过程进行说明。

1. 对外部中断请求的采样

中断处理过程的第一步是中断请求采样。所谓中断请求采样，就是如何识别外部中断请求信号，并把它锁定在定时器控制寄存器(TCON)的相应标志位中，只有两个外部中断源才有采样问题。

单片机在每个机器周期的 S5P2(第 5 状态第 2 节拍)对外部中断请求引脚(P3.2 和 P3.3)进行采样。如果有中断请求，则把 IE0 或 IE1 置位。

外部中断 0($\overline{INT0}$)和外部中断 1($\overline{INT1}$)是两套相同的中断系统，只是使用的引脚和特殊功能寄存器中的控制位不同。了解$\overline{INT0}$的工作原理，就可理解$\overline{INT1}$的工作原理。

外部中断 0 使用了引脚 P3.2 的第二功能，只要该引脚上接收到从外设送来的“适当信号”，就可以导致标志位 IE0 硬件置位。其过程如下：

1) 外部中断的触发方式选择。什么是外设的“适当信号”呢？首先要看特殊功能寄存器中的 TCON.0 位，它被称为外部中断 0 的触发方式控制位 IT0。当预置 IT0=0 时，外部中断的触发方式为电平触发方式，即 P3.2 引脚上的低电平可以向 CPU 请求中断；当 IT0=1 时，P3.2 引脚上每一个下降沿都将触发一次中断。使用电平触发方式时，如果 P3.2 引脚上请求中断的低电平持续时间很长，在执行完一遍中断服务子程序后，该低电平仍未撤销，那么还会引起下一次中断请求，甚至若干次中断请求，直至 P3.2 引脚上的电平变高时为止。在这种情况下可能产生操作错误，因此引入第二种触发方式，即边沿触发方式，每个下降沿引起一次中断请求，其后的低电平持续时间内不再会引起错误的中断请求。因此规定：凡是采用电平触发的情况下，在这次中断服务子程序执行完之前，P3.2 引脚上的低电平必须变成高电平。正是由于这条规定，人们习惯于选择边沿触发方式，很少使用电平触发方式。

2）中断标志位 IE0 一旦被置位，就认为中断请求已经提出，是否响应中断则应由特殊功能寄存器 IE 和 IP 决定。如果 CPU 响应了这个中断，则应该清除标志位 IE0。对于边沿触发方式，此时硬件能够自动清 0 IE0；对于电平触发方式，只有外部中断请求信号变成高电平，才能够自动清除中断标志位。如果 CPU 暂时不能够响应中断，则 IE0 始终为 1，表示中断请求有效。

3）其他中断源的中断请求在单片机芯片的内部都可以直接置位相应的中断请求标志位，因此，不存在中断请求标志位问题。但仍然存在从中断请求信号的产生到中断请求标志位置位的过程。图 6.3 左侧表示了中断请求标志位与中断请求信号的关系。

2. 中断查询与响应

采样是解决外部中断请求的锁定问题，即把有效的外部中断请求信号锁定在各个中断请求标志位中。余下的问题就是 CPU 如何知道中断请求的发生，CPU 是通过对中断请求标志位的查询来确定中断的产生，一般把这个查询称为中断查询。因此，单片机在每一个机器周期的最后一个状态(S6)，按前述的优先级顺序对中断请求标志位进行查询。如果查询到标志位为 1，则表明有中断请求产生，因此，就在紧接着的下一个机器周期的 S1 状态进行中断响应。

中断响应过程如下：

1）由硬件自动生成一个长调用指令 LCALL addr16。这里的地址就是中断程序入口地址，详见表 6.1。

2）生成 LCALL 指令后，CPU 执行该指令，首先将程序计数器(PC)当前的内容压入堆栈，称为保护断点。

3）再将中断入口地址装入 PC，使程序执行，于是转向相应的中断入口地址。但各个中断入口地址只相差 8 个字节单元，多数情况下难以存放一个完整的中断服务程序。因此，一般是在这个中断入口地址处存放一条无条件转移指令(即指令 LJMP addr16)，使程序转移到 addr16 处，在这里执行中断服务程序。

然而，如果存在下列情况时，中断请求不予响应：

1）CPU 正处于一个同级或更高级的中断服务中。

2）当前指令是中断返回(RETI)或子程序返回(RET)、访问 IE 或 IP 的指令。这些指令规定必须在完成指令后，执行一条后面的指令才能够响应中断请求。

3. 中断响应时间

所谓中断响应时间是指从查询中断请求标志位到转向中断入口地址的时间。单片机的最短响应时间为 3 个机器周期。其中，一个机器周期用于查询中断请求标志位的时间，而这个机器周期恰好是指令的最后一个机器周期，在这个机器周期结束后，中断请求即被响应，产生 LCALL 指令。而执行这条长调用指令需要 2 个机器周期，所以共需要 3 个机器周期。但有时，中断响应时间多达 8 个机器周期。如在中断查询时，正好是开始执行 RET、RETI 或访问 IE、IP 指令，则需要把当前指令执行完再继续执行一条指令，才能进行中断响应。执行 RET、RETI 等指令最长需要 2 个机器周期，但后面跟着的指令如果是 MUL、DIV 乘除指令，则又需要 4 个机器周期，从而形成了 8 个机器周期的最长响应时间。

一般情况下，中断响应时间在 3~8 个机器周期之间。通常用户不必考虑中断响应时间，只有在精确定时的应用场合才需要考虑中断响应时间，以保证精确的定时控制。

4. 中断请求的撤除

一旦中断响应，中断请求标志位就应该及时撤除，否则就意味着中断请求继续存在，会引起中断的混乱。下面按中断类型说明中断请求如何撤除。

1）硬件自动撤除。定时器中断被响应后，硬件自动把对应的中断请求标志位（TF0、TF1）清0，因此，其中断请求是自动撤除的。

2）自动与强制撤除。对于边沿触发方式的外部中断请求，一旦响应后，通过硬件自动把中断请求标志位（IE1或IE0）清除，即中断请求的标志位也是自动撤除的。

但对于电平触发方式，情况则不同。仅靠清除中断标志位，并不能解决中断请求的撤除问题。因为，即使中断标志位已撤除，中断请求的有效低电平仍然存在，在之后的中断请求采样时，又会使IE0或IE1重新置1。因此，想要彻底解决中断请求的撤除，还必须在中断响应后强制地把中断请求输入引脚从低电平改为高电平。为此，可加入图6.4附加电路。

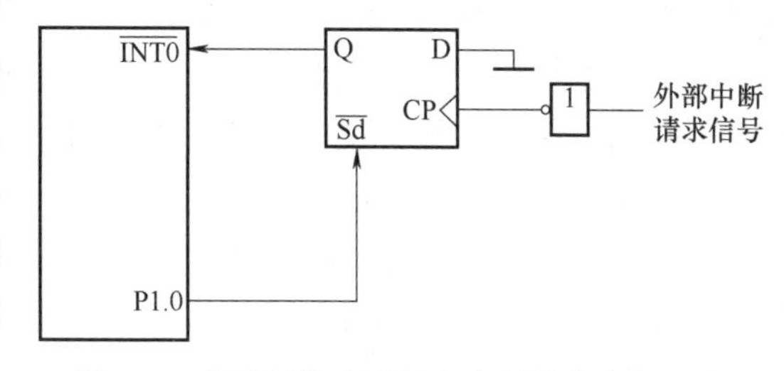

图6.4 电平触发方式外部中断请求附加电路

图6.4中，用D触发器锁存外来的中断请求低电平信号，并通过触发器的输出端Q送给引脚$\overline{INT0}$或$\overline{INT1}$。中断响应后，为撤除中断请求，利用D触发器的直接置位端$\overline{Sd}$，完成把Q强制成高电平。

所以，在P1.0口输出一个负脉冲就可以使D触发器置1，从而撤除了低电平的中断请求。负脉冲指令如下：

```
ORL  P1,#01H          ;P1.0 输出高电平
ANL  P1,#0FEH         ;P1.0 输出低电平
```


可见，在电平触发方式下，外部中断请求的真正撤除是在中断响应后转入中断服务程序、通过软件方法实现的。所以，由于增加了附加电路，这种电平触发方式很少应用。

3）软件撤除。串行口中断的标志位是TI和RI，但对这两个标志位不是自动清0，因为在中断响应后，还需要测试这两个标志位的状态，以判定是发送还是接收操作，然后才能撤除。串行口中断请求的撤除也采用软件撤除方法，在中断服务程序中进行。

5. 中断服务程序的编写要点及断点的数据保护

首先，再次强调必须记住各中断源的中断入口地址。MCS-51单片机规定：单片机复位入口地址是0000H，用户一般在复位地址处编写一条长转移指令LJMP addr16，从这个地址执行主程序，一旦有中断请求，就会中断响应，然后转入中断入口地址。

（1）断点数据保护问题的提出和保护方法

在用户编写中断服务程序时，首先应该进行断点的数据保护。假设在当前执行的主程序中使用了ACC、R0和R1等寄存器。某时刻发生了中断响应，CPU立即转向中断服务子程序，如果这个子程序也使用了ACC、R0和R1 3个寄存器，很明显，这3个寄存器在原来主程序中的内容将被冲掉。待中断服务子程序执行完之后，虽然可以返回程序断点，但由于3个寄存器的数据丢失，必然产生错误。所以，每当发生一次中断，都要考虑程序中断点数据的保护问题，或者说每一个中断服务子程序的一开始就要考虑数据入栈问题。

使用堆栈保护断点数据的方法是在中断服务子程序一开始，就把所需要保护的单元按用户指定的顺序，使用 PUSH 指令逐一连续压入堆栈。在中断服务子程序的最后，再用 POP 指令把堆栈的内容按“先进后出”原则弹出到相应的寄存器单元中。应该注意：①入栈和出栈顺序要相反；②因为硬件自身有入栈操作，所以在中断服务子程序的最后，数据出栈数目要与入栈数目完全相同，否则会造成硬件自动出栈的地址错误。

堆栈是为了保护断点数据而在单片机内专门设定的一个 RAM 区。堆栈的深浅可以由用户编程决定，特殊功能寄存器 SP 被称为堆栈指针，SP 的内容是堆栈区的一个 8 位地址，在初始化时，SP 的初值就是栈底地址，进行入栈和出栈操作时，SP 的内容都会增 1 或者减 1，总是指向栈顶一个被保护的数据。如初始化程序中置 SP 内容为 60H，表示堆栈区被用户设置为 61H~7FH 单元范围，第一个 8 位代码入栈后将被存放于 61H 单元，SP 为 61H；第二个 8 位代码入栈后存放于 62H 单元，SP 内容变为 62H。

使用堆栈时，已被设定为堆栈区的字节一般不能再作为数据缓冲区使用。

在发生两个中断服务子程序嵌套时，主程序可以只使用工作寄存器 0 区，第一个中断服务子程序只使用工作寄存器 1 区，第二个中断服务子程序只使用工作寄存器 2 区，这样便减少了堆栈操作，避免了数据入栈时可能产生的编程错误。

（2）中断响应全过程

1）在初始化程序中，需要对几个特殊功能寄存器赋给初值，以便做好中断的准备工作。如清除中断标志位、置外部中断触发方式、开中断、决定优先级等。中断的初始化工作，主要在于选择所用的特殊功能寄存器的初值。

2）每当产生激活每个中断源的物理条件时，该中断源就会通过硬件置相应的中断请求标志位为 1，表示已经提出了中断请求。虽然这个中断请求可能不会被立即响应，但这个中断请求总是有效，直至它被清 0 时为止。

从上电复位开始，每个机器周期内 CPU 都会对 6 个中断标志位查询一遍，确认是否有置位者，如果发现有中断请求提出，但不能立即响应该中断，那么本次查询无效，待下一个机器周期重新自动查询，也就是说，中断请求标志位的状态可以保存，但是自动查询的结果却不被保存。

3）当 CPU 查询到一个或几个中断请求已经提出时，只有同时满足以下 4 个条件时，才能在下一个机器周期开始响应其中一个请求：

① 中断请求中有未被禁止者（已开中断）。

② CPU 当前并未执行任何中断服务子程序，或者正在执行的中断服务子程序的优先级比请求者要低。

③ 当前机器周期恰是当前执行的指令的最后一个机器周期。

④ 当前正在执行的指令并不是以下述 4 种指令之一，即子程序返回指令 RET 或 RETI，或者 IE、IP 的两种写操作指令。若恰是这 4 种指令之一时，必须执行完这一条指令，再执行完下一条指令之后，才会响应新的中断请求。

上述 4 个条件有一个不满足，CPU 就不会立即响应中断请求。当有若干中断请求同时存在时，CPU 将按优先级和优先权的顺序择高响应。

一个中断请求标志位被置位后，在它未被响应之前，如果用软件清 0 此标志位，则视该次中断请求被正常撤销，不会引起中断系统的混乱。

4）响应一个中断后，CPU 有 3 个自动操作：①保护程序计数器（PC）中的 16 位断点地址；②把相应的中断入口地址自动送入 PC，相当于执行了一条长调用指令而转入中断服务子程序；③将该次请求的标志位用硬件自动清 0，但是电平触发方式的外部中断标志位和串行口中断标志位不能被硬件清 0，而后者必须在中断服务子程序中予以软件清 0。

在中断服务子程序一开始，除了要决定是否要清除中断请求标志位之外，还要决定是否允许中断嵌套而重新给中断允许寄存器(IE)赋值，以及入栈保护断点数据。从建立中断请求标志位到执行第一条中断服务子程序的指令，一般要经过 3~8 个机器周期，依不同情况有别。

5）若在一个中断服务子程序执行过程中，又出现另一个不允许嵌套的中断请求，这种情况下，只能在第一个中断服务子程序执行完之后，返回原断点再执行一条指令，才会形成第二个断点，转而开始第二个中断服务子程序的执行。

6）在中断服务子程序的最后，软件设计人员需要注意：①决定断点数据出栈问题；②决定再开哪个中断或再关哪些中断；③中断服务子程序的最后一条指令必须是中断返回指令 RETI。

CPU 最后遇到 RETI 指令时，首先通过硬件自动恢复 PC 的断点地址，然后 CPU 从断点处继续执行原来的程序。

下面给出中断实例。

【例 6.1】 利用中断方式，设计一个空调控温系统，要求空调温度保持在(25±1)℃。

解：假设本例的硬件连接如图 6.5 所示，空调开关线圈和 P1.0 相连，即

P1.0=1 对应线圈接通(空调打开)

Pl.0=0 对应线圈断开(空调关闭)

温度传感器连接在$\overline{\text{INT0}}$和$\overline{\text{INT1}}$，分别提供$\overline{\text{HOT}}$(加热)和$\overline{\text{COLD}}$(制冷)信号，即

若 T>26℃，则$\overline{\text{HOT}}$=0

若 T<24℃，则$\overline{\text{COLD}}$=0

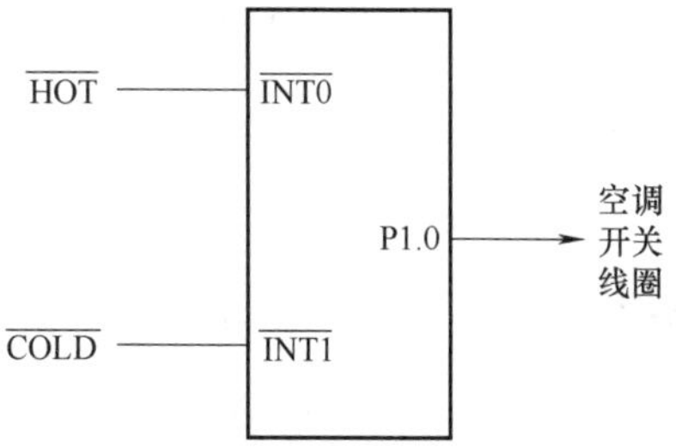

图 6.5 空调控温系统

程序应该在 T<24℃时启动空调加热装置，在 T>26℃时停止空调加热装置。空调控温系统温度控制原理如图 6.6 所示。

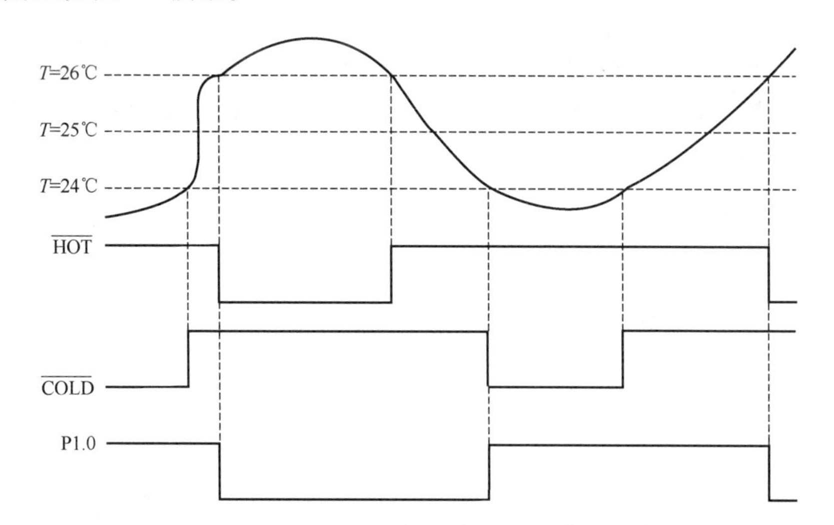

图 6.6 空调控温系统温度控制原理

空调控温系统温度控制参考程序如下：

```
        ORG  0000H
        LJMP  MAIN
EX0ISR: CLR P1.0
        RETI
        ORG  0013H
EX1ISR: SETB  P1.0
        RETI
        ORG  30H
MAIN:   MOV IE,  #85H
        SETB  IT0
        SETB  IT1
        SETB  P1.0
        JB  P3.2,  SKIP
        CLR  P1.0
SKIP:   SJMP $
        END
```

主函数的前 3 条指令开放外部中断，并将$\overline{\text{INT0}}$和$\overline{\text{INT1}}$都设为下降沿触发方式。由于当前的$\overline{\text{HOT}}$(P3.2)和$\overline{\text{COLD}}$(P3.3)的输入状态未知，所以接下来的 3 条指令需要合理地确定是应该打开还是关闭空调。首先，打开空调(SETB P1.0)，然后采样$\overline{\text{HOT}}$信号(JB P3.2,SKIP)，如果$\overline{\text{HOT}}$为高，表示 $T<26$℃，所以下一条指令被跳过继续保持加热状态。如果$\overline{\text{HOT}}$为低，表示 $T>26$℃，不再跳过而是执行下一条指令，关闭空调加热装置(CLR P1.0)，进入原地循环状态，等待中断发生。

一旦主程序设置合理，每次当温度超过 26℃或低于 24℃时，就会产生相应的中断，中断服务程序会合理地打开(SETB P1.0)或关闭空调(CLR P1.0)，然后返回主程序。

注意：本例中，在标号 EX0ISR 之前无须再添加 ORG 0003H 指令，因为 LJMP MAIN 指令的长度为 3 字节，所以 EX0ISR 标号的地址为 0003H，恰好是外部中断 0 的入口地址。

6.4　工程训练 6.1　单片机的中断键控流水灯

1. 工程任务要求

设计实现中断方式的键控流水灯，完成硬件设计、软件设计、联合调试。

2. 任务分析

要求实现如下功能：当 SB_1 按下时，流水灯由下往上流动显示；当 SB_2 按下时，流水灯由上往下流动显示。

3. 硬件设计

中断键控流水灯电路如图 6.7 所示，利用外部中断监测按键的状态，一旦有按键动作发生，系统可立即更新标志位从而保证系统及时按新标志位值控制流水灯运行。为此，需要先对图 6.7 电路加装一只 4 输入与门电路(输入端与 P0 口并联)，这样就能将按键闭合电平转化为$\overline{\mathrm{INT1}}$中断信号。

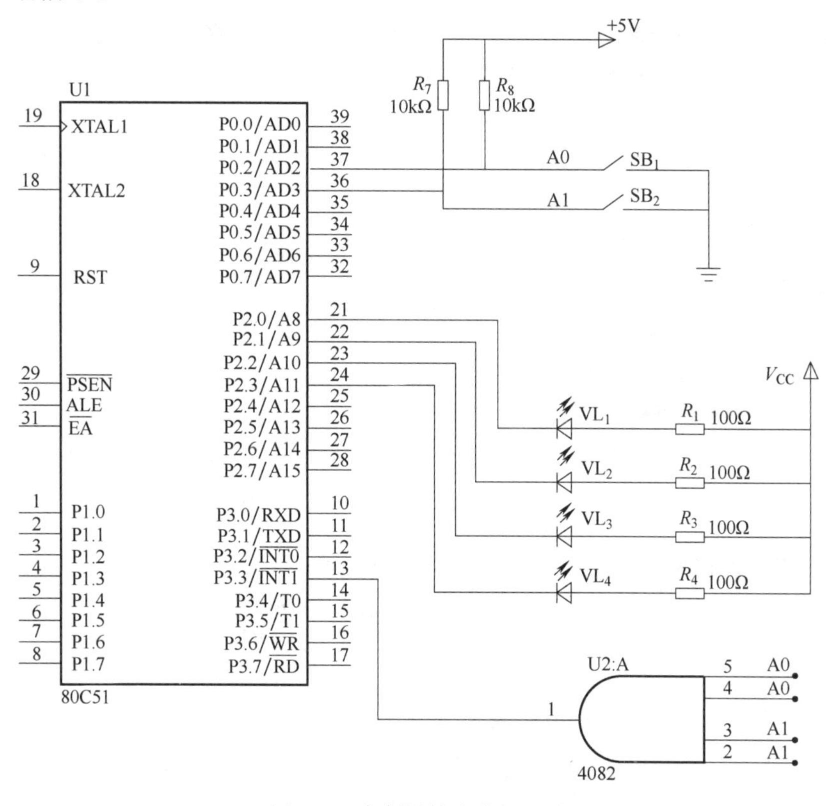

图 6.7 中断键控流水灯电路

4. 软件设计

```
#include "reg51.h"
char led[]={0xfe,0xfd,0xfb,0xf7};    //LED 亮灯控制字
bit dir=0;                            //全局变量
void delay(unsigned int time);
key() interrupt 2{                    //键控中断函数
    switch (P0 & 0x0c){               //修改标志位状态
        case 0x08:dir=0;break;
        case 0x04:dir=1;break;
}}
void main(){
    char i;
    IT1=1;EX1=1;EA=1;                 //边沿触发,INT1允许,总中断允许
    while(1){
            if(dir)                   //若 dir=1,流水灯自上而下流动显示
            for(i=0;i<=3;i++){
                P2=led[i];
```

```
                    delay(200);
                }
            else                    //若 dir=0,流水灯自下而上流动显示
                for(i=3;i>=0;i--){
                    P2=led[i];
                    delay(200);
                }
        } }
void delay(unsigned int time){
    unsigned int j=0;
    for(;time>0;time--)
        for(j=0;j<125;j++);
}
```

5. 联机调试

单片机的中断键控流水灯调试仿真效果如图 6.8 所示。

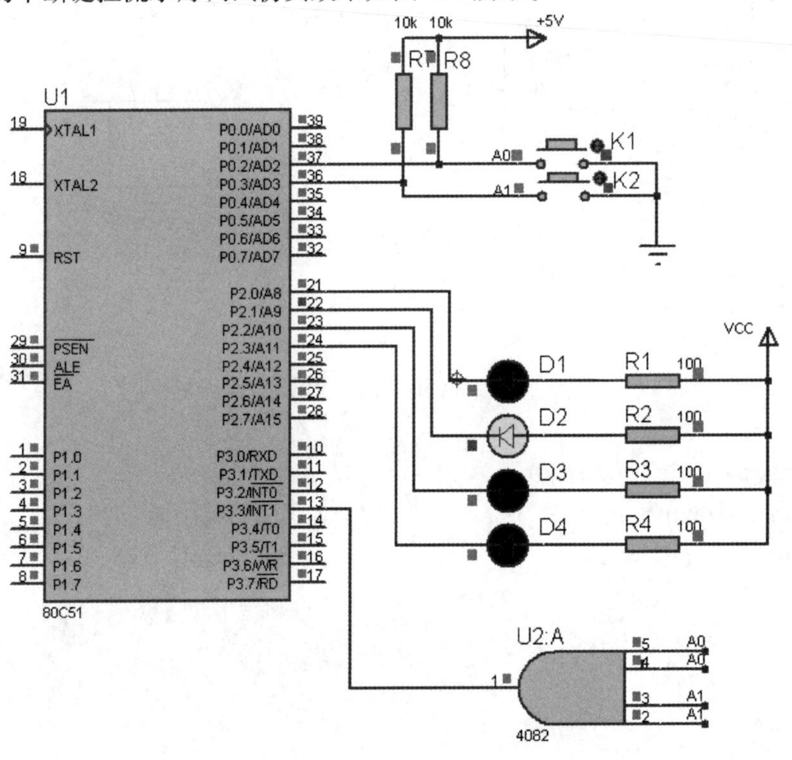

图 6.8 中断键控流水灯调试仿真效果

6.5 工程训练 6.2 中断嵌套的应用编程

1. 工程任务要求

根据图 6.9 的数码管显示与按键电路，实现两级外部中断嵌套效果，完成硬件设计、软

件设计、联合调试。

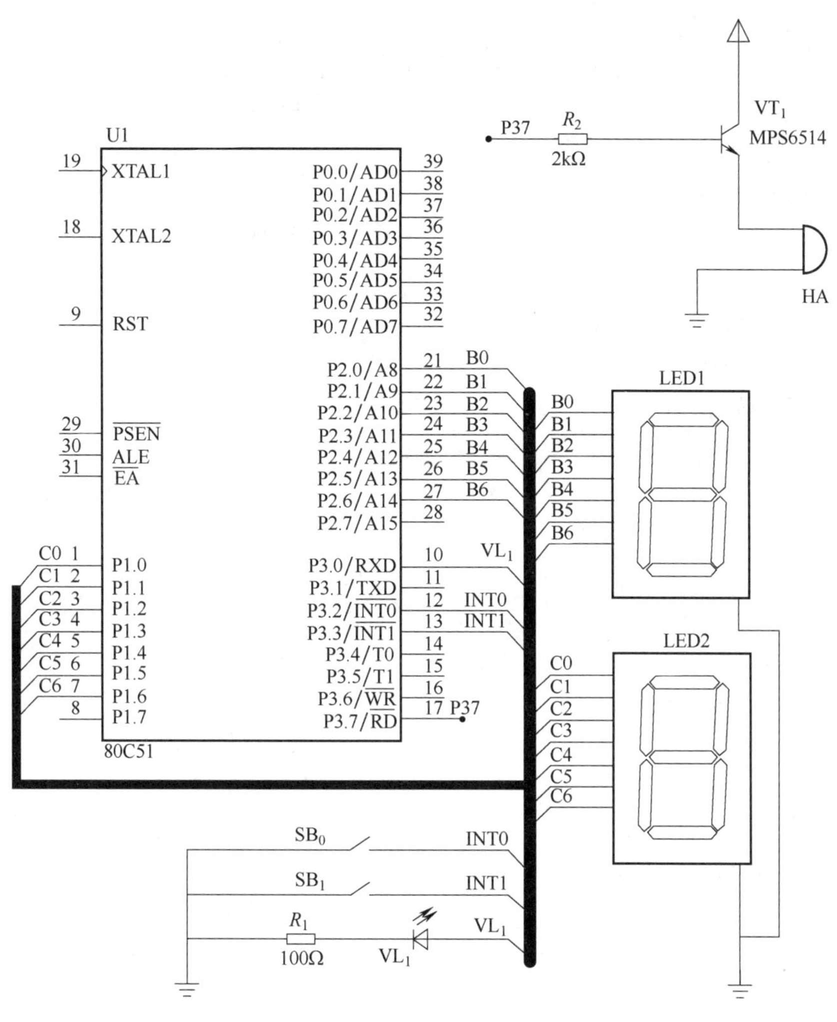

图 6.9 两级中断嵌套电路

2. 任务分析

要求实现如下功能：其中 SB_0 为低优先级中断源，SB_1 为高优先级中断源。此外，利用发光二极管 VL_1 验证外部中断请求标志 IE0 在脉冲触发中断时的硬件置位与撤销过程。

3. 硬件设计

两级中断嵌套电路如图 6.9 所示，两只数码管可分别进行字符 1～9 的循环计数显示，其中主函数采用无限计数显示，SB_0 和 SB_1 的中断函数则采用单圈计数显示。

由于 SB_0 的自然优先级(接$\overline{INT0}$引脚)高于 SB_1(接$\overline{INT1}$引脚)，故需要将 SB_1 的中断级别设为高优先级，即 PX1＝1，PX0＝0。

由于 IE0 的撤销过程发生在 SB_0 响应中断的瞬间，故在 SB_0 中断函数里将 IE0 值送 P3.0 输出可验证这一过程。而 IE0 的置位信息较难捕捉，可以利用“低级中断请求虽不能中止高级中断响应过程，但可保留中断请求信息”的原理进行，即在 SB_1 中断函数里设置输出 IE0 语句。

4. 软件设计

```
#include "reg51.h"
char led_mod[] = {0x3f,0x06,0x5b,0x4f,0x66,0x6d,0x7d,0x07,0x7f,
0x6f};                                          //字模
sbit D1=P3^0;
sbit sound=P3^7;
void delay(unsigned int time) {                 //延时
    unsigned char j=255;
    for(;time>0;time--)
        for(;j>0;j--);
void delay5(void)
    {
        unsigned char i;
        for(i=230;i>0;i--);
    }
}
key0() interrupt 0 {                            //SB0 中断函数
    unsigned char i;
    D1=IE0;                                     //IE0 状态输出
    for(i=0;i<=9;i++){                          //字符 0~9 循环一圈
        P2=led_mod[i];
        delay(35000);
    }P2=0x40;                                   //结束符"-"
}

key1() interrupt 2 {                            //SB1 中断函数
    unsigned char i;
    for(i=0;i<=9;i++){                          //字符 0~9 循环一圈
        D1=IE0;                                 //IE0 状态输出
        P1=led_mod[i];
        delay(35000);
    }P1=0x40;                                   //结束符"-"
}

void main(){
    unsigned char i;
    TCON=0x05;                                  //脉冲触发方式
    PX0=0;PX1=1;
    D1=0;P1=P2=0x40;                            //输出初值
```

```
IE=0x85;                                    //开中断
    while(1){
    for(j=200;j>0;j--)
    {
      sound=~sound;
      delay5();
    }
    for(j=200;j>0;j--)
    {
      sound=~sound;
      delay5();
      delay5();
    }
  }
}
```

5. 联机调试

中断嵌套调试仿真效果如图 6.10 所示。

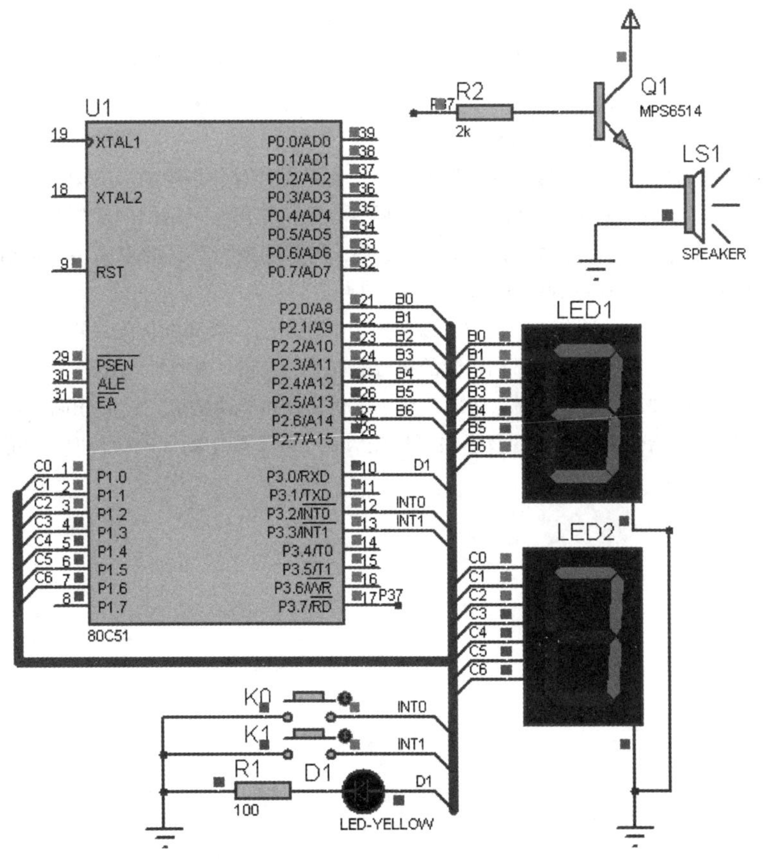

图 6.10 中断嵌套调试仿真效果

本章小结

所有CPU都有中断处理结构，用于控制实时应用中程序的流程。MCS-51单片机中断能够通过总中断允许和分中断允许来禁用，中断允许位可允许程序员在程序中选择需要响应的中断源。程序员可编程确定外部中断的触发方式，即电平方式或边沿方式，通常选择边沿触发方式。

1）每一个中断有一个中断标志位，当中断被触发后，标志位被置1，CPU响应中断后，外部中断0、1，定时器0、1自动被清0；而串行口中断、定时器2中断(仅8052)需要在中断服务程序内清0标志位。每个中断有对应的中断入口地址，每个中断服务程序预留8字节的空间，如果8字节不够，可在中断入口处放一条转移指令。

2）单片机中断有两个优先级，即低优先级和高优先级。在同一优先级内有中断查询顺序。低优先级或者相同优先级的中断不能打断高优先级中断，而高优先级中断可打断低优先级中断。程序员可通过对优先级寄存器的操作，改变中断优先级。

3）单片机在每一个机器周期的最后一个状态(S6)，按优先级顺序对中断请求标志位进行查询。如果查询到标志位为1，则表明有中断请求产生，因此，就紧接着的下一个机器周期的S1状态进行中断响应。中断响应时间通常为3~8个机器周期。对实时性要求高的场合，需要考虑中断响应时间。

习题与思考题

1. MCS-51单片机能提供几个中断源、几个中断优先级？各个中断源的优先级如何确定？在同一优先级中，各个中断源的优先顺序如何确定？

2. 简述MCS-51单片机的中断响应过程。

3. MCS-51单片机的外部中断有哪两种触发方式？如何设置？对外部中断源的中断请求信号有何要求？

4. MCS-51单片机如果扩展6个中断源，可采取哪些方法？如何确定它们的优先级？

5. 试用中断技术设计一个发光二极管LED闪烁电路，闪烁周期为2s，要求亮1s再暗1s。

6. 比较中断服务程序和子程序调用的相同点和不同点。

7. 设单片机有3个中断——中断1、2、3，以优先级顺序排列，最高的优先级被分给中断1，最低的优先级被分配给中断3。假设每一个中断都有相同的执行时间，为1ms，并且所有中断都未屏蔽，中断1正在被响应，还要执行100μs并在t时刻返回。中断2从t-200μs开始等待响应，这时中断3将在50μs后发生。在中断1开始时，第一条指令设置中断3具有最高优先级，中断2和中断3的等待时间间隔将是多少？

第 7 章 MCS-51单片机的定时/计数器

在单片机应用系统中，常常会有定时控制的需要，如定时输出、定时检测、定时扫描等，也经常要对外部事件进行计数。虽然利用单片机软件延时方法可以实现定时控制，用软件检查 I/O 口状态方法可以实现外部计数，但这些方法都要占用大量的 CPU 机器时间，故应尽量少用。MCS-51 单片机片内集成了两个可编程定时/计数器模块(timer/counter)T0 和 T1，它们既可以用于定时控制，也可以用于脉冲计数，还可作为串行口的波特率发生器。本章将对此进行系统介绍。

7.1 定时/计数器的功能与结构

7.1.1 定时/计数器的功能

1. 计数功能

所谓计数功能是指对外部脉冲进行计数。外部事件的发生以输入脉冲下降沿有效，从单片机芯片 T0(P3.4)和 T1(P3.5)两个引脚输入，最高计数脉冲频率为晶振频率的 1/24。

2. 定时功能

以定时方式工作时，每个机器周期使计数器加 1，由于一个机器周期等于 12 个振荡脉冲周期，因此如单片机采用 12MHz 晶振，则计数频率为 12MHz/12 = 1MHz。即每微秒计数器加 1。这样就可以根据计数器中设置的初值计算出定时时间。

7.1.2 定时/计数器的结构

定时/计数器的基本结构如图 7.1 所示。

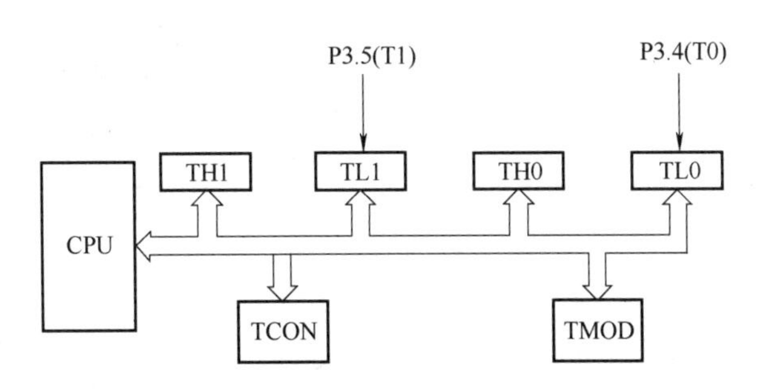

图 7.1 定时/计数器的基本结构

由图 7.1 可知，T0 和 T1 分别由高 8 位和低 8 位两个特殊功能寄存器组成，即 T0 由 TH0（字节地址 8CH）、TL0(字节地址 8AH)组成，T1 由 TH1(字节地址 8DH)、TL1(字节地址 8BH)组成。

定时/计数器 0 和定时/计数器 1 各有一个外部引脚 T0(P3.4)和 T1(P3.5)，用于接入外部计数脉冲信号。

当用软件方式设置 T0 或 T1 的工作方式并启动计数器后，它们就会按硬件方式独立运行，无须 CPU 干预，直到计数器计满溢出时才会通知 CPU 进行后续处理，这样便可大大降低 CPU 的操作时间。

7.2 定时/计数器的控制

如同中断系统需要在特殊功能寄存器的控制下工作一样，定时/计数器的控制也是通过特殊功能寄存器实现的。其中，TMOD 寄存器用于设置其工作方式，TCON 寄存器用于控制其启动和中断请求。

7.2.1 TMOD 寄存器

定时/计数器工作方式控制寄存器 TMOD 地址为 89H，不可位寻址。TMOD 寄存器中高 4 位定义 T1，低 4 位定义 T0。其中 M1、M0 用来确定所选工作方式，如图 7.2 所示。

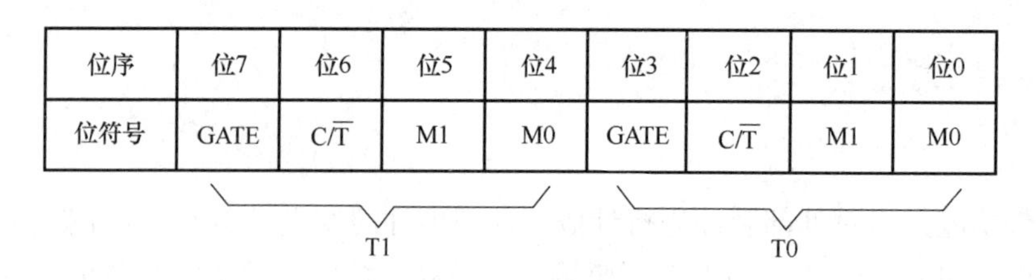

图 7.2 TMOD 控制位

TMOD 寄存器控制位功能见表 7.1。

表 7.1 TMOD 控制位功能

位符号	功能说明
GATE	门控位。GATE=0，用运行控制位 TR0(TR1)启动定时器；GATE=1，用外部中断请求信号输入端(INT1 或 INT0)和 TR0(TR1)共同启动定时器
C/$\overline{T}$	定时方式或计数方式选择位。C/$\overline{T}$=0，定时工作方式；C/$\overline{T}$=1，计数工作方式
M1、M0	工作方式选择位。M1、M0=00，方式 0，13 位计数器；M1、M0=01，方式 1，16 位计数器；M1、M0=10，方式 2，具有自动再装入的 8 位计数器；M1、M0=11，方式 3，定时器 0 分成两个 8 位计数器，定时器 1 停止计数

7.2.2 TCON 寄存器

定时/计数器控制寄存器 TCON 地址为 88H，可以位寻址。TCON 主要用于控制定时/计数器的操作及中断控制。有关中断内容在第 6 章已说明，此处只对定时控制功能加以介绍。表 7.2 和表 7.3 给出了 TCON 控制位及其功能。

表 7.2 TCON 控制位

位地址	8FH	8EH	8DH	8CH	8BH	8AH	89H	88H
位符号	TF1	TR1	TF0	TR0	IE1	IT1	IE0	IT0

表 7.3 TCON 控制位功能

位符号	功能说明
TF1	定时/计数器1溢出标志位。计数/计时1溢出(计满)时，该位置1。在中断方式时，该位作为中断标志位，在转向中断服务程序时由硬件自动清0。在查询方式时，也可以由程序查询和清0
TR1	定时/计数器1运行控制位。TR1=0，停止定时/计数器1工作；TR1=1，启动定时/计数器1工作。该位由软件置位和复位
TF0	计数/计时0溢出标志位。计数/计时0溢出(计满)时，该位置1。在中断方式时，该位作为中断标志位，在转向中断服务程序时由硬件自动清0。在查询方式时，也可以由程序查询和清0
TR0	定时/计数器0运行控制位。TR0=0，停止定时器/计数器0工作；TR0=1，启动定时器/计数器0工作。该位由软件置位和复位

系统复位时，TMOD 和 TCON 寄存器的每一位都清 0。系统复位时，TCON 初值为 0，即默认设置 TR0 和 TR1 均为关闭状态、电平触发中断方式、没有外部中断请求，也没有定时/计数器中断请求。

7.3 定时/计数器的工作方式

MCS-51 单片机定时/计数器具有 4 种工作方式，即方式 0、方式 1、方式 2 和方式 3。用户可选择 4 种工作方式，通过编程对定时/计数器专用寄存器 TMOD 中的 M1、M0 位进行设置，下面分别进行介绍。

7.3.1 方式 0

在此方式中，定时寄存器由 TH0 的 8 位和 TL0 的 5 位(其余位不用)组成一个 13 位计数器。当 GATE=0 时，只要 TCON 中的 TR0 为 1，13 位计数器就开始计数；当 GATE=1 以及 TR0=1 时，13 位计数器是否计数取决于 $\overline{\text{INT0}}$ 引脚信号，当 $\overline{\text{INT0}}$ 由 0 变 1 时开始计数，当 $\overline{\text{INT0}}$ 由 1 变为 0 时停止计数。

当 13 位计数器溢出时，TCON 的 TF0 位就由硬件置 1，同时将计数器清 0。

当方式 0 为定时工作方式时，定时时间计算公式为

$$t=(2^{13}-\text{计数初值 }X)\times\text{晶振周期}\times 12$$

当方式 0 为计数工作方式时，计数值的范围为 $1\sim2^{13}(8192)$。

方式 0 内部逻辑框图如图 7.3 所示。

【例 7.1】 设单片机晶振频率为 6MHz，用 T0 在 P1.0 口输出周期为 1ms 的方波脉冲，如图 7.4 所示。试用方式 0 分别以查询方式和中断方式实现。

解：(1) 采用查询方式

1) 计数初值计算。由题意可得，只需从 P1.0 口每延时 500μs 后交替输出高低电平即可。因为

图 7.3　方式 0 内部逻辑框图

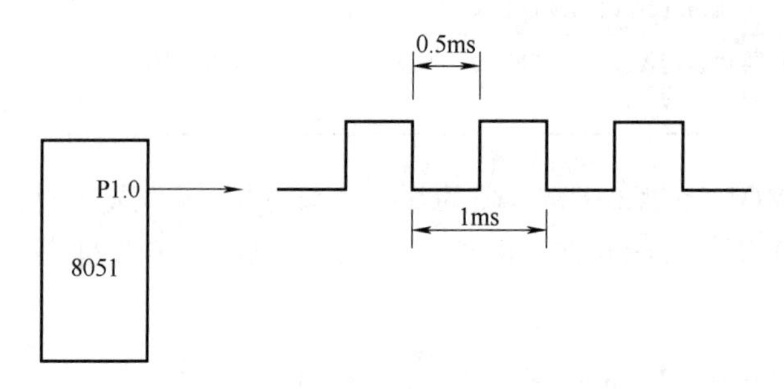

图 7.4　例 7.1 图

$$(2^{13}-X)\times 1/6\times 12\mu s=500\mu s$$

所以，计数初值为

$$X=2^{13}-250=7942_{10}=1111100000110B$$

即 TH0=F8H，TL0=06H。

2）T0 初始化。

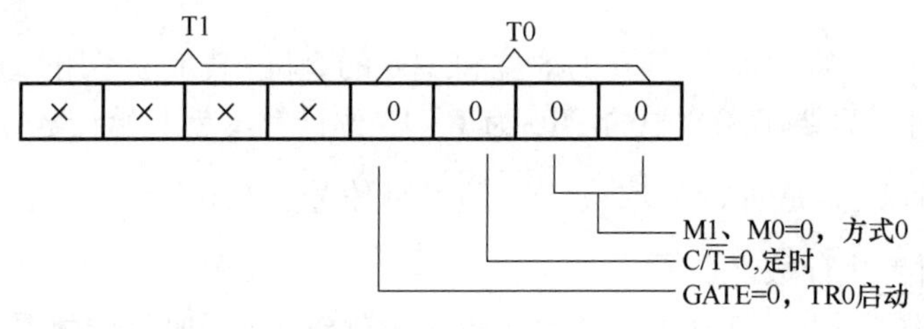

由上可得，(TMOD)= 00H。

采用查询方式的参考程序如下：

```
#include <reg51.h>
        sbit P1_0=P1^0;
        void main (void) {
            TMOD=0x00;                    //T0 定时方式 0
            TR0=1;                        //启动 T0
            for(;;){
                TH0=0xf8;                 //装载计数初值
```

```
            TL0=0x06;
            do{ } while(! TF0);         //查询等待 TF0 置位
            P1_0=! P1_0;                //定时时间到,P1.0 取反
            TF0=0;                      //软件清 0TF0
        }
    }
```

(2) 采用中断方式

中断方式中，计数初值 X 和 TMOD 的设置与查询方式相同。

采用中断方式的参考程序如下：

```
#include <reg51.h>
sbit P1_0=P1^0;
void timer0 (void) interrupt 1 {
    P1_0=! P1_0;                //P1.0 取反
    TH0=0xf8;                   //计数初值重装载
    TL0=0x06;
}
void main (void) {
    TMOD=0x00;                  //T0 定时方式 0
    P1_0=0;
    TH0=0xf8;                   //预置计数初值
    TL0=0x06;
    EA=1;
    ET0=1;
    TR0=1;
    do { } while (1);
}
```


7.3.2 方式 1

方式 1 采用 16 位计数结构，其余与方式 0 相同。显然，方式 1 的定时时间计算公式为

$$(2^{16}-\text{计数初值 } X)\times \text{晶振周期}\times 12$$

计数范围为 $1\sim 2^{16}$(65536)。

【例 7.2】 设单片机的 $f_{osc}=12\text{MHz}$，采用 T1 定时方式 1 使 P1.1 口输出周期为 2ms 的方波，并采用 Proteus 中的虚拟示波器观察输出波形，电路如图 7.5 所示。

解：要产生周期为 2ms 的方波，可以利用定时器在 1ms 时产生溢出，再通过软件方法使 P1.1 口的输出状态取反。不断重复这一过程，即可输出周期为 2ms 的方波。

根据定时方式 1 的定时时间计算公式，计数初值 X 可计算为

$$X=2^{16}-tf_{osc}/12=2^{16}-1000\times 12/12=64536=0\text{xfc}18$$

将十六进制的计数初值分解成高 8 位和低 8 位，即可进行 TH1 和 TL1 的初始化。需要

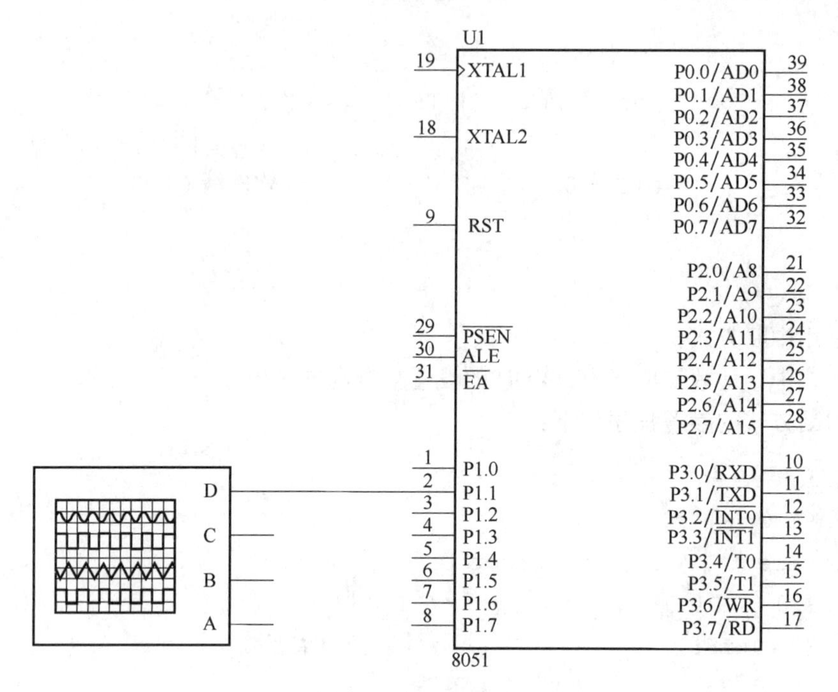

图 7.5　例 7.2 电路

注意的是，定时器在每次计数溢出后，TH1 和 TL1 都将变为 0。为保证下一轮定时的准确性，必须及时重装载计数初值。

计数溢出后 TF1 硬件置 1，采用软件查询法和中断处理法均可检测到这一变化，因此，可以采用两种方式进行随后的处理工作。

1）采用查询方式编程，程序如下：

```
#include <reg51.h>
sbit P1_1=P1^1;
void main (void) {
TMOD=0x10;                //T1 方式 1
TR1=1;                    //启动 T1
for(;;) {
TH1=0xfc;                 //装载计数初值
TL1=0x18;
do{ } while(! TF1);       //查询等待 TF1 置位
P1_1=! P1_1;              //定时时间到,P1.1 取反
TF1=0;                    //软件清 0TF1
} }
```

2）采用中断方式编程，程序如下：

```
#include <reg51.h>
sbit P1_1=P1^1;
void timer1 (void) interrupt 3 {
```

```
    P1_1=! P1_1;                 //P1.1 取反
    TH1=0xfc;                    //计数初值重装载
    TL1=0x18;
 }
 void main (void) {
    TMOD=0x10;                   //T1 定时方式 1
    P1_1=0;
    TH1=0xfc;                    //预置计数初值
    TL1=0x18;
    EA=1;
    ET1=1;
    TR1=1;
    do { } while (1);
 }
```

两种编程运行效果相同，仿真波形如图 7.6 所示。

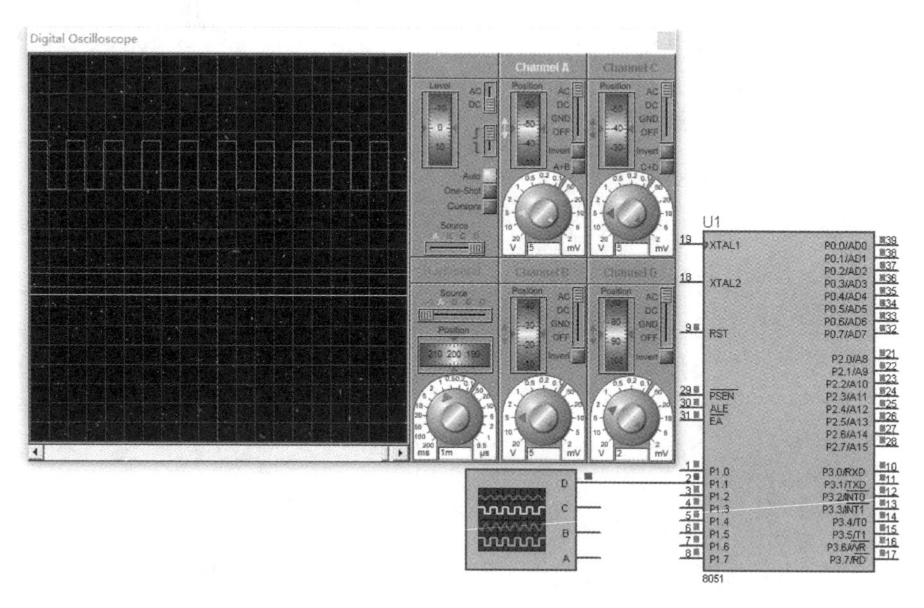

图 7.6　例 7.2 仿真波形

7.3.3　方式 2

方式 2 是由 TL 组成 8 位计数器。TH 作为常数缓冲器，由软件预置初始值。当 TL 产生溢出时，一方面使溢出标志位 TF 置 1；同时把 TH 的 8 位数据重新装入 TL 中，即方式 2 具有自动重新加载功能。

方式 2 逻辑框图如图 7.7 所示(以定时/计数器 0 为例)。

【例 7.3】　用 8051 对外部脉冲进行计数，每计满 4 个脉冲后使 P2.0 反转一次，如图 7.8 所示。用 T0 以方式 2 中断实现，TR0 启动。

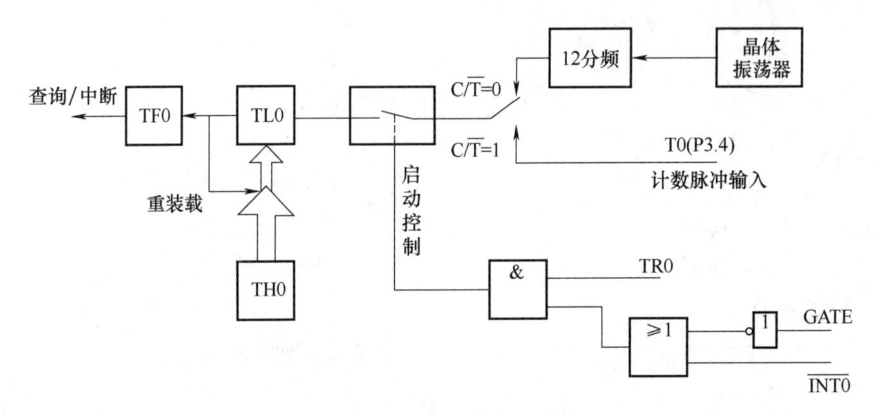

图 7.7　方式 2 逻辑框图

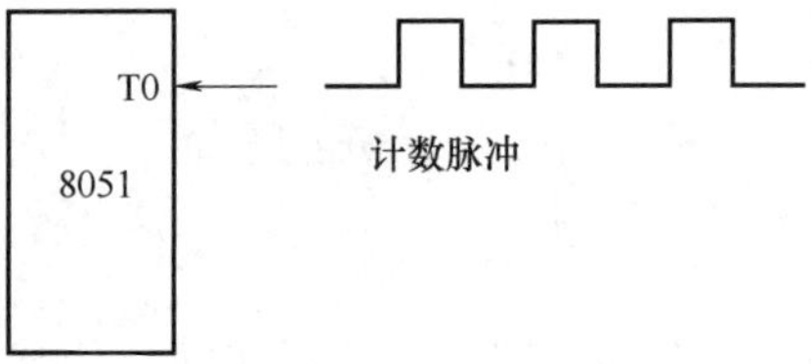

解：1）方式 2 计数初值计算如下：

$(2^8-X)=4$

$X=2^8-4=252D=0FCH$

2）TMOD 设置。

用 T0 以方式 2 实现，TR0 启动，可得：(TMOD)= 00000110B=06H。

T0
8051
计数脉冲

图 7.8　例 7.3 图

3）中断系统设置：EA=1，ET0=1。

4）参考程序如下：

```
#include <reg51.h>
   sbit p2_0=P2^0;
void timer0 (void) interrupt 1 {
   p2_0=! p2_0;                    //P2.0 取反
   }
void main (void) {
   TMOD=0x06;                      //T0 定时方式 2
   TH0=0xfc;                       //预置计数初值
   TL0=0xfc;
   EA=1;
   ET0=1;
   TR0=1;
   do { } while (1);
}
```


7.3.4　方式 3

在方式 3 中，TL0 和 TH0 成为两个相互独立的 8 位计数器。TL0 占用全部 T0 的控制位和信号引脚，即 GATE、$\overline{C}$/T、TR0、TF0 等，而 TH0 只用作定时器使用。而且由于定时/计数器 0 的控制位已被 TL0 独占，因此，TH0 只好借用定时/计数器 1 的控制位 TR1 和 TF1 工作。

同时，由于 TR1、TF1 已“出借”给 TH0，TH1 和 TL1 的溢出就送至串行口，作为串行口时钟信号发生器(即波特率信号发生器)，并且只要设置好工作方式(方式 0、方式 1、方式 2)以及计数初值，T1 无须启动便可自动运行。

【例 7.4】 试用 T0 在 P1.0 口输出周期为 400μs、占空比为 10∶1 的矩形脉冲，以定时工作方式 3 编程实现(查询方式)。设 $f_{osc}=6MHz$，如图 7.9 所示。

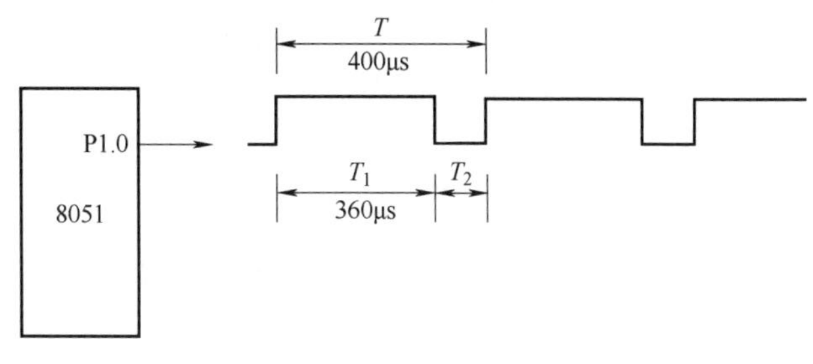

图 7.9 例 7.4 示意图

解：由题意可知，P1.0 口输出高电平持续 360μs，输出低电平持续 40μs。

1) 计数初值计算。定时工作方式 3 中 TL0 为 8 位计数器，TH0 为预置寄存器。延时 360μs 计数初值 X_1 计算如下：

$$(2^8-X_1)\times 12\div 6\mu s=360\mu s$$

$$X_1=4CH$$

短延时 40μs 计数初值 X_2 计算如下：

$$(2^8-X_2)\times 12\div 6\mu s=40\mu s$$

$$X_2=0ECH$$

2) TMOD 设置：(TMOD)= 00000010H = 03H。

3) 采用查询方式(禁止中断)。

4) 参考程序如下：

```
#include <reg51.h>
sbit P1_0=P1^0;
void main (void)
{
   P1_0=1;                          //P1_0 置 1
   TMOD=0x03;                       //T0 定时方式 3
   while(1)
    {
      TH0=0xec;                     //装载计数初值
      TL0=0x4c;
      TR0=1;                        //启动 TL0 定时器
      do{ } while(! TF0);           //查询定时器 TL0 溢出
      TR0=0;                        //停止 TL0 定时器
      P1_0=! P1_0;                  //定时时间到,P1.0 取反
      TF0=0;                        //软件清 0TF0
      TR1=1;                        //启动 TH0 定时器
      do{ } while(! TF1);           //查询定时器 TH0 溢出
      TR1=0;                        //停止 TH0 定时器
      P1_0=! P1_0;                  //定时时间到,P1.0 取反
```

```
        TF1=0;                    //软件清 0TF1

      }
  }
```

7.4 工程训练 7.1 定时/计数器的计数应用编程

1. 工程任务要求

实现用定时/计数器检测按键次数，完成硬件设计、软件设计和联合调试。

2. 任务分析

要求实现如下功能：应用 T1 计数器方式 2、中断方式进行按键检测，并将动作次数通过数码管显示，要求显示范围为 1~99，增量为 1，超过计量界限后自动循环显示。

3. 硬件设计

计数显示器电路如图 7.10 所示，按键由 T1（P3.5 引脚接入），当 T1 工作在计数器方式时，计数器一旦因外部脉冲造成溢出，便可产生中断请求。这与利用外部脉冲产生外部中断请求的做法在使用效果上并无差异。换言之，利用计数器中断原理可以起到扩充外部中断源数量的作用。

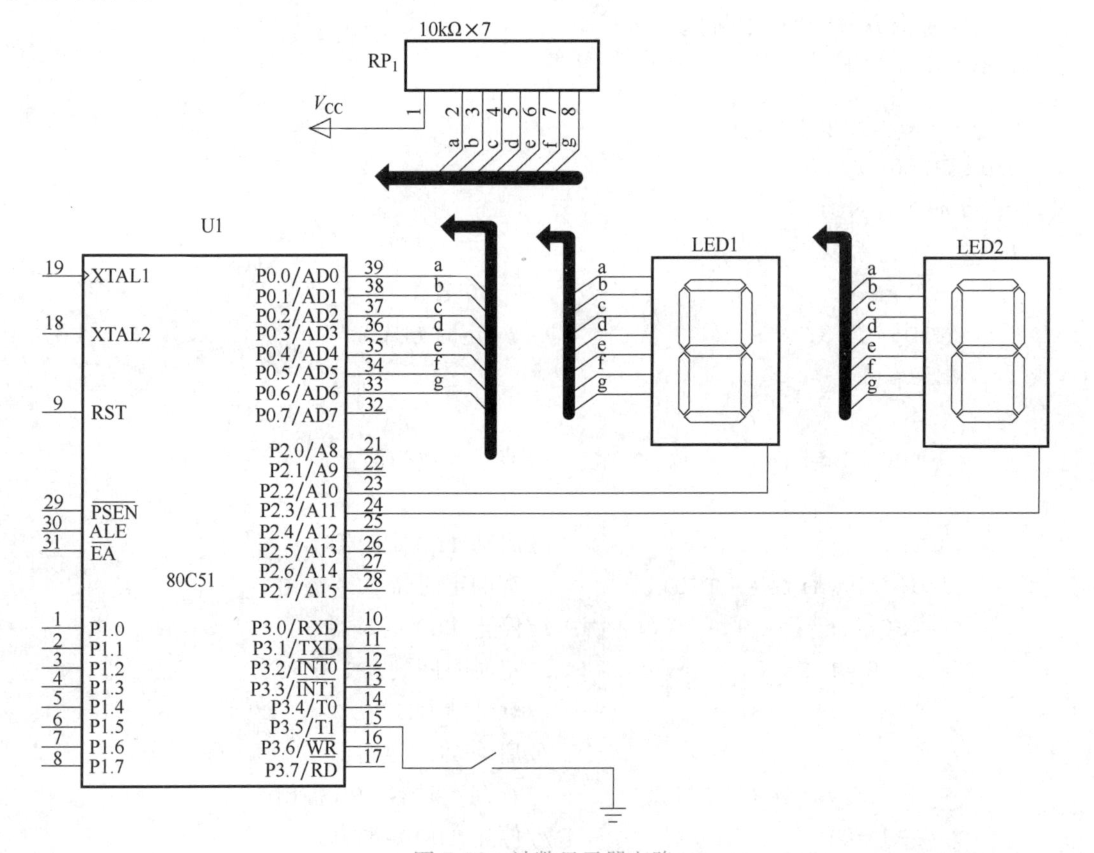

图 7.10 计数显示器电路

编程分析：将T1设置为计数器方式2，设法使其在一个外部脉冲到来时就能溢出(即计数溢出周次为1)产生中断请求。故计数初值为

$$X=2^8-1=255=0xff$$

初始化TMOD=0110 0000B=0x60。

4. 软件设计

```
#include <reg51.h>
unsigned char code table[]={0x3f,0x06,0x5b,0x4f,
                    0x66,0x6d,0x7d,0x07,0x7f,0x6f};
unsigned char count=0;                 //计数器赋初值
void delay(unsigned int time)          //延时函数
{
     unsigned int j=0;
     for(;time>0;time--);
          for(j=0;j<200;j++);
}

intT1_srv () interrupt 3               //T1 中断函数
  {   //T0 中断函数
    if(++count==100) count=0;          //判断是否超限
  }

main(){
    TMOD=0x60;                         //T1 计数方式 2
    TH1=TL1=0xff;                      //计数初值
    ET1=1;                             //开中断
    EA=1;
    TR1=1;                             //启动 T1
    while(1)
    {    P2=0xfB;                      //显示十位数码管
         P0=table[count/10];
         delay(20);
         P2=0xf7;                      //显示个位数码管
         P0=table[count%10];
         delay(20);
    }

}
```

5. 联机调试

按键检测计数显示器调试仿真效果如图7.11所示。

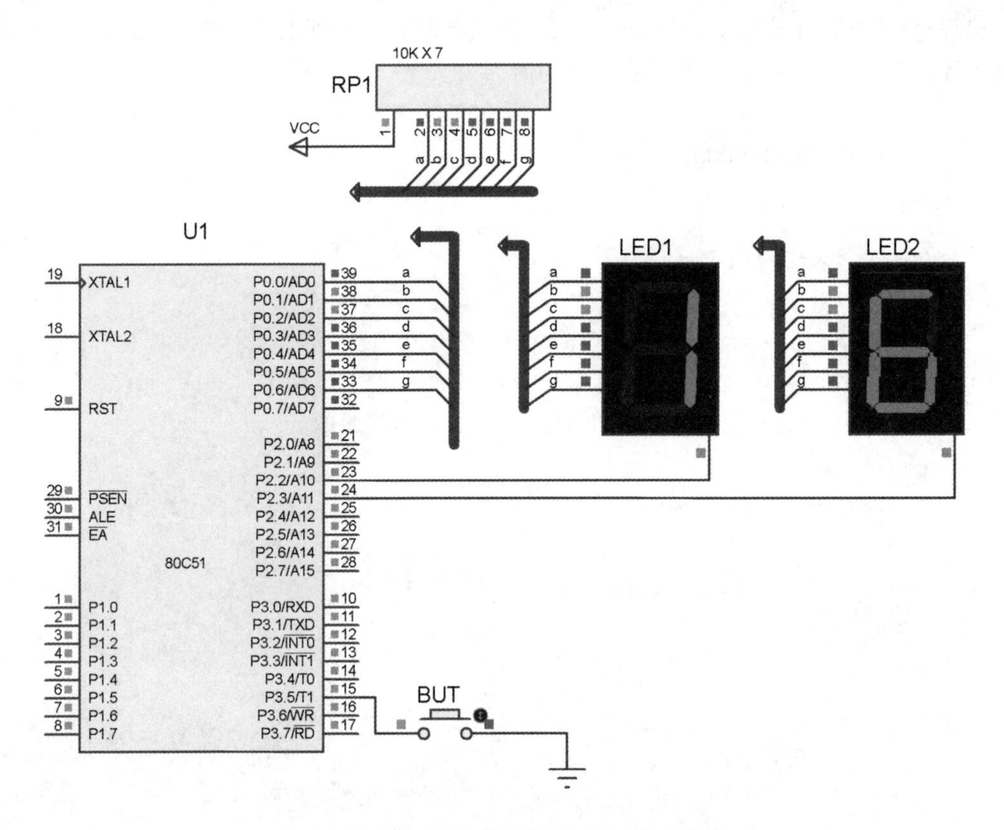

图 7.11　按键检测计数显示器调试仿真效果

本章小结

1）MCS-51 单片机定时/计数器是利用加 1 计数器对脉冲进行计数。当计满溢出时，可引起定时/计数器溢出标志位硬件置 1，据此判断定时时间到或计数次数到。当对时钟脉冲进行计数时一般作为定时器，对外来脉冲进行计数时一般作为计数器。

2）MCS-51 单片机定时/计数器的使用是通过控制两个特殊功能寄存器 TCON 和 TMOD。通过 TMOD 控制字可以设置定时或计数模式，设置不同计数范围的方式 0~3；通过 TCON 控制字设置定时/计数器的启动与停止，检测溢出标志位是否溢出。

3）定时/计数器主要编程步骤：

① 确定定时/计数器的工作状态，设定 TMOD。

② 确定计数初值，装载计数初值。

③ 启动定时/计数器。

④ 通过查询或者中断方式进行溢出后的处理。

习题与思考题

1. 根据单片机定时/计数器的工作原理，谈谈信息处理中数字化潮流的背景。
2. 当(TMOD) = 27H 时，分析 T0 和 T1 的工作方式。
3. MCS-51 单片机的内部定时/计数器有哪几种工作方式？各有什么特点？
4. MCS-51 单片机复位后执行以下程序：

```
TH0=0x06;
TL0=0x00H;
```

试问 T0 的定时时间为多长(设晶振频率为 12MHz)?

5. 定时/计数器工作于定时和计数方式时有何异同点?

6. 试利用 T0 产生周期为 1ms、宽度为 1 个机器周期的负脉冲串从 P1.0 口送出，设系统晶振频率为12MHz(要求利用方式 1，采用查询方式)，编写完整程序。

7. 试利用 T1 产生周期为 0.2ms、宽度为 1 个机器周期的负脉冲串从 P1.2 口送出，设系统晶振为12MHz(要求利用方式 2，采用中断方式)，编写完整程序。

8. 某一定时/计数器应用程序如下:

```
#include <reg51.h>
sbit p26=p2^6
void main(void)
{
  TMOD=0x10;
  TR1=1;
  while(1){
  TL1=0x0C0;
  TH1=0x00;
  do{ } while(! TF1);
P26=! P26;
  TF1=0;
}}
```

设该应用系统晶振频率为 12MHz，阅读、分析程序，试回答:

1) 分析该应用是定时还是计数?

2) 定时时间或者计数个数是多少?

3) 分析说明指令 do{ } while(! TF1) 的作用。

4) 分析说明指令 TR1=1 的作用。

5) 根据 TMOD 寄存器每个位定义分析指令 TMOD=0x10 的作用。

9. 利用定时/计数器进行延时控制，要求与 P1.6 和 P1.7 口连接的两个 LED 灯按 1s 间隔闪烁。

10. 利用定时/计数器 T0 设计一个倒计时秒表，倒计时时间为 100s，采用 LED 数码管显示。

第8章 MCS-51单片机的串行接口

随着单片机技术的不断发展，特别是网络技术在测控领域的广泛应用，由单片机构成的多机网络测控系统已成为单片机技术发展的一个方向。单片机的应用已不仅仅局限于传统意义上的自动监测或控制，而形成了向以网络为核心的分布式多点系统发展的趋势，即单机逐渐转向多机或联网，而多机应用的关键在于单片机之间的相互通信、互传数据信息。MCS-51 单片机具有一个全双工串行口。

8.1 串行通信概述

在数字通信中，通信方式按照数字信号码元的排列方法可以分为串行通信与并行通信，如图 8.1 所示。并行通信的数据传输速率高，但由于其信道多，要求在两台相互通信的计算机之间安装含有若干数据芯线的电缆，在长距离数据传输中，实施起来成本非常高。串行通信以其使用简单方便、成本低廉，能够适应大规模、长距离传输等各方面的优势，在各个领域得到广泛应用，尤其表现在工业自动化领域，大部分设备都采用串行通信方式进行信息传输。

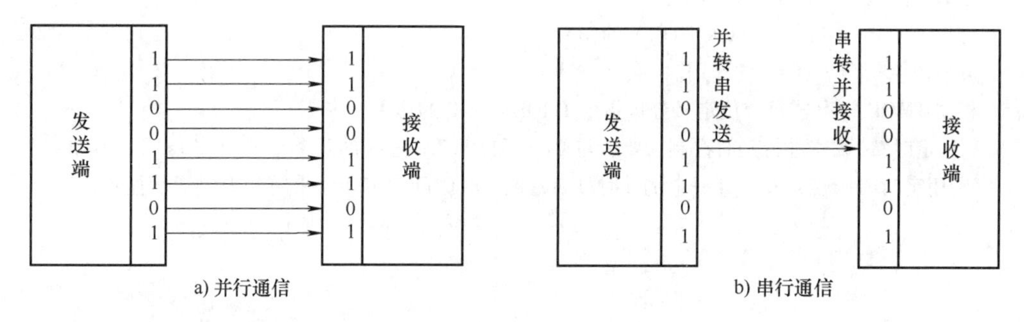

图 8.1 并行通信与串行通信

8.1.1 串行数据传送方式

按数据传输的流向和时间关系，串行数据传送方式可以分为单工、半双工和全双工数据传输。

1. 单工数据传输

单工数据传输模式是单向的。通信双方中，一方固定为发送端，另一方则固定为接收端。信息只能沿一个方向传输，使用一根传输线，如图 8.2a 所示。

2. 半双工数据传输

半双工数据传输允许在两个方向上传输数据，即从 A 端发送数据到 B 端，或从 B 端发送数据至 A 端，但不能同时进行双向传输，方向的选择由数据终端设备控制，如图 8.2b 所示。

3. 全双工数据传输

全双工数据传输方式在发送设备的发送端和接收设备的接收端之间采取点到点的连接，这意味着在全双工数据传输方式下，可以得到更高的数据传输速度。当数据的发送和接收分流，分别由两根不同的传输线传送时，通信双方都能在同一时刻进行发送和接收操作，这样的数据传送方式就是全双工制。在全双工方式下，通信系统的每一端都设置了发送器和接收器，因此，能控制数据同时在两个方向上传送。全双工方式无须进行方向切换，因此，没有切换操作所产生的时间延迟，这对那些不能有时间延迟的交互式应用(如远程监测和控制系统)十分有利。全双工方式要求通信双方均有发送器和接收器，如图 8.2c 所示。

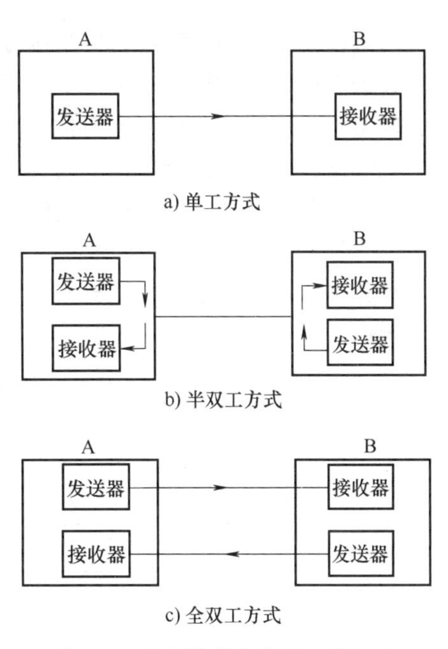

图 8.2　串行数据传输的 3 种方式

8.1.2　异步串行通信

串行通信是指单片机与外设之间、单片机系统与单片机系统之间，以及单片机与 PC 之间数据的串行传送。串行通信使用一条数据线，将数据一位一位地依次传输，每一位数据占据一个固定的时间长度，只需要少数几条线就可以在系统间交换信息，特别适合计算机与计算机、计算机与外设之间的远距离通信。串行通信分为同步通信和异步通信两类。

1. 同步串行通信

同步串行通信是一种连续串行传送数据的通信方式，一次通信只传送一帧信息。这里的信息帧与异步通信中的字符帧不同，通常含有若干个数据字符。

信息帧由同步字符、数据字符和校验字符(CRC)组成。其中，同步字符位于帧开头，用于确认数据字符的开始；数据字符在同步字符之后，个数没有限制，由所需传输的数据块长度来决定；校验字符有 1、2 个，用于接收端对接收到的字符序列进行正确性校验，如图 8.3 所示。同步串行通信的缺点是要求发送时钟和接收时钟保持严格的同步。

图 8.3　同步串行通信的数据格式

2. 异步串行通信

异步串行通信数据帧的第一位是起始位，在通信线上没有数据传送时处于逻辑 1 状态。当发送设备要发送一个字符数据时，首先发出一个逻辑 0 信号，这个逻辑低电平就是起始位。起始位通过通信线传向接收设备，当接收设备检测到这个逻辑低电平后，就开始准备接收数据位信号。因此，起始位所起的作用就是表示字符传送开始。

当接收设备收到起始位后，紧接着就会收到数据位。数据位的个数可以是 5、6、7 或 8 位的数据。在字符数据传送过程中，数据位从最低位开始传输。数据发送完之后，可以发送奇偶校验位。奇偶校验位用于有限差错检测，通信双方在通信时需约定一致的奇偶校验方式。就数据传送而言，奇偶校验位是冗余位，但它表示数据的一种性质，这种性质用于检错，虽有限但很容易实现。在奇偶位或数据位之后发送的是停止位，可以是 1 位、1.5 位或 2 位，停止位一直为逻辑 1 状态。停止位是一个字符数据的结束标志。

在异步串行通信中，字符数据一个一个地传送。在发送间隙，即空闲时，通信线路总是处于逻辑 1 状态，每个字符数据的传送均以逻辑 0 开始，如图 8.4 所示。

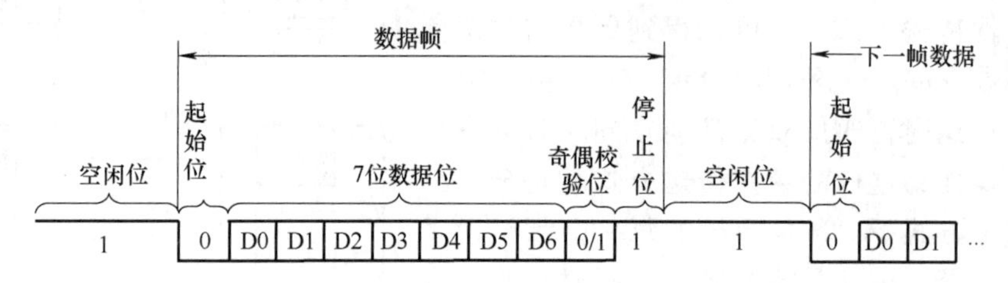

图 8.4 异步串行通信数据帧格式

3. 波特率

波特率是衡量串行数据传输速度的参数，是指每秒传送的二进制数码的位数，单位为 bit/s。常用的波特率有 300bit/s、1200bit/s、2400bit/s、4800bit/s、9600bit/s、19200bit/s。

8.2 MCS-51 单片机的串行口控制器

MCS-51 单片机片内有一个可编程的全双工串行通信接口，该接口通过引脚 RXD(P3.0, 串行数据接收端)和引脚 TXD (P3.1, 串行数据发送端) 与外界通信，这个接口可以工作在异步通信方式，与串行传送信息的外部设备相连接。

8.2.1 串行口内部结构

MCS-51 单片机串行口结构如图 8.5 所示。MCS-51 单片机串行口主要由两个物理上独立的串行数据缓冲寄存器(SBUF)、发送控制器、接收控制器、接收移位寄存器和输出控制门组成。发送 SBUF 只能写、不能读；接收 SBUF 只能读、不能写。两个缓冲寄存器共用一个地址 99H，可以用读/写指令区分。

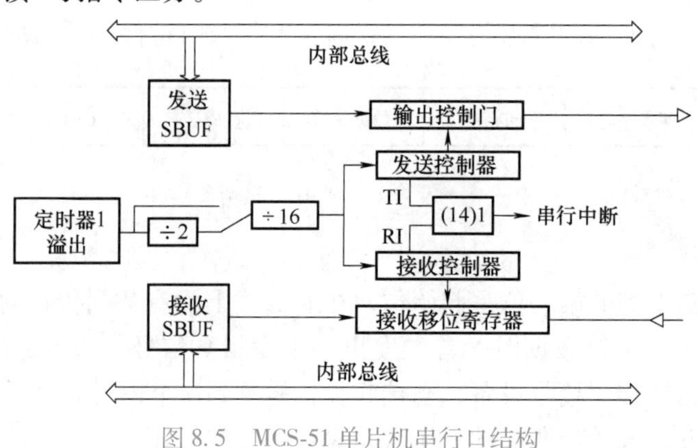

图 8.5 MCS-51 单片机串行口结构

MCS-51 单片机的串行口有 4 种基本工作方式，通过串行口控制寄存器编程设置，可以使其工作在任一方式，以满足不同应用场合的需要。其中，方式 0 主要用于外接移位寄存器，以扩展单片机的 I/O 电路；方式 1 多用于双机之间或与外设电路的通信；方式 2、3 除具有方式 1 的功能外，还可用作多机通信，以构成分布式多机系统。

8.2.2 串行口控制寄存器

MCS-51 单片机的串行口共有两个控制寄存器 SCON 和 PCON，用以设置串行口的工作方式、接收/发送的运行状态、接收/发送数据的特征、波特率的大小，以及作为运行的中断标志位等。

1. SCON 寄存器

串行口控制寄存器(SCON)用于控制串行通信的方式选择、接收和发送、指示串行口的状态。SCON 寄存器既可以字节寻址，也可以位寻址，其字节地址为 98H，地址位为 98H～9FH。SCON 寄存器各位的定义如图 8.6 所示。

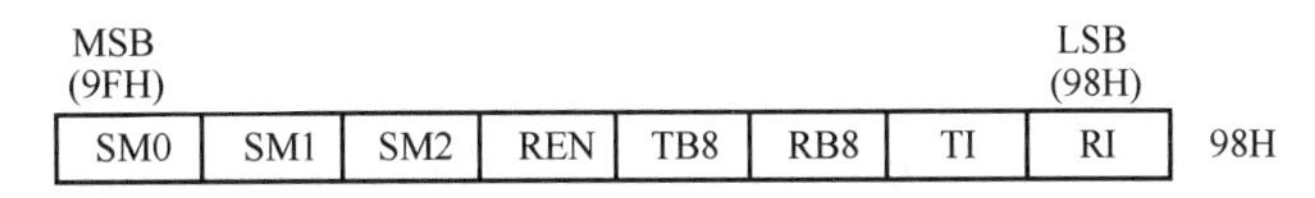

图 8.6 SCON 寄存器各位的定义

SM0、SM1：工作方式选择位，具体见表 8.1。

表 8.1 SM0、SM1 工作方式选择位

SM0	SM1	方式	功 能	波 特 率
0	0	0	8 位同步移位寄存器	$f_{osc}/12$
0	1	1	10 位数据异步通信方式	可变
1	0	2	11 位数据异步通信方式	$f_{osc}/64$ 或 $f_{osc}/32$
1	1	3	11 位数据异步通信方式	可变

SM2：多机通信控制位。当串行口工作于方式 2 或 3，以及 SM2=1 时，只有当接收到第 9 位数据(RB8)为 1 时，才把接收到的前 8 位数据送入 SBUF，且置位 RI 发出中断请求，否则会将接收到的数据放弃。当 SM2=0 时，无论第 9 位数据是 0 还是 1，都会将数据送入 SBUF，并发出中断请求。

REN：允许接收位。REN 用于控制数据接收的允许和禁止，REN=1 时，允许接收；REN=0 时，禁止接收。

TB8：发送数据位 8。在方式 2 和方式 3 中，TB8 是要发送的数据位，即第 9 位数据位。在多机通信中同样也要传输这一位，表示传输的是地址或数据，其中 TB8=0 时为数据，TB8=1 时为地址。

RB8：接收数据位 8。在方式 2 和方式 3 中，RB8 存放接收到的第 9 位数据，用以识别接收到的数据特征。

TI：发送中断标志位。方式 0 时，发送完第 8 位数据后，该位由硬件置位；在其他工作方式下，在发送停止位之前该位由硬件置位。因此，TI=1 表示帧发送结束，TI 可由软件清 0。

RI：接收中断标志位。方式 0 时，接收完第 8 位数据后，该位由硬件置位；在其他工作

方式下，该位由硬件置位，RI=1 表示帧接收完成。

2. PCON 寄存器

电源控制寄存器(PCON)可使 CHMOS 的 MCS-51 单片机降低功耗，以节电方式运行。PCON 寄存器各位的定义如图 8.7 所示。

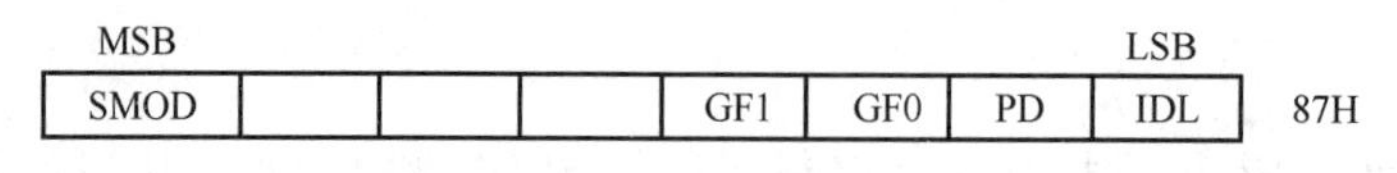

MSB							LSB	
SMOD				GF1	GF0	PD	IDL	87H

图 8.7 PCON 寄存器各位的定义

SMOD：串行通信波特率加倍位。SMOD=0、串行口工作方式 1~3 时，波特率正常；SMOD=1，串行口工作方式 1~3 时，波特率加倍。

GF1：通用标志位。用户可以自定义该位的功能，该位的名称不需要用户自定义。

GF0：通用标志位。

PD：掉电位。该位为 1，外部晶振停振，CPU、定时器、串行口全部停止工作，只有外部中断继续工作，片内 RAM 和 SFR 内容保持。

IDL：空闲方式位。该位为 1，单片机进入空闲模式，此时 CPU 内部时钟被切断，进入休眠状态，其余硬件全部处于活动状态，芯片中程序未涉及的数据存储器和特殊功能寄存器中的数据在空闲模式期间都将保持原值。

8.3 串行口工作方式

根据 MCS-51 单片机在串行通信中的数据格式和波特率的不同，可分为 4 种工作方式，用户通过编程使其工作于任何一种方式。

8.3.1 串行口工作方式 0

方式 0 又称为移位寄存器方式，数据通过 RXD(接收数据的引脚)输入或者输出，TXD(输出数据的引脚)输出 $f_{osc}/12$(f_{osc}为振荡器的频率)频率的时钟脉冲，数据格式为 8 位，低位在前，高位在后，波特率固定为 $f_{osc}/12$。方式 0 多用于接口的扩展，需要使用串入并出的移位寄存器(74LS164、74LS165)。

1. 方式 0 发送

首先对 SCON 初始化，令 SM0SM1=00(方式 0)、TI=0(发送中断标志位清 0)，然后把待发数据传送到 SBUF，如使用指令 MOV SBUF，A，CPU 执行该指令，串行口就会将 8 位串行数据从 RXD 引脚送出(低位在前)，TXD 引脚发出同步移位脉冲。8 位数据发送完毕，由硬件置位 TI(TI 为 1)，表示发送缓冲器数据已发送完毕，此时，可通过查询 TI 或者将 TI 作为中断请求信号要求发送下一个数据，同时用软件将 TI 清 0。

2. 方式 0 接收

首先对 SCON 初始化，令 SM0SM1=00(方式 0)、RI=0(发送中断标志位清 0)、REN=1(允许接收)，接收数据从 RXD 引脚输入(低位在前)，TXD 引脚发出同步移位脉冲。8 位数据接收完毕，由硬件置位 RI(RI 为 1)，表示数据已接收到接收缓冲器中，此时，可通过查询 RI 或者将 RI 作为中断请求信号要求 CPU 读取数据，同时用软件将 TI 清 0，以准备接收下一组数据。

8.3.2　串行口工作方式 1

方式 1 是波特率可变的异步通信方式。以 TXD 为发送端、RXD 为接收端，每帧数据 10 位，包括 1 个起始位(0)、8 个数据位、1 个停止位(1)，起始位和停止位是自动插入的，由 T1 提供移位时钟。

波特率 $= (2^{SMOD}/32) \times (\text{T1 的溢出率}) = (2^{SMOD}/32) \times \{f_{osc}/[12 \times (256-X)]\}$，其中 SMOD 为串口倍率模式选择位。根据给定的波特率，可以计算出 T1 的计数初值 X。

1. 方式 1 发送

首先对定时器 1 初始化：TMOD=0x20。令定时器 1 工作在方式 2，对 TH1、TL1 装载初值，PCON 的 SMOD 设置为 1 或者 0(波特率加倍或不加倍)；然后对 SCON 初始化：令 SM0SM1=01(方式 1)、TI=0(发送中断标志位清 0)，把待发送数据传送到 SBUF，如使用指令 MOV SBUF,A)，CPU 执行该指令，串行口就会将 1 位起始位(0)、8 位串行数据(低位在前)、1 位停止位(1)从 TXD 引脚送出。10 位数据发送完毕，由硬件置位 TI(TI 为 1)，表示发送缓冲器数据已发送完毕，此时，可通过查询 TI 或者将 TI 作为中断请求信号要求发送下一个数据，同时用软件将 TI 清 0。

2. 方式 1 接收

首先对定时器 1 初始化：TMOD=0x20。令定时器 1 工作在方式 2，对 TH1、TL1 装载初值，PCON 的 SMOD 设置为 1 或者 0(波特率加倍或不加倍)；然后对 SCON 初始化：令 SM0SM1=01(方式 1)、SM2=0(点对点通信)、REN=1(允许接收)、RI=0(接收中断标志位清 0)，10 位数据接收完毕，由硬件置位 RI(RI 为 1)，此时，可通过查询 RI 或者将 RI 作为中断请求信号要求 CPU 读取接收缓冲器 SBUF 数据，同时用软件将 RI 清 0，以准备接收下一组数据。

8.3.3　串行口工作方式 2

方式 2 是 11 位异步通信方式。以 TXD 为串行数据的发送端、RXD 为数据的接收端，每帧数据为 11 位，包括 1 个起始位(0)、9 个数据位和 1 个停止位(1)，发送时，第 9 个数据位由 SCON 寄存器的 TB8 位提供，接收到的第 9 位数据存放在 SCON 寄存器的 RB8 位。第 9 位可以作为校验位，也可以作为多机通信中传送的是地址还是数据的特征位，波特率固定为 $(2^{SMOD} \times f_{osc})/64$。

1. 方式 2 发送

首先设置 PCON 的 SMOD 为 1 或者 0(波特率加倍或不加倍)，然后对 SCON 初始化，令 SM0SM1=10(方式 2)、TI=0(发送中断标志位清 0)，把待发数据传送到 SBUF，如使用指令 MOV SBUF，A，CPU 执行该指令，串行口就会将 1 位起始位(0)、8 位串行数据(低位在前)、1 位可编程位、1 位停止位(1)从 TXD 引脚送出。11 位数据发送完毕，由硬件置位 TI(TI 为 1)，表示发送缓冲器数据已发送完毕，此时，可通过查询 TI 或者将 TI 作为中断请求信号要求发送下一个数据，同时用软件将 TI 清 0。

2. 方式 2 接收

首先设置 PCON 的 SMOD 为 1 或者 0(波特率加倍或不加倍)，然后对 SCON 初始化，令 SM0SM1=10(方式 2)、RI=0(发送中断标志位清 0)、SM2=0(点对点通信)或 SM2=1(多机通信)、REN=1(允许接收)、RI=0(接收中断标志位清 0)，11 位数据接收完毕，由硬件置位 RI(RI 为 1)，此时，可通过查询 RI 或者将 RI 作为中断请求信号要求 CPU 读取接收缓冲器 SBUF 数据，同时用软件将 RI 清 0，以准备接收下一组数据。

8.3.4　串行口工作方式 3

串行口工作方式 3 接收、发送过程与方式 2 相同，不同的是方式 3 波特率可变，波特率为($2^{SMOD}/32$)×(T1 的溢出率)。

8.4　工程训练 8.1　单片机间的双机通信

1. 工程任务要求

设计实现两个单片机之间的串行通信，通信具有发送、接收、回送、校验功能；完成硬件设计、软件设计和联合调试。

2. 任务分析

甲机负责循环发送数据 0~6，乙机负责接收并回送给甲机，通过 LED 数码管显示接收到的数据，甲机将接收的回送数据与发送的数据进行比较，如果一致，显示发送的数据，并准备发送下一个数据；每一次按下 SB_1，当前循环结束后数据反向发送显示。

3. 硬件设计

(1) 元器件选择

两个 80C51，两个 11.0592MHz 晶振，4 个 22pF 瓷片电容，两个 22μF 电解电容，按钮 1 个，数码管 2 个，2 个 2kΩ 电阻。

(2) 硬件设计

双机通信电路如图 8.8 所示，U1 是甲机，U2 是乙机，甲机的串行发送引脚连接乙机的

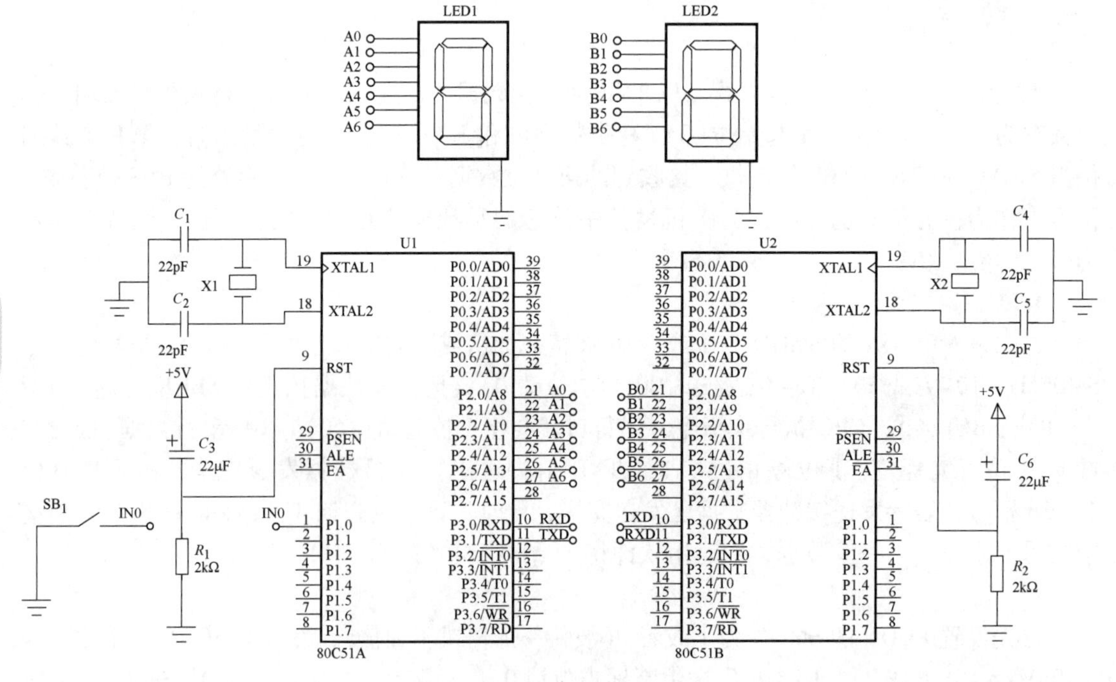

图 8.8　双机通信电路

串行接收引脚，甲机的串行接收引脚 P3.0 连接乙机的串行发送 P3.1 引脚；甲机的按键 SB_1 连接 P1.0 引脚；数码管 LED1 的 7 个段型码引脚连接甲机的 P2 口低 7 位，数码管 LED2 的 7 个段型码引脚连接乙机的 P2 口低 7 位；两个数码管公共端接地。

4. 软件设计

(1) 甲机发送参考程序

```
/*发送程序*/
#include<reg51.h>
#define uchar unsigned char
bit dir=0;
char code map[]={0x3F,0x06,0x5B,0x4F,0x66,0x6D,0x7D};//'0'~'6'
void delay(unsigned int time){
    unsigned int j=0;
    for(;time>0;time--)
        for(j=0;j<125;j++);
}
void main(void){
    uchar number=0;
    uchar i=0;                      //定义计数器
    TMOD=0x20;                      //T1定时方式2
    TH1=TL1=0xf4;                   //2400bit/s
    PCON=0;                         //波特率不加倍
    SCON=0x50;                      //串行口方式1,TI和RI清0,允许接收
    TR1=1;                          //启动T1
    IT0=1;
    IE=0X81;
    while(1){
      if(dir)
      {number=6;
      for(i=0;i<=6;i++){
      SBUF=number;                  //发送联络信号
      while(TI==0);                 //等待发送完成
      TI=0;                         //清0TI标志位
      while(RI==0);                 //等待乙机
      RI=0;
      if(SBUF==number){             //若返回值与发送值相同,组织新数据
          P2=map[number--];         //显示已发送值
          delay(500);
          }}}
      else
```

```
        {
            number=0;
            for(i=0;i<=6;i++){
            SBUF=number;                //发送联络信号
            while(TI==0);               //等待发送完成
            TI=0;                       //清 0TI 标志位
            while(RI==0);               //等待乙机
            RI=0;
            if(SBUF==number){           //若返回值与发送值相同,组织新数据
            P2=map[number++];           //显示已发送值
            delay(500);  }}
        }}}
key() interrupt 0
{ dir=! dir;}
```

(2) 乙机接收参考程序

```
    /*接收程序*/
#include<reg51.h>
#define uchar unsigned char
char code map[]={0x3F,0x06,0x5B,0x4F,0x66,0x6D,0x7D};//'0'~'6'
void main(void){
    uchar receiv;               //定义接收缓冲
    TMOD=0x20;                  //T1 定时方式 2
    TH1=TL1=0xf4;               //2400bit/s
    PCON=0;                     //波特率不加倍
    SCON=0x50;                  //串行口方式 1,TI 和 RI 清 0,允许接收
    TR1=1;                      //启动 T1
    while(1){
        while(RI==1){           //等待接收完成
            RI=0;               //清 0RI 标志位
            receiv=SBUF;        //取得接收值
            SBUF=receiv;        //结果返送主机
            while(TI==0);       //等待发送结束
            TI=0;               //清 0TI 标志位
            P2=map[receiv];     //显示接收值
        } }}
```


5. 联机调试

双机串行通信调试仿真效果如图 8.9 所示。

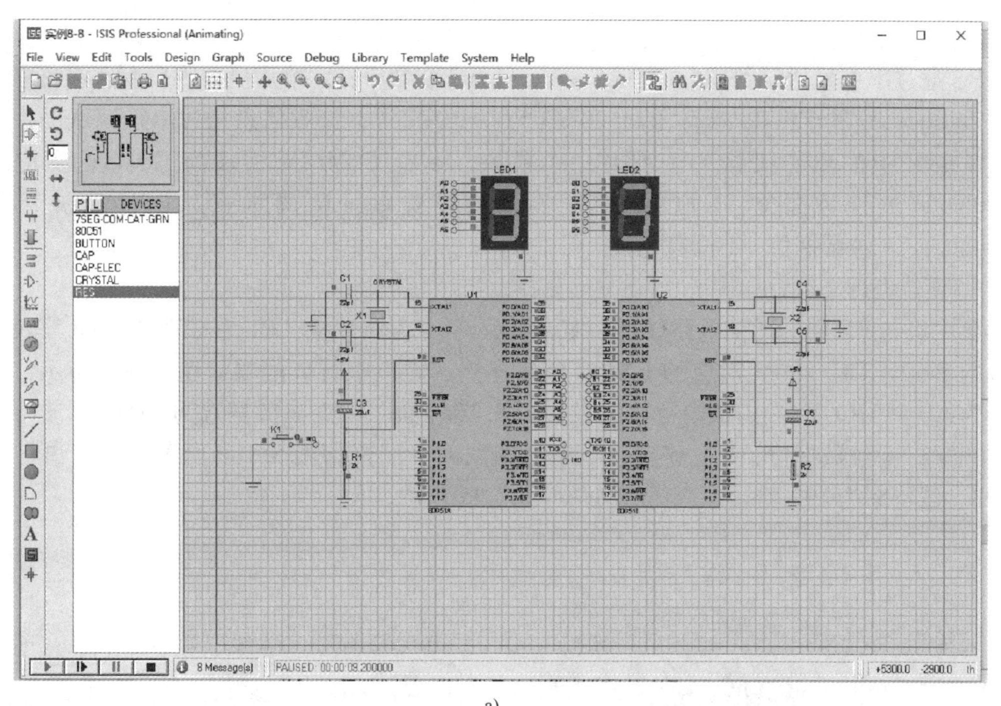

a)

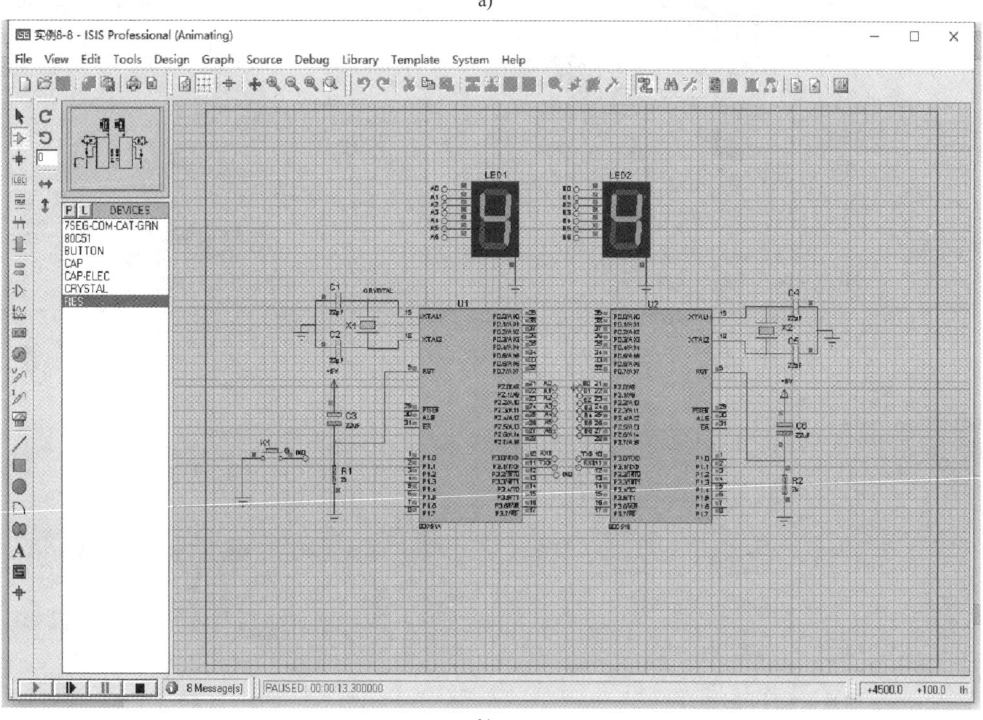

b)

图 8.9　双机串行通信调试仿真效果

8.5　工程训练 8.2　单片机与计算机间的串行通信

1. 工程任务要求

设计实现单片机与 PC 间的串行通信，完成硬件设计、软件设计，并进行联合调试。

2. 任务分析

PC 通过串口发送字符串“pc：how old are you”给单片机，单片机接收后发送字符串“pc：how old are you”和字符串“dpj：I am 20”给 PC。PC 发送、接收信息通过串行调试助手来完成。Proteus 中的单片机接一个 COMPIM 模块，设置 COMPIM 模块为 COM3、波特率为 19200bit/s、8 位数据位、1 位停止位，对应的设置串行调试助手为 COM4、波特率为 19200bit/s、8 位数据位、1 位停止位。

3. 硬件设计

单片机与 PC 间的通信电路如图 8.10a 所示，U1 为单片机，P1 为 RS232 COM 模块，单片机的 RXD、TXD 和 P1 对应的 RXD、TXD 连接。虚拟串行口配置如图 8.10b 所示，串行口号为 COM3、COM4。虚拟串行口配置如图 8.10c 所示，P1 串口号选为 COM3、波特率为 19200bit/s、8 位数据位、1 位停止位。串行调试助手配置如图 8.10d 所示，串行口号选为 COM3、波特率为 19200bit/s、8 位数据位、1 位停止位。

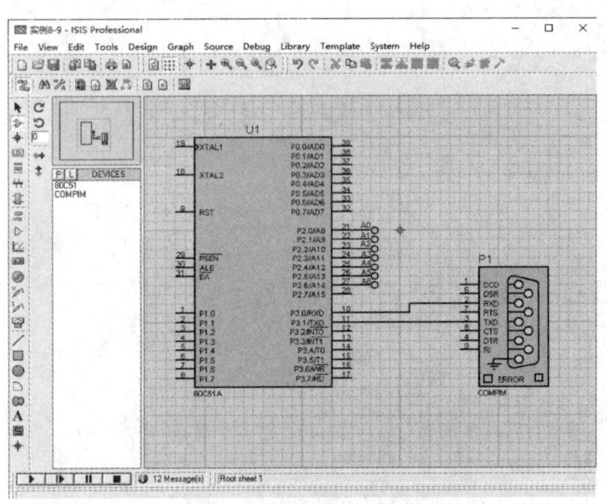

a) 单片机与PC间的通信电路

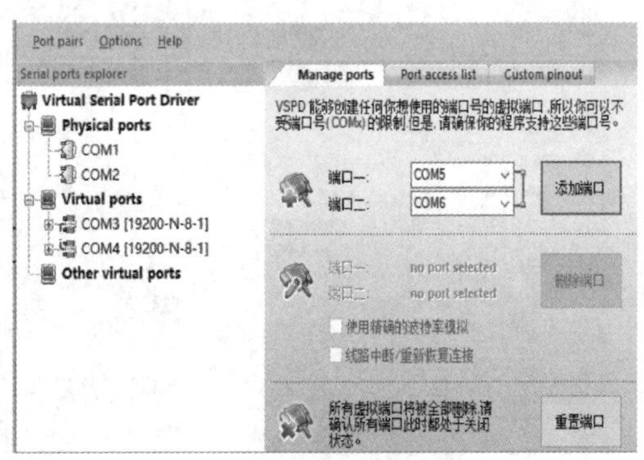

b) 虚拟串行口配置(1)

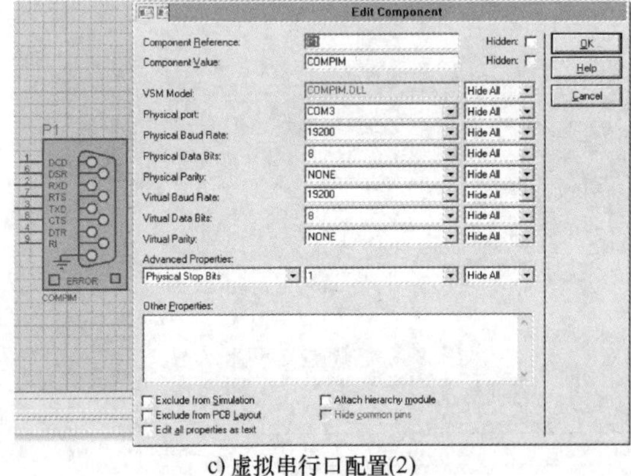

c) 虚拟串行口配置(2)

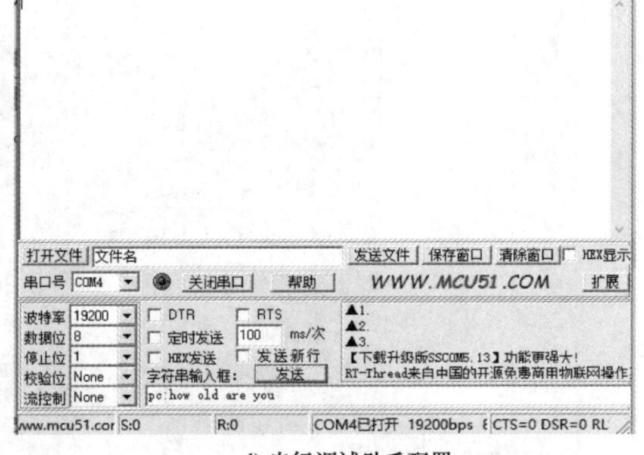

d) 串行调试助手配置

图 8.10　单片机与 PC 间的串行通信

4. 软件设计

单片机参考程序如下：

```
#include<reg51.h>
#define uchar unsigned char
```

```
#define uint  unsigned int
bit flag=0;
uchar fs[15]="\r\ndpj:I am 20\r\n";
uchar  js[20]=" ";
uchar  number=0;
void send();
void main(void){                //定义计数器
    TMOD=0x20;                  //T1 定时方式 2
    TH1=TL1=0xfd;               //2400bit/s
    PCON=0x80;                  //波特率加倍
    SCON=0x50;                  //串行口方式 1,TI 和 RI 清 0,允许接收
    TR1=1;                      //启动 T1
    IE=0X90;                    //开串行中断
    while(1){
         if(flag==1)            //接收完数据,发送数据
       send();
      }
      }
void receive() interrupt 4      //接收数据中断子程序
    {
     js[number++]=SBUF;
          RI=0;
     if (SBUF=='u')             //判断是否数据接收到最后一个字符 u
     {flag=1;
     }
          }
     void send()                //发送接收字符串和发送字符串
     {
        uint i=0;
        ES=0;
        for(i=0;i<number;i++)
     {   SBUF=js[i];
      while(! TI);
      TI=0;}
     for(i=0;i<15;i++)
     {   SBUF=fs[i];
      while(! TI);
      TI=0;}
      number=0;
```

```
    flag=0;                        //发送标志位清 0
    ES=1;                          //开串行口接收
}
```

5. 联合调试

单片机与 PC 串行通信调试仿真效果如图 8.11 所示。

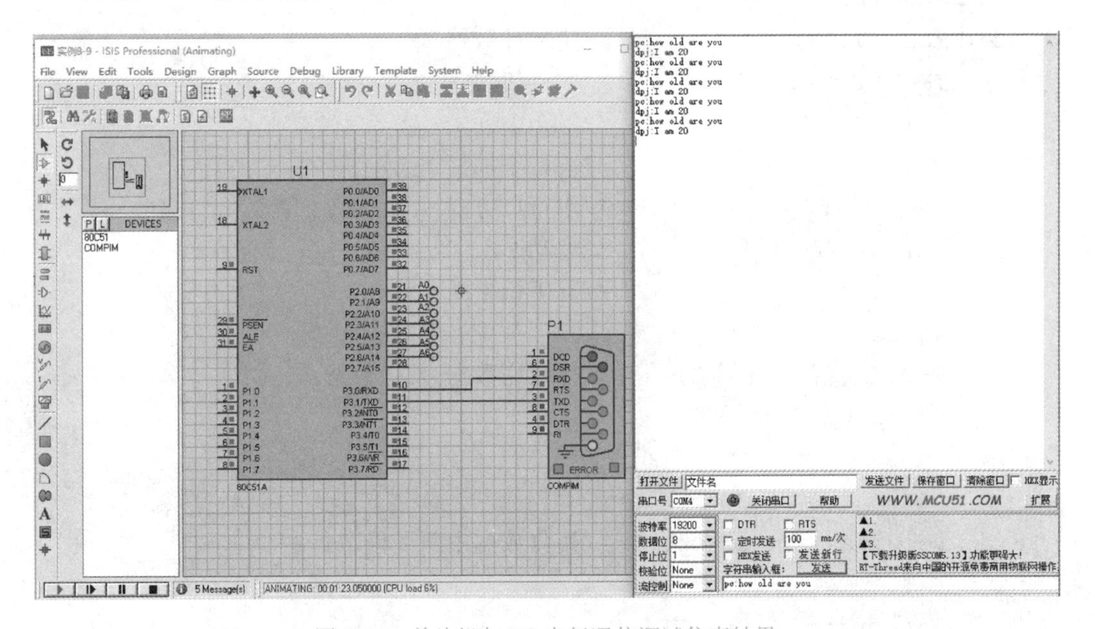

图 8.11　单片机与 PC 串行通信调试仿真结果

本章小结

1) 串行通信是按位进行信息传送的。串行通信按照数据传送方向分为单工、半双工、和全双工 3 种方式。串行通信有异步通信和同步通信两种基本通信方式，异步通信是字符帧传输的。

2) MCS-51 单片机采用异步串行通信，具有 4 种工作方式：8 位同步移位寄存器输入/输出方式、10 位数据异步通信方式、11 位数据异步通信方式(波特率固定)和 11 位数据异步通信方式(波特率可变)。

3) 利用单片机的串行通信接口可以实现单片机与单片机之间的双机或多机通信，以及单片机与 PC 之间的双机或多机通信。

习题与思考题

1. 根据主从多机通信中主机、从机的信息传送内容，谈谈《中华人民共和国宪法》中“中央政府和地方政府国家机构职权的划分，遵循在中央的统一领导下，充分发挥地方的主动性、积极性”原则的必要性。

2. 简述单片机串行通信的概念，串行通信有哪些特点?

3. 简述异步串行通信中的字符帧数据格式。

4. MCS-51 单片机串行口包含哪些特殊功能寄存器? 各有什么作用?

5. 简述波特率的概念。

6. 晶振频率为 11.0592MHz，采用串行口工作方式 1，波特率为 9600bit/s，计算定时器 1 作为波特率发生器时对应的工作方式控制字代码和计数初值。

7. 设计两个单片机通信，要求：甲机循环发送 0~9，乙机将接收到的数据通过数码管显示。

8. 利用串口调试助手进行单片机与 PC 的通信，PC 发送字符串“welcome!”，单片机接收后并回送给 PC。

9. 利用串行口调试助手进行单片机与 PC 的通信，单片机循环发送字符串“SCM very funny”，PC 显示接收的字符串。

第9章 单片机接口技术应用设计

单片机是集成了CPU、存储器、基本I/O口、定时/计数器等的微控制器，对于较简单的单片机系统，一般通过I/O口连接简单的按键、LED指示灯、LED数码管，如果设计应用涉及多媒体(字符、图像、声音等)、网络、多机、多外设控制等，就需要掌握相关的接口技术。

9.1 单片机应用系统的设计和开发流程

不同的单片机应用系统有不同的目的和用途，但典型的单片机应用系统一般包含显示、键盘、数据采集、检测、通信、控制、驱动等功能模块。单片机的设计开发具有一定的流程。

9.1.1 单片机典型应用系统

一个典型的单片机应用系统包括单片机、检测模块、扩展存储器模块、人机交互模块等，如图9.1所示。

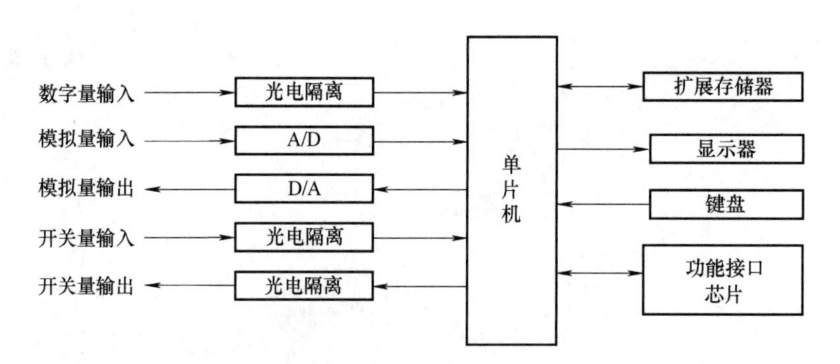

图9.1 单片机典型应用系统框图

检测模块根据检测对象的信息多样性，可分为开关量检测、数字量检测和模拟量检测等。开关量采集检测一般通过I/O口线或者扩展的I/O口线输入；数字量采集检测通过单片机计数/定时引脚输入；为了抗干扰和电平转换，数字量、开关量检测一般会进行光电隔离，再连接到单片机I/O引脚上；模拟量检测输入前先经过A/D转换，把模拟量转换成数字量，要输出模拟量，可以通过D/A转换后再输出给伺服对象。

扩展存储器模块是在选择的单片机内部存储容量不满足大量数据、程序要求情况下进行的存储器扩展。

人机交互模块是指能够实现用户向单片机输入控制和数据信息，而单片机把检测、处理的数据信息输出显示，以方便用户了解应用系统运行状态的扩展接口。典型的人机结构包含键盘、显示器和打印机等。

功能接口芯片是指功能较强、实用性好、占用单片机引脚少的新型接口器件，如串行 A/D 转换芯片 MAX124X、串行 D/A 转换芯片 LTC145X、串行 EEPROM 存储器 AT24CXX、字符型液晶显示模块 LM1602、串行日历时钟芯片 DS1302、数字温度传感器 DS18B20 等。

9.1.2　单片机应用系统设计开发流程

单片机应用系统用途不同，其硬件和软件均不相同。虽然单片机的硬件选型不尽相同，软件编写也千差万别，但一个单片机应用系统开发研制，从提出任务到投入使用应包括总体论证、总体设计、硬件及软件开发、联机调试和产品定型等步骤，如图 9.2 所示。

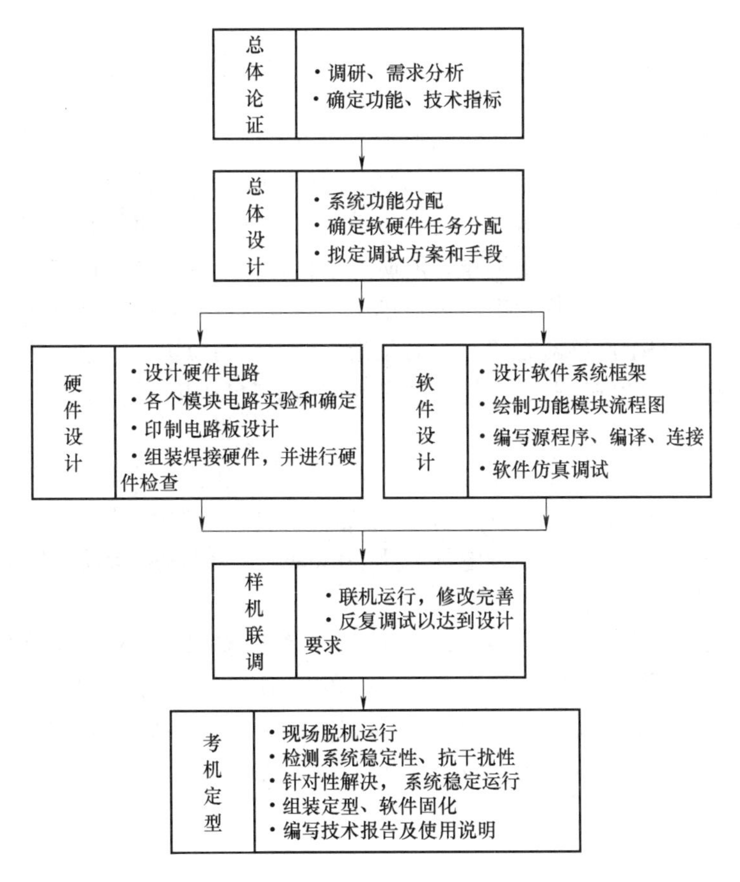

图 9.2　单片机应用系统设计开发流程图

1. 总体论证

总体论证就是对设计任务进行详细分析、研究，明确功能要求；对性能指标进行调查、分析、研究；对设计系统的先进性、可靠性、可维护性、可行性以及性价比进行综合考虑。同时查阅国内外同类系统的性能，提出自己合理的功能要求、性能指标。对系统的特殊工作环境还应做实地调查，以便在具体设计时采取有效措施，保证系统的稳定性和可靠性。

2. 总体设计

一个单片机应用系统设计，既有硬件设计任务，也有软件设计任务，所以系统功能任务划分为硬件任务和软件任务。

一个单片机应用系统，硬件和软件之间有密切的相互制约的联系，在某些方面，要从硬件设计角度对软件提出一些特定要求；在另一些方面，要以软件的考虑为主，对硬件结构提出一些要求。软件和硬件功能也可以互换，较多地使用硬件来完成功能，可以提高工作速度，减少软件工作量；较多地使用软件来完成某些功能，可降低硬件成本、简化电路，但降低了系统运行速度，增加了软件工作量。所以，在总体设计时可根据设计的应用系统功能、成本、可靠性和设计周期等要求来确定软、硬件功能的划分。

目前单片机的种类繁多，性能、价格差异大，选择机型时要选择性价比高、容易开发、开发周期短、软硬件可移植的机型。

3. 硬件设计

硬件设计主要包括硬件电路设计、模块电路设计与实验、整体原理图绘制、印制电路板设计、硬件焊接组装等。

硬件电路设计是在单片机机型选定情况下，着重考虑扩展的程序存储器、数据存储器电路、传感器电路、放大电路、多路开关、A/D 转换电路、D/A 转换电路、开关接口电路、驱动及执行机构电路设计，以及人机交互的按键、开关、显示、报警和遥控等电路设计。

模块电路设计与实验是结合电路设计的所有过程，在电路总体设计方案确定后，接下来设计调试各个单元模块电路。模块电路尽量选用成熟电路，或者将其进行改进，保证各个单元电路在转换接口电路上能够匹配兼容。对理论设计完成的模块电路进行仿真和搭接实物测试，只有对电路进行不断的实验，才能及时发现电路中存在的问题，从而针对这些问题做出及时完善和调整。

整体原理图是由一系列电子元器件符号、连接导线及相关的说明符号组成的技术文件。Proteus 原理图绘制步骤：启动 Proteus ISIS，添加元器件，放置元器件，放置电源、地，布线，设置元器件属性，建立网络表，电气检测。Proteus 仿真步骤：添加 HEX 仿真文件，仿真运行。

印制电路板设计步骤：加载网络表，设计元件封装，规划电路板，设置电路板的相关参数，元件布局，元件调整，布线并调整，输出打印电路版图，制作 PCB。

硬件焊接组装及检查步骤：元器件的装焊顺序依次是电阻器、电容器、二极管、三极管、集成电路、大功率管、其他元器件(先小后大)；主观性、万用表的线路检查、通电检查、功能检测。

4. 软件设计

单片机软件设计主要包括根据需求分析设计软件系统框架、绘制功能模块程序流程图、编写模块程序及调试等。

软件系统框架是将各个功能模块合理组织起来的一个完整系统。一般包含以下部分：

1）定义部分：定义变量和分配资源。

2）主程序：整个程序的入口，也最开始执行的程序模块。主程序一般包含自检模块、初始化模块和无限循环模块，在无线循环模块中会调用一些功能模块。

3）中断子程序：根据系统需要来确定中断子程序的数量和功能模块。

4）功能模块：完成各种功能的子程序。可被其他程序调用。

功能模块程序流程图是能够直观地表达程序执行的过程或解题的步骤，所以，在进行模块化程序设计时，模块流程图的绘制是程序设计的基础和关键。

源程序的编写、编译、连接是在Keil C等仿真开发软件环境下建立工程、选择单片机型号、建立编辑源程序文件、编译连接生成机器码的过程。

软件仿真调试就是利用Keil C等仿真开发软件环境下的调试界面，选用不同的程序运行方式，查看寄存器、存储器、I/O口、定时/计数器口、中断口、串行口、监视口、堆栈信息口等测试程序功能，以便进一步修改、优化程序的过程。

5. 样机联调

样机联调就是将软件和硬件联合起来进行调试，一般先用仿真器进行全速运行，然后进行各种实际操作和测试。通常会出现各种故障和问题，此时应分析故障现象，推测产生故障的原因，再在程序中设置若干断点，通过分析断点数据，找出故障原因，进行对应修改、消除故障。

6. 考机定型

样机测试一般是在实验室环境下进行的，由于实际工作环境中存在各种干扰因素，系统可能发生故障或者性能发生变化，这些情况使得系统不能可靠运行，因此还需要进行可靠性和容错设计测试。

9.1.3 单片机应用系统工程报告的编制

单片机应用系统工程报告是工程设计的重要文档资料，是工程设计总结、评价、改进的重要文档。单片机应用系统工程报告的编制包括设计方案、硬件原理图、软件流程图、程序清单、软硬件功能说明、工程设计总结、参考资料等。

1. 封面

封面应包含工程设计系统名称、设计者姓名、完成时间等。

2. 目录

目录按章节序号编写，包含章节名称和页码。

3. 正文

1）文献调查与论证：结合设计，根据所查阅的文献资料，说明工程设计的背景意义及相关技术研究发展情况；论证并确定设计方案。

2）硬件电路设计及描述：

① 具体的设计电路框图，以及说明各个框图中电路的作用、工作过程。

② 各个功能电路的具体连线图，最好用Protel软件画好后贴在论文的相应位置，图下面要给出电路的工作过程描述，有几个功能模块就分几个部分，每个功能模块都需要描述。

3）软件设计流程及描述：分模块来写各个部分的软件流程图和程序，并用文字说明其执行过程，有几个功能模块就分几个部分，每个功能模块都需要有软件流程图和程序。

4）软硬联调：叙述说明调试工具、方法、技术、流程、调试结果等。

5）源程序代码(要有注释)。

6）课程工程设计总结：叙述说明本次设计取得的成果、启发等。

7）参考文献。

9.2 工程训练9.1 单片机与矩阵键盘的接口设计

1. 工程任务要求

设计实现4×4矩阵键盘，键盘序号在数码管上显示。

2. 任务分析

熟悉矩阵键盘原理，对按键进行编码，对系统进行调试。

先分析矩阵键盘原理：以4×4矩阵键盘为例说明矩阵键盘按键识别原理，电路如图9.3所示。

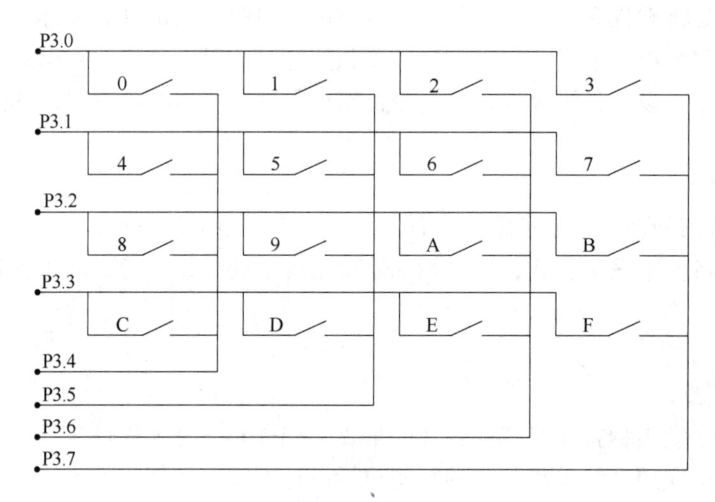

图9.3　4×4矩阵键盘电路

矩阵键盘识别与编码可以分几个阶段进行：键盘列扫描、键码判断、键值获取。

（1）键盘列扫描

将所有行线P3.0~P3.3置为高电平，依次将列线置为低电平，然后采集行线P3.0~P3.3，P3.0~P3.3不全为1，就表示有键按下。

（2）按键位置判断

0~9、A~F键键码为：0xee，0xde，0xbe，0x7e，0xed，0xdd，0xbd，0x7d，0xeb，0xdb，0xbb，0x7b，0xe7，0xd7，0xb7，0x77，P3口采集值和键码一一对比，匹配相等可判断对应键被按下。

（3）键值计算

将读取的P3口值和数组键码比较，二者相同时数组序号就是按键的键值。

3. 硬件设计

单片机与矩阵键盘连接电路如图9.4所示，U1为单片机，P0口接数码管，P3口接矩阵键盘。

4. 软件设计

单片机参考程序如下：

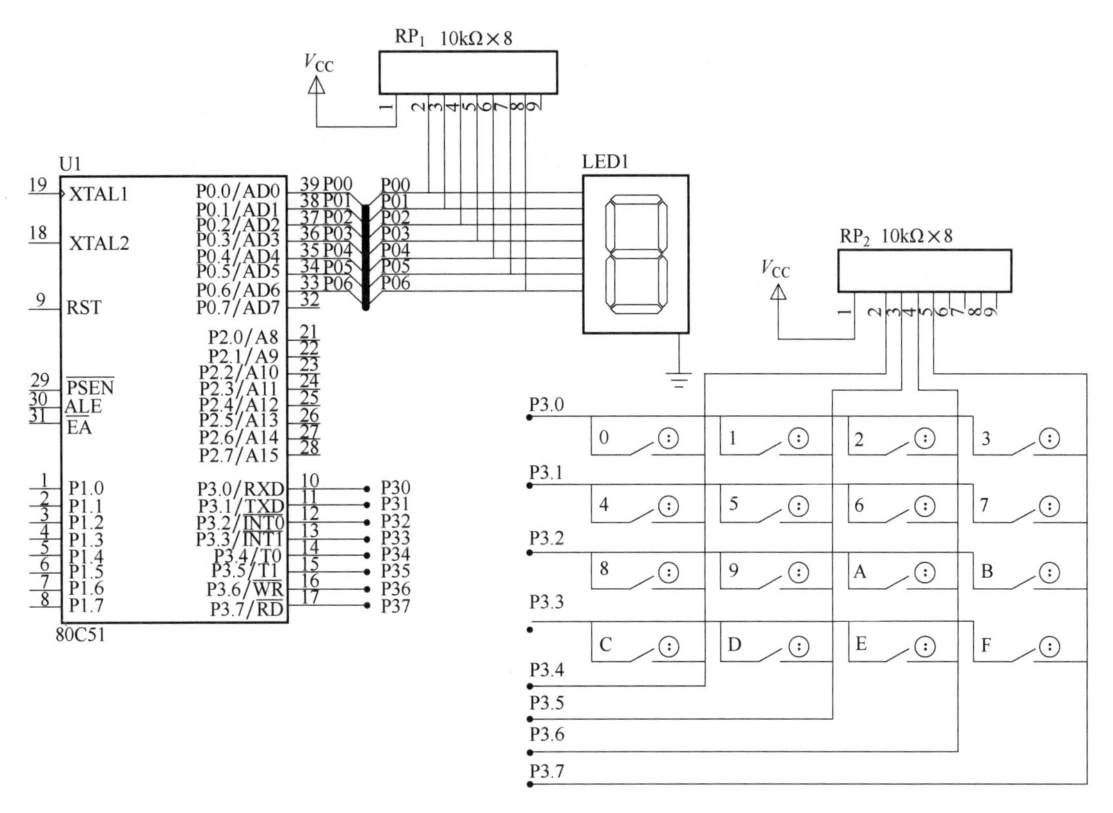

图 9.4　单片机与矩阵键盘连接电路

```
#include <reg51.h>
char led_mod[]={0x3f,0x06,0x5b,0x4f,0x66,0x6d,0x7d,0x07,
                                                    //LED 显示键码
                0x7f,0x6f,0x77,0x7c,0x58,0x5e,0x79,0x71};
char key_buf[]={0xee,0xde,0xbe,0x7e,0xed,0xdd,0xbd,0x7d,  //键值
                0xeb,0xdb,0xbb,0x7b,0xe7,0xd7,0xb7,0x77};

char getKey(void) {
        char key_scan[]={0xef,0xdf,0xbf,0x7f};  //键扫描码
        char i=0,j=0;
        for (i=0;i < 4;i++) {
            P3=key_scan[i];               //P3 口送出键扫描码
            if ((P3 & 0x0f) ! =0x0f) { //判断有无键闭合
               for (j=0;j < 16;j++) {
                   if (key_buf[j]==P3) return j;
                                            //查找闭合键键号
               }
            }
        }
```

```
                    return -1;                //无键闭合
                }
void main(void) {
    char key=0;
    P0=0x00;                                  //开机黑屏
    while(1) {
        key=getKey();                         //获得闭合键号
        if (key ! =-1) P0=led_mod[key];       //显示闭合键号
    }
}
```

5. 联合调试

单片机与矩阵键盘接口调试仿真效果如图 9.5 所示。

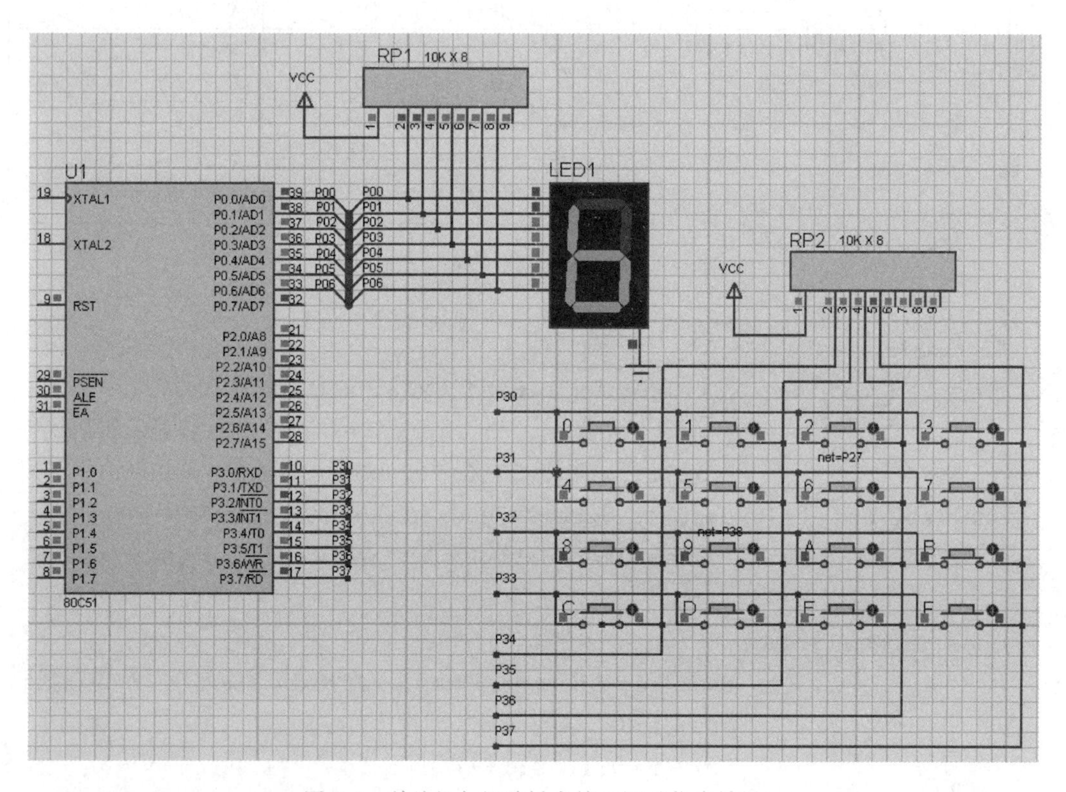

图 9.5 单片机与矩阵键盘接口调试仿真效果

9.3 工程训练 9.2 单片机与 LCD1602 的接口设计

1. 工程任务要求

设计实现单片机控制液晶显示模块 LCD1602，完成硬件设计、软件设计，并进行联合调试。

2. 任务分析

熟悉液晶显示模块 LCD1602，设计绘制单片机与液晶显示模块接口电路，完成软件设计和系统调试。

3. 液晶显示模块 LCD1602 原理及应用

（1）LCD1602 显示原理

点阵图形式液晶由 $M \times N$ 个显示单元组成，假设 LCD 显示屏有 64 行，每行有 128 列，每 8 列对应 1 个字节的 8 位，即每行由 16 字节、共 16×8＝128 个点组成。显示屏上 64×16 个显示单元与显示 RAM 区的 1024 个字节相对应，每一字节的内容与显示屏上相应位置的亮暗对应。如显示屏第一行的亮暗由 RAM 区的 000H～00FH 的 16 字节的内容决定，当 (000H)＝FFH 时，屏幕左上角显示一条短亮线，长度为 8 个点；当(3FFH)＝FFH 时，屏幕右下角显示一条短亮线；当(000H)＝FFH，(001H)＝00H，(002H)＝00H，…，(00EH)＝00H，(00FH)＝00H 时，在屏幕的顶部显示一条由 8 条亮线和 8 条暗线组成的虚线。这就是 LCD 显示的基本原理。

字符型液晶显示模块是一种专门用于显示字母、数字和符号等的点阵式 LCD，常用模块有 16×1、16×2、20×2 和 40×2 个显示单元。LCD1602 字符型液晶显示模块的内部控制器大部分采用 HD44780，能够显示英文字母、阿拉伯数字、日文片假名和一般性符号。

（2）LCD1602 实物外形及引脚

LCD1602 实物外形与引脚如图 9.6 所示。

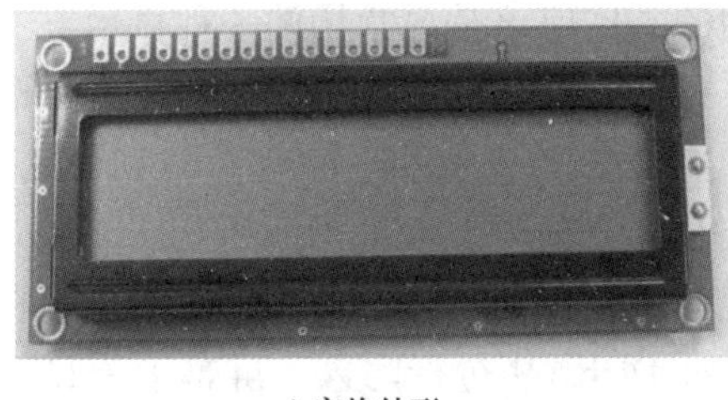

a) 实物外形

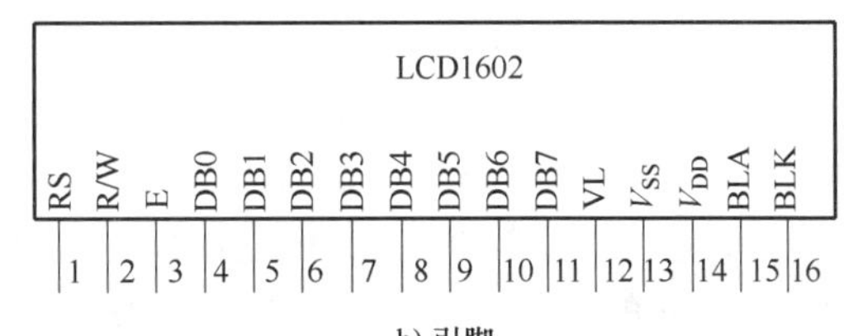

b) 引脚

图 9.6 LCD1602 实物外形与引脚

V_{SS}：地电源。

V_{DD}：接 5V 正电源。

VL：液晶显示器对比度调整端，接正电源时对比度最低，接地时对比度最高。对比度过高时会产生“鬼影”现象，使用时可以通过一个 10kΩ 的电位器调整其对比度。

RS：寄存器选择引脚，高电平时选择数据寄存器，低电平时选择指令寄存器。

R/W：读/写信号线，高电平时进行读操作，低电平时进行写操作。当 RS 和 R/W 共同为低电平时，可以写入指令或显示地址；当 RS 为低电平、R/W 为高电平时，可以读忙信号；当 RS 为高电平、R/W 为低电平时，可以写入数据。

E：使能端。当 E 端由高电平跳变为低电平时，液晶模块执行命令。

DB0～DB7：8 位双向数据线。

BLA：背光源正极。

BLK：背光源负极。

（3）LCD1602 编程使用

1）LCD1602 使用 3 条控制线：E、RW、RS。其中，E 起到类似片选和时钟线的作用，

RW 和 RS 指示了读、写的方向和内容。在读数据(或者 Busy 标志)期间，EN 线必须保持高电平；而在写指令(或者数据)过程中，E 线上必须送出一个正脉冲。RW、RS 的组合一共有 4 种，分别对应四种操作：

① RS=0、RW=0：表示向 LCM 写入指令。

② RS=0、RW=1：表示读取 Busy 标志。

③ RS=1、RW=0：表示向 LCM 写入数据。

④ RS=1、RW=1：表示从 LCM 读取数据。

2）LCD 1602 在使用过程中，可以在 RS=0、RW=0 的情况下，向 LCD 写入一个字节的控制指令。使用的控制指令一共 8 类。有的类别又有几条不同的指令。具体的情况如下：

① 01H：清除 DDRAM 的所有单元，光标移至屏幕左上角。

② 02H：DDRAM 所有单元的内容不变，光标移至屏幕左上角。

③ 输入方式设置(EnterModeSet)指令。这类指令规定了两个方面：一是写入一个 DDRAM 单元后，地址指针如何改变(加 1 还是减 1)；二是屏幕上的内容是否滚动。

04H：写入 DDRAM 后，地址指针减 1(光标左移 1 位)。如第一个字符写入 8FH，则下一个字符会写入 8EH；屏幕上的内容不滚动。

05H：写入 DDRAM 后，地址指针减 1，同上一种情况。每个字符写入以后，屏幕上的内容向右滚动一个字符位，光标显示的位置不动。

06H：写入 DDRAM 后，地址指针加 1(光标右移 1 位)。如第一个字符写入 80H，则下一个字符会写入 81H；屏幕上的内容也是不滚动的。这应该是最常用的一种显示方式。

07H：写入 DDRAM 后，地址指针加 1，同上一种情况。每个字符写入以后，屏幕上的内容向左滚动一个字符位，光标显示的位置不移动。

④ 屏幕开关、光标开关、闪烁开关指令。

08H、09H、0AH、0BH：关闭显示屏。实质上是不把 DDRAM 中的内容对应显示在屏幕上，对 DDRAM 的操作还在进行。执行这条指令，对 DDRAM 进行写入，屏幕上不显示任何内容，但是接着执行下面的某条指令，就能看到刚才屏幕关闭期间对 DDRAM 操作的效果。

0cH：打开显示屏，不显示光标，光标所在位置的字符不闪烁。

0dH：打开显示屏，不显示光标，光标所在位置的字符闪烁。

0eH：打开显示屏，显示光标，光标所在位置的字符不闪烁。

0fH：打开显示屏，显示光标，光标所在位置的字符闪烁。

光标所在位置指示了下一个被写入的字符所处的位置，假如在写入下一个字符前没有通过指令设置 DDRAM 的地址，那么这个字符就应该显示在光标指定的地方。

⑤ 设置光标移动(本质就是 AC 增加还是减少)、整体画面是否滚动指令。

10H：每输入一次该指令，AC 就减 1，对应光标向左移动 1 格。整体画面不滚动。

14H：每输入一次该指令，AC 就加 1，对应光标向右移动 1 格。整体画面不滚动。

18H：每输入一次该指令，整体画面就向左滚动 1 个字符位。

1CH：每输入一次该指令，整体画面就向右滚动 1 个字符位。画面在滚动时，每行的首尾连在一起，也就是每行的第一个字符，若左移 25 次，就会显示在该行的最后一格。在画面滚动过程中，AC 的值也是变化的。

⑥ 显示模式设定指令。设定了显示几行，显示什么样的点阵字符，数据总线占用几位。

20H：4 位总线，单行显示，显示 5×7 的点阵字符。

24H：4 位总线，单行显示，显示 5×10 的点阵字符。

28H：4 位总线，双行显示，显示 5×7 的点阵字符。

2CH：4 位总线，双行显示，显示 5×10 的点阵字符。

30H：8 位总线，单行显示，显示 5×7 的点阵字符。

34H：8 位总线，单行显示，显示 5×10 的点阵字符。

38H：8 位总线，双行显示，显示 5×7 的点阵字符。这是最常用的一种模式。

3CH：8 位总线，双行显示，显示 5×10 的点阵字符。

4. 硬件设计

单片机与 LCD1602 连接电路如图 9.7 所示。U1 为单片机机，LM016L 为液晶显示模块，V_{SS}接地，V_{DD}接+5V，V_{EE}接电位器滑片引脚，RS 接 P2.5，RW 接 P2.6，E 接 P2.7，D0～D7 分别对应接 P3.0～P3.7。

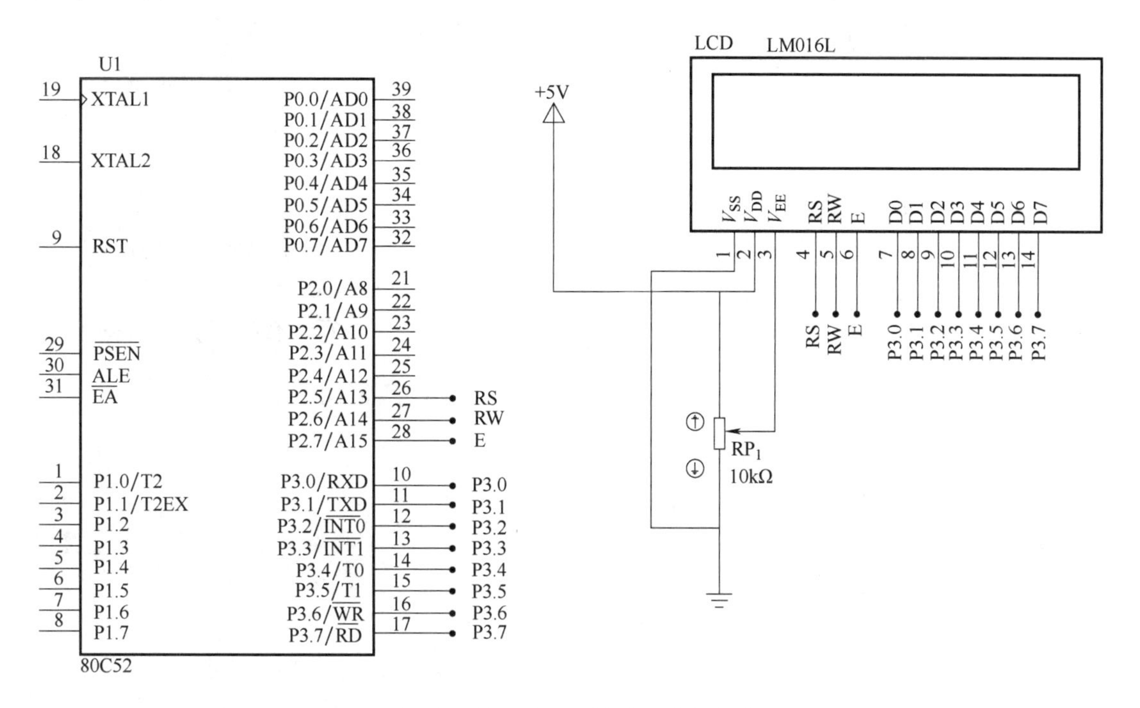

图 9.7 单片机与 LCD1602 连接电路

5. 软件设计

单片机参考程序如下：

```
#include<reg52.h>
unsigned char code table[]="Hyit.hyit.edu";   //要显示的内容
unsigned char code table1[]="zdhckxdpjccz";
sbit RS=P2^5;                                 //寄存器选择引脚
sbit RW=P2^6;                                 //读写引脚
sbit E=P2^7;                                  //片选引脚
void delay(unsigned int x){                   //延时
    unsigned int i;
```

```
    for(i=x;i>0;i--);
}
void write_com(unsigned char com){                  //写指令函数
    P3=com;                                         //送出指令
    RS=0;RW=0;E=1;                                  //写指令时序
    delay(200);
    E=0;
}
void write_dat(unsigned char dat){                  //写数据函数
    P3=dat;                                         //送出数据
    RS=1;RW=0;E=1;                                  //写数据时序
    delay(200);
    E=0;
}
void init(){                                        //初始化
    write_com(0x01);                                //清屏
    write_com(0x38);                    //设置16×2显示单元,5×7点阵
    write_com(0x0f);                                //开显示,显示光标且闪烁
    write_com(0x06);                    //地址加1,写入数据时光标右移1位
}
void main(){
    unsigned char i;
    P3=0X0F;
    init();                                         //起点为第一行第一个字符
    for(i=0;i<14;i++){                              //显示第一行字符
        write_dat(table[i]);
        delay(3000);                                //调节配合速度
    }
    write_com(0xC0);                                //起点为第二行第一个字符
    for(i=0;i<12;i++){                              //显示第二行字符
        write_dat(table1[i]);
        delay(3000);
    }
    write_com(0x02);                                //光标复位
    while(1);
}
```

6. 联合调试

单片机与LCD1602电路调试仿真效果如图9.8所示。

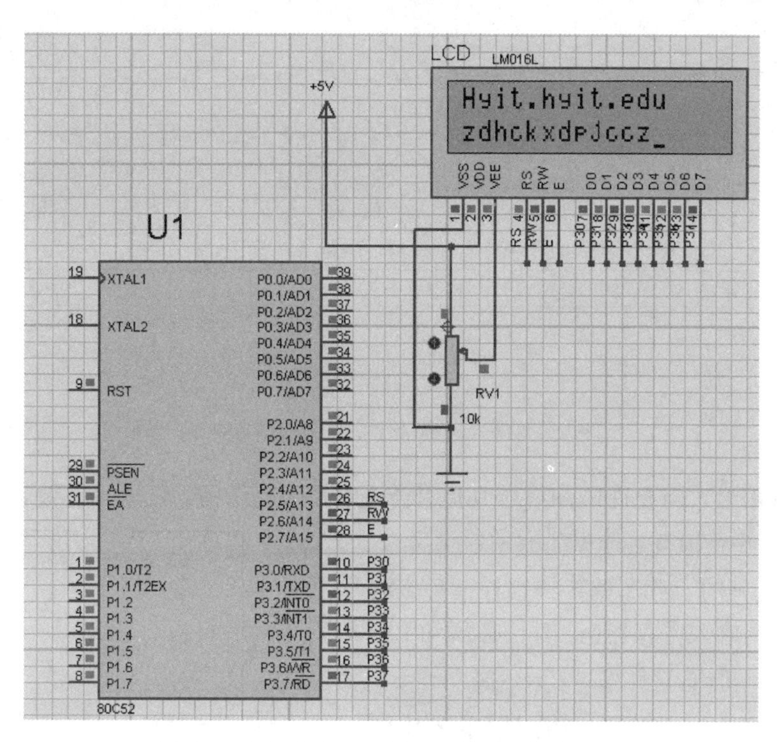

图 9.8　单片机与 LCD1602 电路调试仿真效果

9.4　工程训练 9.3　单片机与 D/A 转换接口模块设计

1. 工程任务要求

利用单片机与 DAC0832 设计输出正弦波，完成硬件设计、软件设计，并进行联合调试。

2. 任务分析

熟悉 DAC0832 工作原理与引脚功能，设计绘制单片机与 DAC0832 电路图，完成软件设计、系统仿真调试。

3. DAC0832 工作原理与引脚功能

(1) DAC0832 工作原理

图 9.9 为 D/A 转换的 T 形电阻网络原理图。模拟开关由输入数码 $D_i(i=0,\cdots,7)$ 控制，电流 $I_i(i=0,\cdots,7)$ 流入求和电路；当 $D_i=0$ 时，$S_i(i=0,\cdots,7)$ 则将电阻 $2R$ 接地。分析 R-$2R$ 电阻网络可以发现，从每个节点向左看的二端网络等效电阻均为 R，流入每个 $2R$ 电阻的电流从高位到低位按 2 的整数倍递减。设基准电压源电压为 V_{REF}，则总电流为 $I=V_{REF}/R$，则流过各开关支路(从右到左)的电流分别为 $I/2$、$I/4$、$I/8$ 和 $I/16$。于是可得 I_{01} 为

$$I_{01}=\sum_{i=0}^{n-1}D_iI_i=\sum_{i=0}^{n-1}D_i\frac{I}{2^{n-i}}=\sum_{i=0}^{n-1}D_i\frac{V_{REF}}{R2^{n-i}}$$

$$=(D_72^7+D_62^6+\cdots+D_12^1+D_02^0)\frac{V_{REF}}{256R}=B\frac{V_{REF}}{256R}$$

可以看出，DAC0832 输出的电流与数字量 B 成正比。

(2) DAC0832 的引脚功能

DAC0832 引脚如图 9.10 所示。各引脚功能如下：

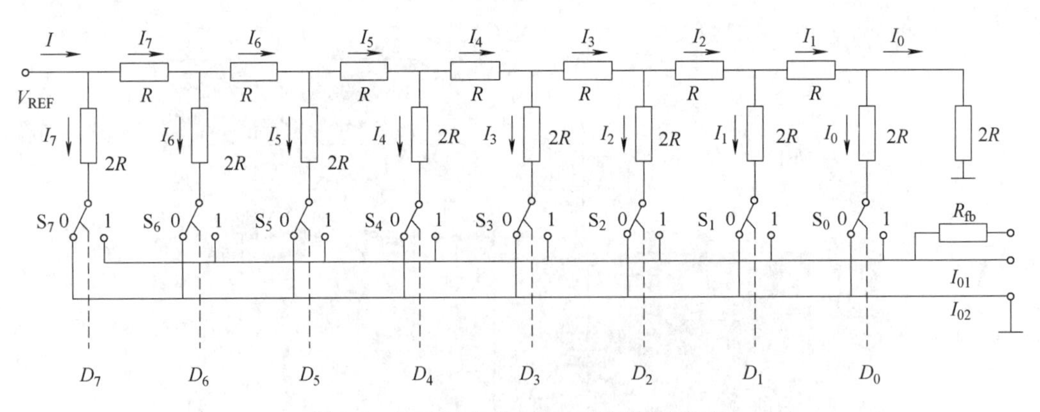

图 9.9 D/A 转换的 T 形电阻网络原理图

$\overline{\text{CS}}$：片选信号，与允许锁存信号 ILE 组合决定是否起作用，低电平有效。

ILE：允许锁存信号，高电平有效。

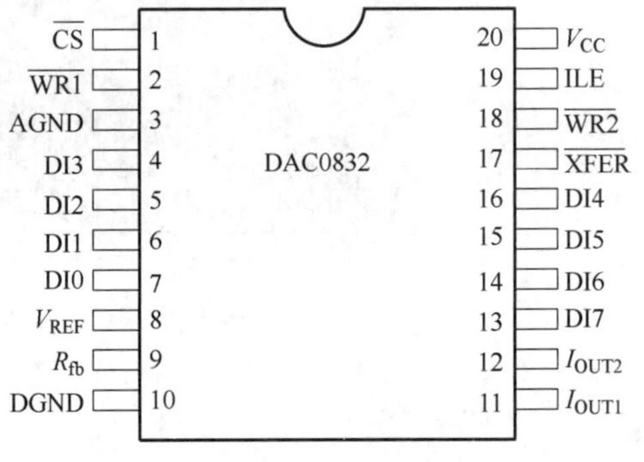

图 9.10 DAC0832 引脚图

$\overline{\text{WR1}}$：写信号 1，作为第一级锁存信号，将输入资料锁存到输入寄存器(此时，必须和 CS、ILE 同时有效)，低电平有效。

$\overline{\text{WR2}}$：写信号 2，将锁存在输入寄存器中的资料送到 DAC 寄存器中进行锁存(此时，传输控制信号 XFER 必须有效)，低电平有效。

$\overline{\text{XFER}}$：传输控制信号，低电平有效。

DI7～DI0：8 位数据输入端。

I_{OUT1}：模拟电流输出端 1。当 DAC 寄存器中全为 1 时，输出电流最大；当 DAC 寄存器中全为 0 时，输出电流为 0。

I_{OUT2}：模拟电流输出端 2。$I_{OUT1}+I_{OUT2}$ = 常数。

R_{fb}：反馈电阻引出端。DAC0832 内部已经有反馈电阻，所以，R_{fb}端可以直接接外部运算放大器的输出端。相当于将反馈电阻接在运算放大器的输入端和输出端之间。

V_{REF}：参考电压输入端。可接电压范围为±10V。外部标准电压通过 V_{REF}与 T 形电阻网络相连。

V_{CC}：芯片供电电压端。范围为+5～+15V，最佳工作状态为+15V。

AGND：模拟地，即模拟电路接地端。

DGND：数字地，即数字电路接地端

(3) DAC0832 内部结构

DAC0832 是 8 位 D/A 转换集成芯片，与微处理器完全兼容，具有价格低廉、接口简单、转换控制容易等优点，在单片机应用系统中得到了广泛的应用。D/A 转换器由 8 位输入锁存器、8 位 DAC 寄存器、8 位 D/A 转换电路及转换控制电路构成。DAC0832 内部结构如图 9.11 所示。

DAC0832 中有两级锁存器，第一级锁存器称为输入寄存器，锁存信号为 ILE；第二级锁存器称为 DAC 寄存器，锁存信号为传输控制信号。因为有两级锁存器，DAC0832 可以工作在双缓冲器方式，即在输出模拟信号的同时采集下一个数字量，这样能有效地提高转换速度。此外，两级锁存器还可以在多个 D/A 转换器同时工作时，利用第二级锁存信号实现多个转换器同步输出。

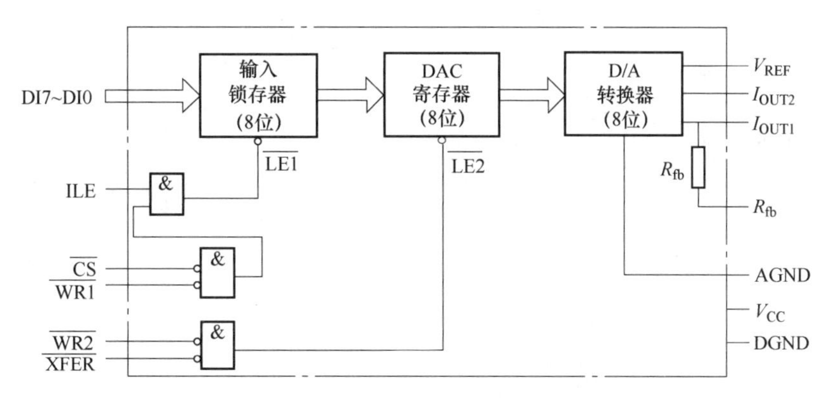

图 9.11　DAC0832 内部结构

ILE 为高电平、$\overline{\text{WR1}}$和$\overline{\text{CS}}$为低电平时，$\overline{\text{LE1}}$为高电平，输入寄存器的输出跟随输入而变化；此后，当$\overline{\text{WR1}}$由低变高时，$\overline{\text{LE1}}$为低电平，资料被锁存到输入寄存器中，这时输入寄存器的输出端不再跟随输入资料的变化而变化。对于第二级锁存器，$\overline{\text{WR2}}$和$\overline{\text{XFER}}$同时为低电平时，$\overline{\text{LE2}}$为高电平，DAC 寄存器的输出随其输入而变化；此后，当$\overline{\text{WR2}}$由低变高时，$\overline{\text{LE2}}$变为低电平，将输入寄存器的资料锁存到 DAC 寄存器中。

4. 硬件设计

单片机与 DAC0832 连接电路如图 9.12 所示。U1 为单片机，DAC0832 为 D/A 转换器件，U4 为运算放大器。DAC0832 引脚中，$\overline{\text{CS}}$接 P2.7，$\overline{\text{WR1}}$接 P3.6，GND 接地，DI0～DI7 分别对应接 P0.0～P0.7，V_{REF}接+5V，R_{fb}接 U4 的输出端，I_{OUT1}接 U4 的负端，I_{OUT2}接 U4 的正端，$\overline{\text{XFER}}$接地，$\overline{\text{WR2}}$接地，ILE 接+5V，V_{CC}接 5V。

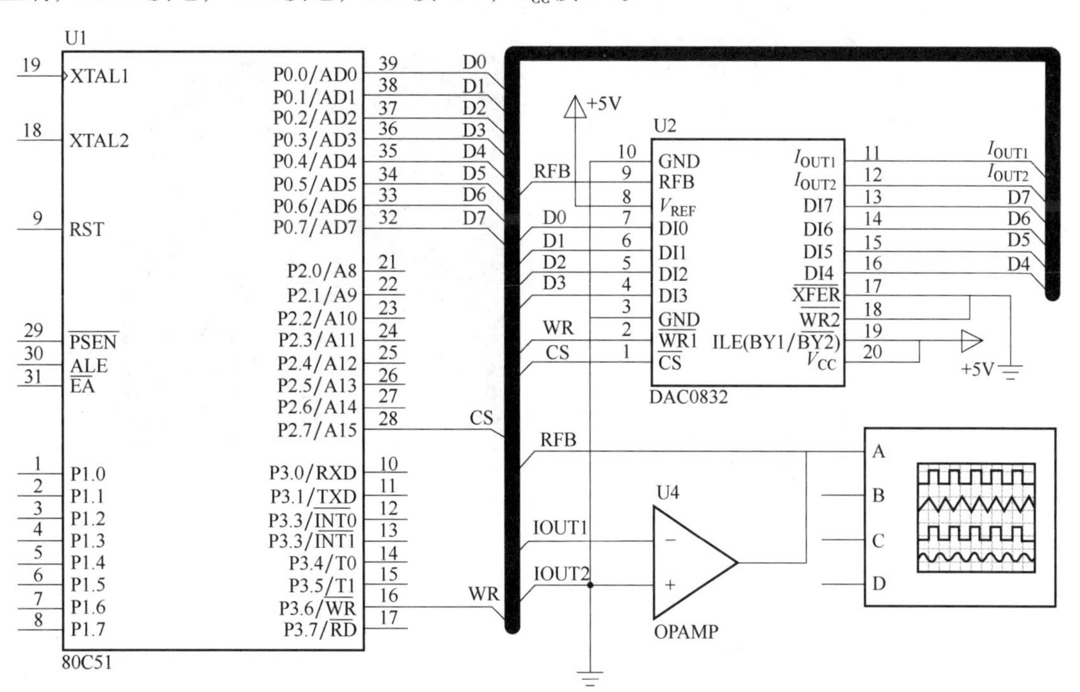

图 9.12　单片机与 DAC0832 连接电路

5. 软件设计

单片机参考程序如下：

```
#include<absacc.h>
#include<math.h>
#define PAI 3.14
#define DAC0832 XBYTE[0x7fff]          //设置 DAC0832 的访问地址
unsigned int num;
void main() {
  while (1) {
    for(num=0;num < 360;num++)         //正弦波形
    DAC0832=100+100 * sin((float)num/180 * PAI);
}
}
```

6. 联合调试

单片机与 DAC0832 调试仿真效果如图 9.13 所示。

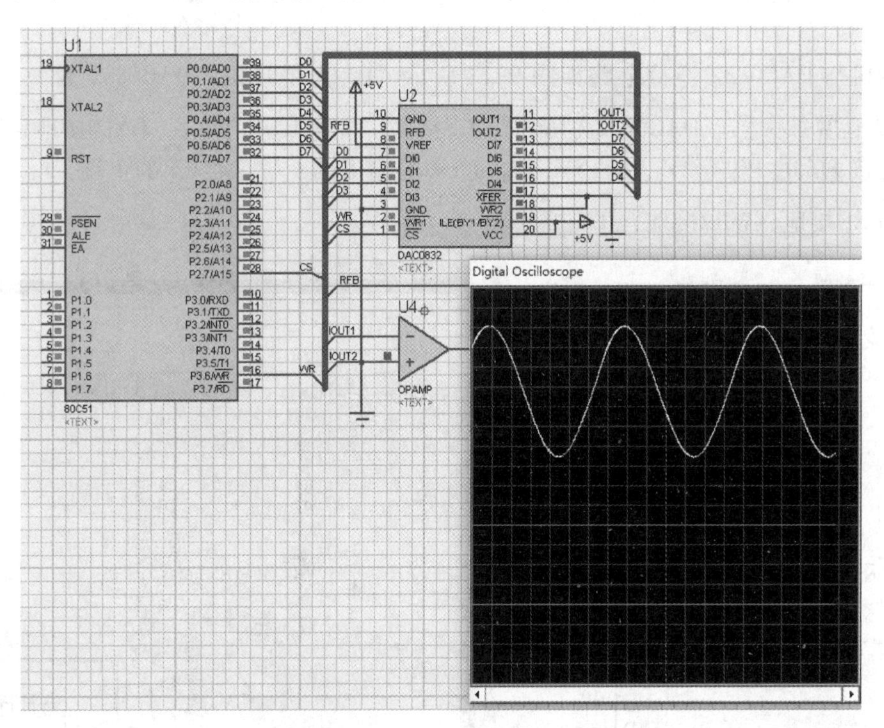

图 9.13　单片机与 DAC0832 调试仿真效果

9.5　工程训练 9.4　单片机与 A/D 转换接口模块设计

1. 工程任务要求

利用单片机与 ADC0809 设计模拟电压采集，并进行显示，完成硬件设计、软件设计，并进行联合调试。

2. 任务分析

熟悉 ADC0809 工作原理与引脚功能，设计绘制单片机与 ADC0809 电路图，完成软件设计、系统仿真调试。

3. ADC0809 工作原理

（1）ADC0809 引脚及功能

ADC0809 是美国国家半导体公司(NS)生产的 CMOS 工艺 8 通道、8 位逐次逼近式 A/D 转换器。其内部有一个 8 通道多路开关，可以根据地址码锁存译码后的信号，只选通 8 路模拟输入信号中的一路进行 A/D 转换。

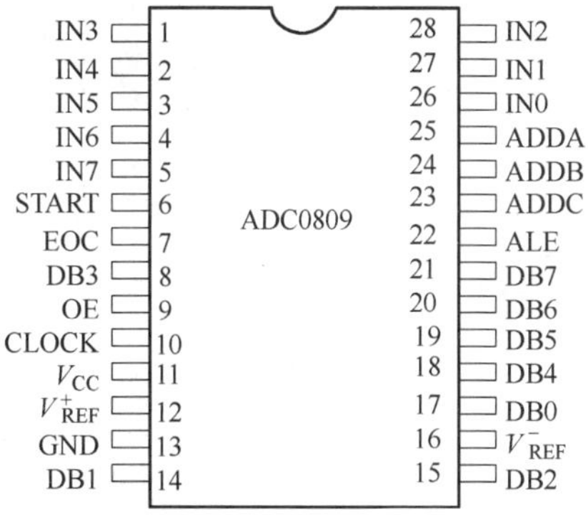

图 9.14　ADC0809 引脚图

ADC0809 引脚如图 9.14 所示。引脚功能如下：

IN0～IN7：8 路模拟量输入端。

DB0～DB7：8 位数字量输出端。

ADDA、ADDB、ADDC：3 位地址输入线，用于选通 8 路模拟输入中的一路。

ALE：地址锁存允许信号，输入端，产生一个正脉冲以锁存地址。

START：A/D 转换启动脉冲输入端，输入一个正脉冲(至少 100ns 宽)使其启动(脉冲上升沿使 ADC 0809 复位，下降沿启动 A/D 转换)。

EOC：A/D 转换结束信号，输出端。当 A/D 转换结束时，此端输出一个高电平(转换期间一直为低电平)。

OE：数据输出允许信号，输入端，高电平有效。当 A/D 转换结束时，此端输入一个高电平，才能打开输出三态门，输出数字量。

CLOCK：时钟脉冲输入端。时钟频率范围为 10～1280kHz。

V_{REF}^{+}、V_{REF}^{-}：基准电压。

V_{CC}：电源，单一+5V。

GND：地。

（2）ADC0809 结构

ADC0809 结构如图 9.15 所示。ADC0809 由一个 8 路模拟开关、一个地址锁存与译码器、一个 A/D 转换器和一个三态输出锁存器组成。多路开关可选通 8 个模拟通道，允许 8 路模拟量分时输入，共用 A/D 转换器进行转换。三态输出锁存器用于锁存 A/D 转换完的数字量，当 OE 端为高电平时，才可以从三态输出锁存器取走转换完的数据。

（3）ADC0809 工作时序图

ADC0809 工作时序如图 9.16 所示。

1）IN0～IN7 可分别连接要测量转换的 8 路模拟量信号，可只接 1 路。

2）地址线 ADDA～ADDC 给出 3 位地址信息，选择对应的测量通道。如 000(B)表示通道 0，001(B)表示通道 1，111 则表示通道 7。

3）将 ALE 由低电平置为高电平，从而将 ADDA～ADDC 送入的通道代码锁存，经译码后被选中的通道的模拟量再送给内部转换单元。

4）给 START 一个正脉冲。上升沿时，所有内部寄存器清 0；下降沿时，开始进行 A/D 转换。在转换期间，START 保持低电平。

5）EOC 为转换结束信号。在上述 A/D 转换期间，可以对 EOC 进行不断测量，当 EOC

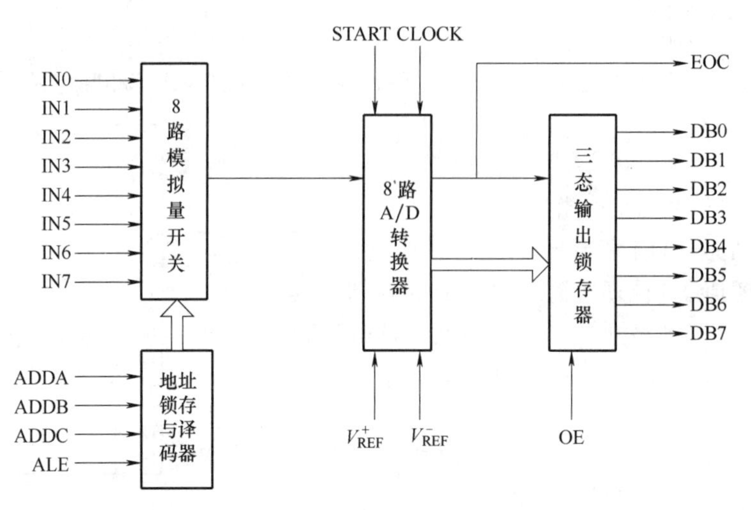

图 9.15　ADC0809 结构图

为高电平时，表示转换工作结束。否则，表示正在进行 A/D 转换。

6）A/D 转换结束后，将 OE 设置为 1，这时便可以读取 DB0 ~ DB7 的数据。OE = 0，DB0 ~ DB7 输出端为高阻态；OE = 1，DB0 ~ DB7 端输出转换的数据。

从 ADC0809 时序图可以看出，ADC0809 的启动信号 START 是脉冲信号，也即此芯片是脉冲启动的。当模拟量送至某一通道后，由 3 位地址信号译码选择，地址信号由地址锁存允许信号 ALE 锁存。启动脉冲 START 到来后，ADC0809 开始进行转换。启动正脉冲的宽度应大于 200ns，其上升沿复位逐次逼近（SAR），下降沿才真正开始转换。START 在上升沿后 2μs 再加上 8 个时钟周期的时间，EOC 才变为低电平。当转换完成后，输出转换信号 EOC 由低电平变为高电平有效信号。输出允许信号 OE 打开输出三态缓冲器门，把转换结果送到数据总线上。使用时可利用 EOC 信号短接到 OE 端，也可利用 EOC 信号向 CPU 请求中断。

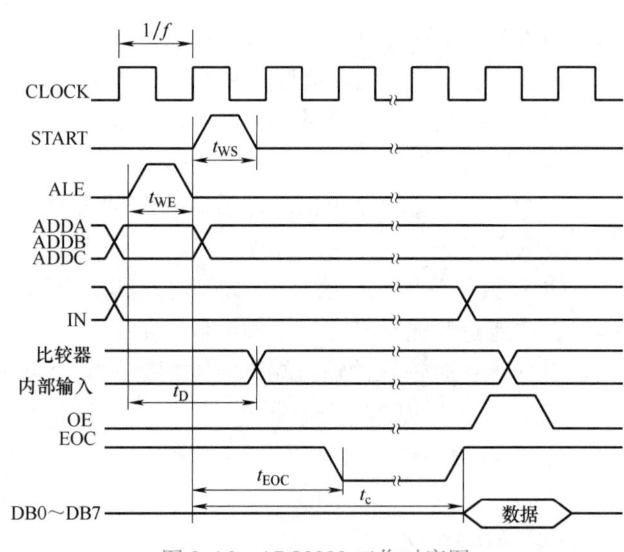

图 9.16　ADC0809 工作时序图

4. 硬件设计

单片机与 ADC0809 连接电路如图 9.17 所示。U3 为单片机，U2 为 74LS373 锁存器，U1 为 A/D 转换器件 ADC0809，U4 为反相器，U5 为或非门，U6、U8 为锁存器，U7 为或门。ADC0809 引脚中，CLOCK 接数字时钟源，START 由 P2.0 和 $\overline{WR}$（P3.6）经过或非门后连接，EOC 反向后连接 $\overline{INT1}$（P3.3），OUT8 ~ OUT1 分别对应连接 P0.0 ~ P0.7，OE 由 P2.0 和 $\overline{RD}$（P3.7）经过或非门后连接，IN7 接电位器滑片，ADDA、ADDB 和 ADDC 接 U2 锁存器 Q0、Q1 和 Q2，V_{REF}^{+}接电源正端，V_{REF}^{-}接地。

5. 软件设计

单片机参考程序如下：

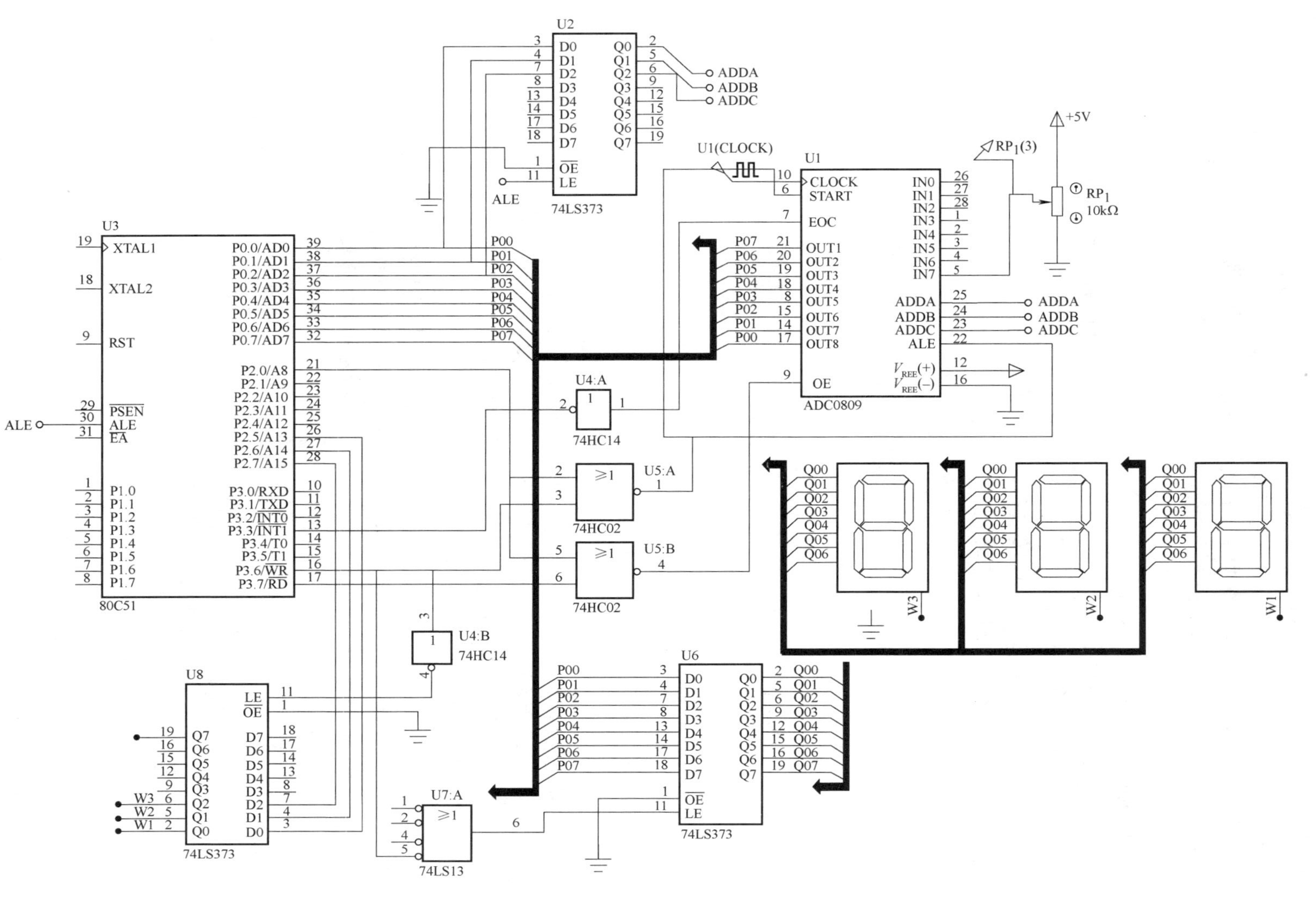

图9.17　单片机与ADC0809连接电路

```
#include <reg51. h>
#include <absacc. h>
#defineAD_IN7XBYTE[0xfeff]                //IN7 通道地址
#defineDUAW0XBYTE[0xdfff]                 //数码管地址
#defineDUAW1XBYTE[0xbfff]
#defineDUAW2XBYTE[0x7fff]
sbit ad_busy=P3^3;                        //定义检测单元变量
unsigned char code table[]=
    {0x3f,0x06,0x5b,0x4f,0x66,0x6d,0x7d,0x07,0x7f,0x6f};
   unsigned char code SHU0[1]=
    {0x1c};
    unsigned char code SHU1[]=
    {0x3f,0x06,0x5b,0x4f,0x66,0x6d,0x7d,0x07,0x7f,0x6f};
    unsigned char code SHU2[]=
    {0xbf,0x86,0xdb,0xcf,0xe6,0xed,0xfd,0x87,0xff,0xef};
  void delay(int time)
 {
  unsigned int j=0;
    for(;time>0;time--)
      for(j=0;j<150;j++);
 }
void main(void){
         unsigned  char temp=245;
         while(1){
         unsigned  int i=0;
          AD_IN7=0;                       //启动 A/D 转换信号
          while(ad_busy==1);              //等待 A/D 转换结束
         temp=AD_IN7;                     //转换数据显示
         DUAW0=table[temp/100%10];
         DUAW1=table[temp/10%10];
         DUAW2=table[temp/100];
         delay(800);
         DUAW0=SHU0[0];
         DUAW1=SHU1[temp*50/255%10];
         DUAW2=SHU2[temp*5/255];
         delay(800);
}}
```

6. 联合调试

单片机与 ADC0809 调试仿真效果如图 9. 18 所示。

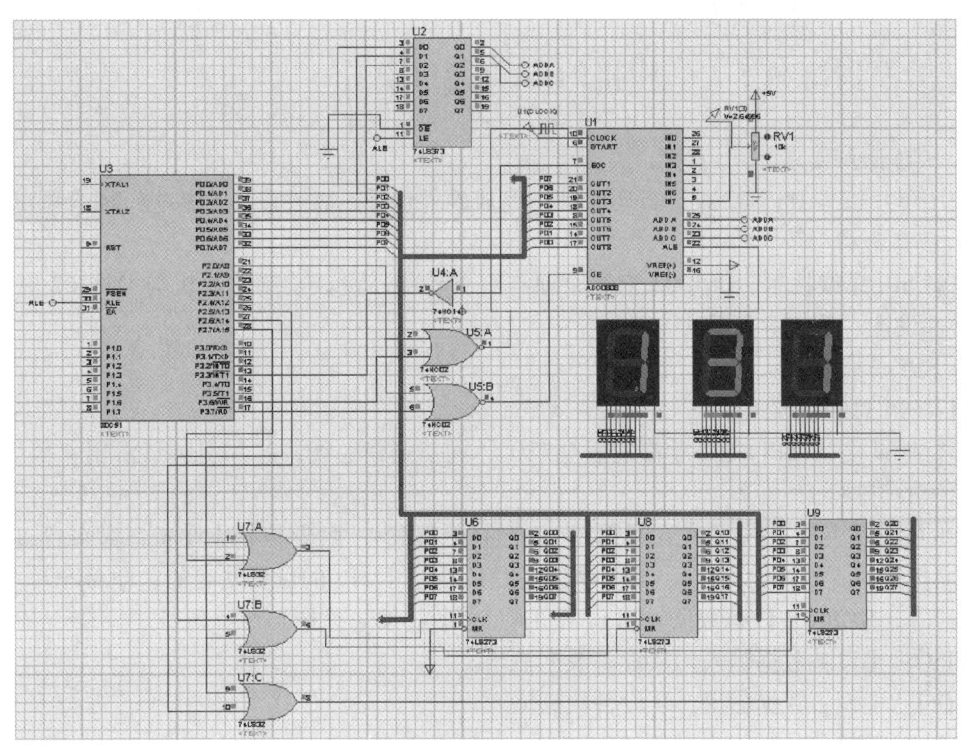

a) 采集模拟量对应的数字量

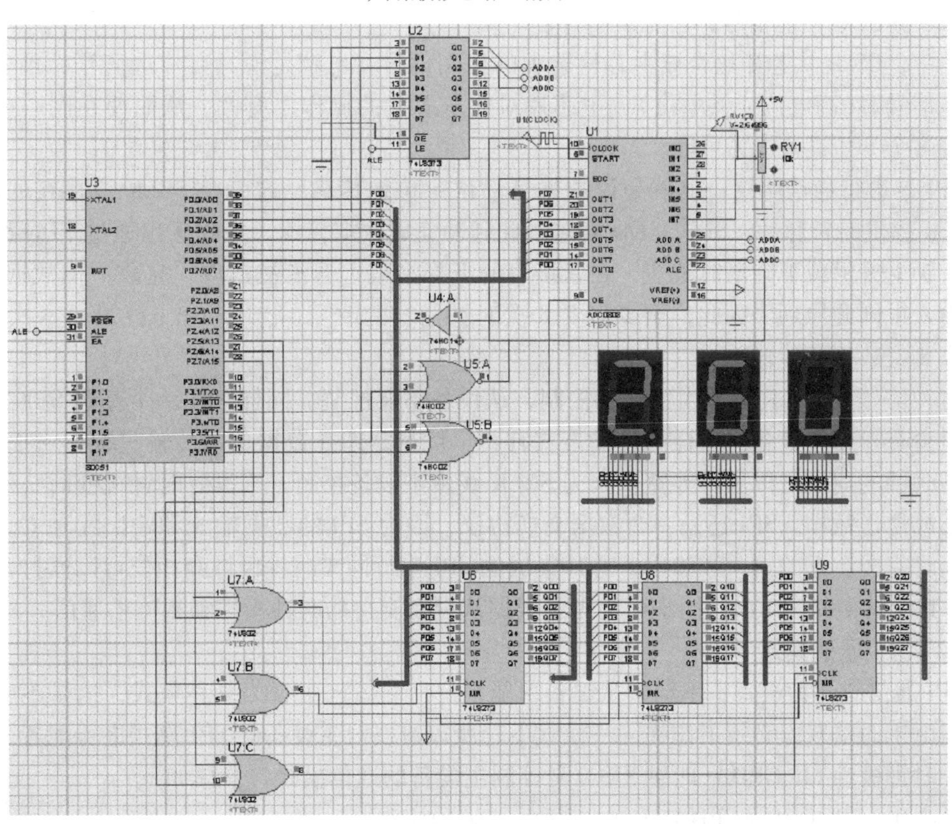

b) 采集对应模拟电压值

图 9.18　单片机与 ADC0809 调试仿真效果

9.6 工程训练9.5 单片机的SPI接口设计

1. 工程任务要求

利用单片机与DS1302设计日历时钟，完成硬件设计、软件设计，并进行联合调试。

2. 任务分析

熟悉SPI总线技术、DS1302工作原理与引脚功能，设计绘制单片机与DS1302电路图，完成软件设计、系统仿真调试。

3. SPI总线技术

(1) SPI总线协议

串行外设接口(SPI)是一种高速、全双工、同步通信总线，芯片引脚只占用4根线，节约了芯片的引脚。

SPI总线以主从方式工作，通常有一个主设备和一个或多个从设备，需要至少4根线(单向传输时3根线也可以)。这4根线也是所有基于SPI的设备共有的，即MISO(主设备数据输入)、MOSI(主设备数据输出)、SCLK(时钟)、CS(片选)。

MISO：主设备数据输入，从设备数据输出。

MOSI：主设备数据输出，从设备数据输入。

SCLK：时钟信号，由主设备产生。

CS：从设备使能信号，由主设备控制。

其中，CS是从芯片是否被主芯片选中的控制信号，也就是说只有片选信号为预先规定的使能信号时(高电位或低电位)，主芯片对此从芯片的操作才有效，从而使在同一条总线上连接多个SPI设备成为可能。

SPI是串行通信协议，也就是说数据是一位一位地传输。这就是SCLK线存在的原因，由SCLK提供时钟脉冲，SDI、SDO则基于此脉冲完成数据传输。数据输出通过SDO线，数据在时钟上升沿或下降沿时改变，在紧接着的下降沿或上升沿被读取，完成一位数据传输。数据输入也同此原理。因此，至少需要8次时钟信号的改变(上升沿和下降沿为一次)，才能完成8位数据的传输。

时钟信号线SCLK只能由主设备控制，从设备不能控制。同样，在一个基于SPI的设备中，至少有一个主设备。这样的传输方式有一个优点，即在数据位的传输过程中可以暂停，也就是时钟的周期可以为不等宽。因为SCLK线由主设备控制，当没有时钟跳变时，从设备不采集或传送数据。SPI还是一个数据交换协议，因为SPI的数据输入和输出线独立，所以允许同时完成数据的输入和输出。芯片集成的SPI串行同步时钟极性和相位可以通过寄存器配置，I/O模拟的SPI串行同步时钟需要根据从设备支持的时钟极性和相位来通信。

(2) SPI通信模式

SPI通信有4种模式，不同的从设备可能在出厂时就已配置为某种模式，这是不能改变的。但由于通信双方必须工作在同一模式下，所以可以对主设备的SPI模式进行配置，通过CPOL(时钟极性)和CPHA(时钟相位)来控制主设备的通信模式，具体如下：

Mode0：CPOL=0，CPHA=0。

Mode1：CPOL=0，CPHA=1。

Mode2：CPOL=1，CPHA=0。

Mode3：CPOL=1，CPHA=1。

CPOL 用来配置 SCLK 的电平处于哪种状态时是空闲态或者有效态；CPHA 用来配置数据采样是在第几个边沿，具体如下：

CPOL=0：表示 SCLK=0 时处于空闲态，所以有效状态就是 SCLK 处于高电平时。

CPOL=1：表示 SCLK=1 时处于空闲态，所以有效状态就是 SCLK 处于低电平时。

CPHA=0：表示数据采样是在第一个边沿，数据发送在第二个边沿。

CPHA=1：表示数据采样是在第二个边沿，数据发送在第一个边沿。

（3）SPI 时序图

SPI 接口有 4 种不同的数据传输时序，取决于 CPOL 和 CPHL 两位的组合。CPOL 用来决定 SCLK 时钟信号空闲时的电平，CPOL=0，空闲电平为低电平；CPOL=1，空闲电平为高电平。CPHA 用来决定采样时刻，CPHA=0，在每个周期的第一个时钟沿采样；CPHA=1，在每个周期的第二个时钟沿采样。图 9.19 为 CPOL=0、CPHA=1 和 CPOL=1、CPHA=0 两种模式下的 SPI 时序图。

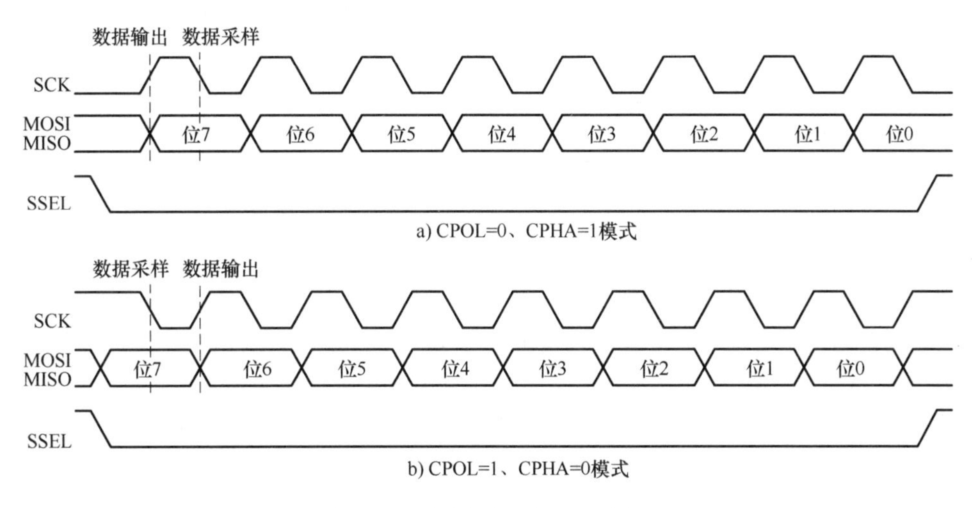

图 9.19　两种模式下的 SPI 时序图

4. 日历时钟芯片 DS1302

DS1302 是由美国 DALLAS 公司推出的具有涓细电流充电能力的低功耗实时时钟芯片，可以对年、月、日、周、时、分、秒进行计时，并且具有闰年补偿等多种功能。

（1）DS1302 引脚及功能

DS1302 引脚如图 9.20 所示。引脚功能如下：

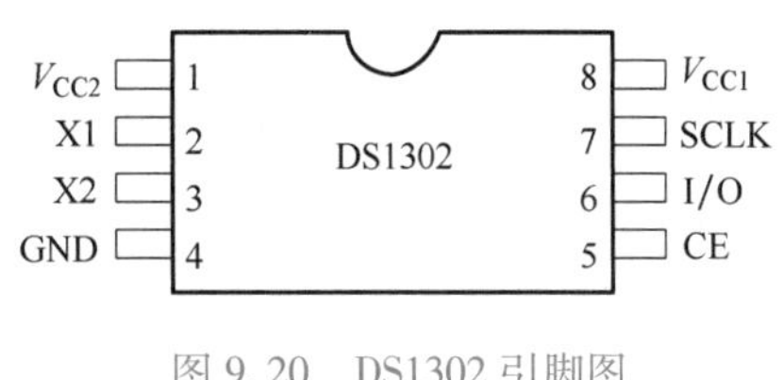

图 9.20　DS1302 引脚图

1）V_{CC2}为主电源，V_{CC1}为后备电源。在主电源关闭的情况下，也能保持时钟的连续运行。DS1302 由 V_{CC1}或 V_{CC2}两者中的较大者供电。当 $V_{CC2}>V_{CC1}+0.2V$ 时，V_{CC2}给 DS1302 供电。当 $V_{CC2}<V_{CC1}$时，DS1302 由 V_{CC1}供电。

2）X1 和 X2 为振荡源，外接 32.768kHz 晶振。

3）CE 为复位/片选线，通过把 CE 输入驱动置高电平来启动所有的数据传送。CE 输入有两种功能：①CE 接通控制逻辑，允许地址/命令序列送入移位寄存器；②CE 提供终止单字节或多字节数据传送的方法。当 CE 为高电平时，所有的数据传送被初始化，允许对 DS1302 进行操作。如果在传送过程中 CE 置为低电平，则会终止此次数据传送，I/O 引脚变为高阻态。上电运行时，在 $V_{CC} \geqslant 2.5V$ 前，RST 必须保持低电平。

4）I/O 为串行数据输入/输出端(双向)，SCLK 为时钟输入端。

（2）DS1302 结构

DS1302 内部结构如图 9.21 所示。

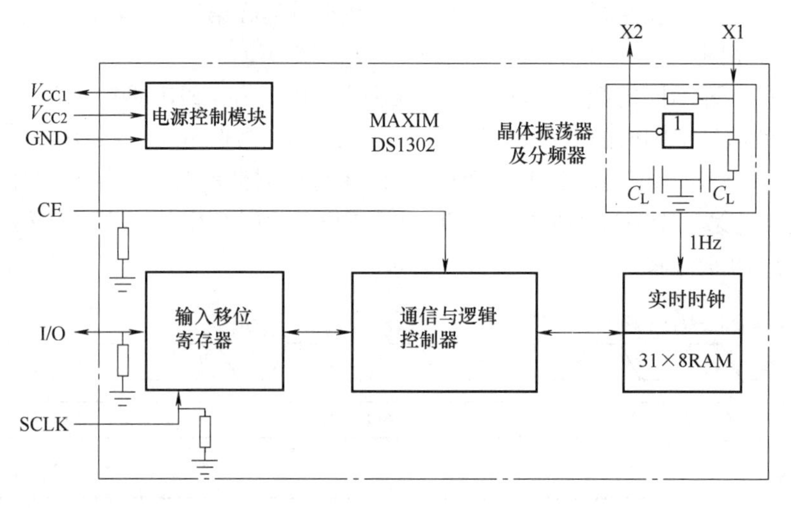

图 9.21　DS1302 内部结构

DS1302 的内部主要组成部分包括输入移位寄存器、通信与逻辑控制器、晶体振荡器及分频器、实时时钟以及 RAM。DS1302 内部共有 12 个寄存器，其中有 7 个寄存器与日历、时钟相关，存放的数据位为 BCD 码形式。此外，DS1302 还有年份寄存器、控制寄存器、充电寄存器、时钟突发寄存器及与 RAM 相关的寄存器等。时钟突发寄存器可一次性顺序读/写除充电寄存器以外的寄存器。日历、时钟相关寄存器与命令字对照表见表 9.1。

表 9.1　日历、时钟相关寄存器与命令字对照表

寄存器名称	命令字		取值范围	各位内容							
	写	读		7	6	5	4	3	2	1	0
秒寄存器	80H	81H	00~59	CH	10SEC			SEC			
分寄存器	82H	83H	00~59	0	10MIN			MIN			
小时寄存器	84H	85H	01~12 或 00~23	12/13	0	A	HR	HR			
日期寄存器	86H	87H	01~28，29，30，31	0	0	10DATE		DATE			
月份寄存器	88H	89H	01~02	0	0	0	10M	MONTH			
周寄存器	8AH	8BH	01~07	0	0	0	0	0	DAY		
年份寄存器	8CH	8DH	00~99	10YEAR				YEAR			

DS1302 内部与 RAM 相关的寄存器分为两类：

1）单个 RAM 单元：共 31 个单元，每个单元组态为一个 8 位的字节，其命令控制字为 C0H~FDH，其中奇数为读操作，偶数为写操作。

2）突发方式下的 RAM 寄存器：可一次性读写所有 RAM 的 31 个字节，命令控制字为 FEH(写)、FFH(读)。

对 DS1302 的所有寄存器和 RAM 的读/写操作都是由命令字引导的，其后才是传送的数据字节。DS1302 命令字格式如图 9.22 所示。

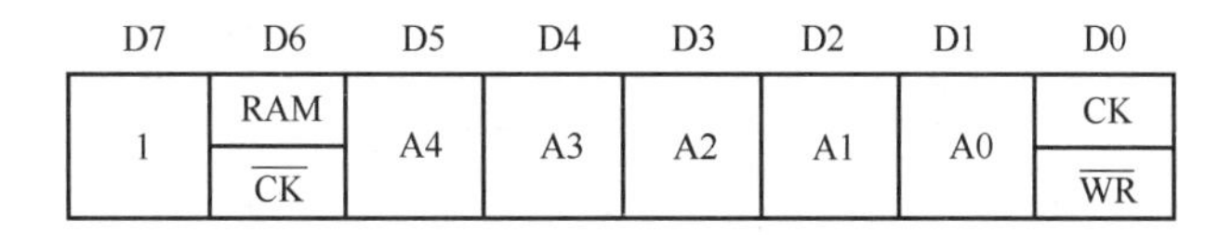

D7	D6	D5	D4	D3	D2	D1	D0
1	RAM / $\overline{CK}$	A4	A3	A2	A1	A0	CK / $\overline{WR}$

图 9.22　DS1302 命令字格式

DS1302 与微处理器进行数据交换时，首先由微处理器向电路发送命令字，命令字最高位 D7 必须为 1，如果 D7 为 0，则禁止写 DS1302，即写保护；D6=0，指定时钟数据，D6=1，指定 RAM 数据；D5～D1 指定输入或输出的特定寄存器；最低位 D0=0，指定写操作(输入)，D0=1，指定读操作(输出)。

(3) DS1302 工作时序图

DS1302 工作时序如图 9.23 所示。

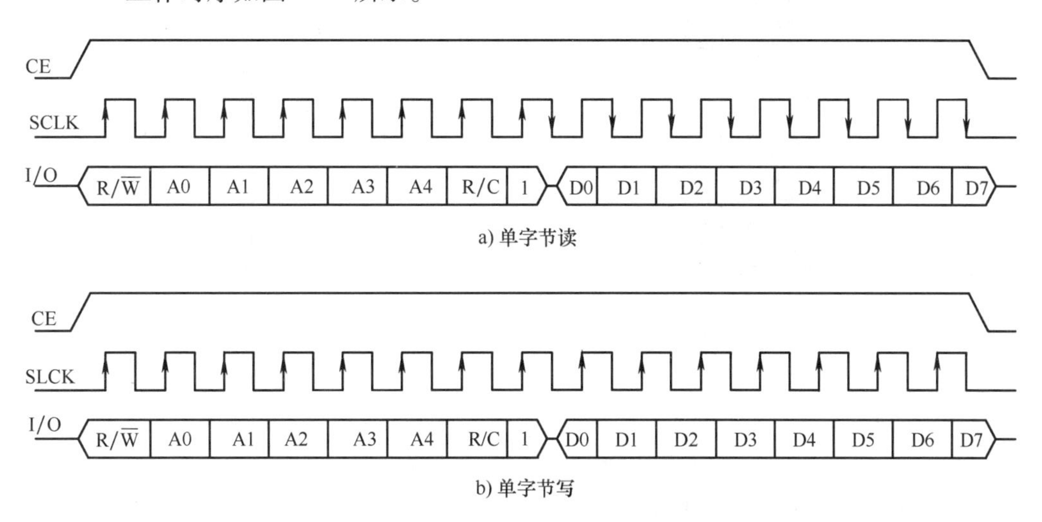

a) 单字节读

b) 单字节写

图 9.23　DS1302 工作时序图

当 DS1302 的时钟、日历相关寄存器或 RAM 进行数据传送时，DS1302 必须首先发送命令字。若进行单字节读，在 8 位命令字传送结束后、下一个 SCLK 信号的下降沿时，数据从 DS1302 被读出，数据输出从最低位开始。同样，在 8 位命令字传送结束后、下一个 SCLK 信号的上升沿时，数据被写入 DS1302，从最低位开始输入数据字节。

5. 硬件设计

单片机与 DS1302 连接电路如图 9.24 所示。U1 为单片机，U2 为 DS1302，单片机的 P3.0 连接 $\overline{RST}$、P3.1 口连接 SCLK、P3.2 连接 I/O，V_{CC1} 接电池，V_{CC2} 接电源+5V，X1、X2 接晶振；LM016L 液晶显示模块连接电路可参考图 9.7 及相关说明。

6. 软件设计

单片机参考程序如下：

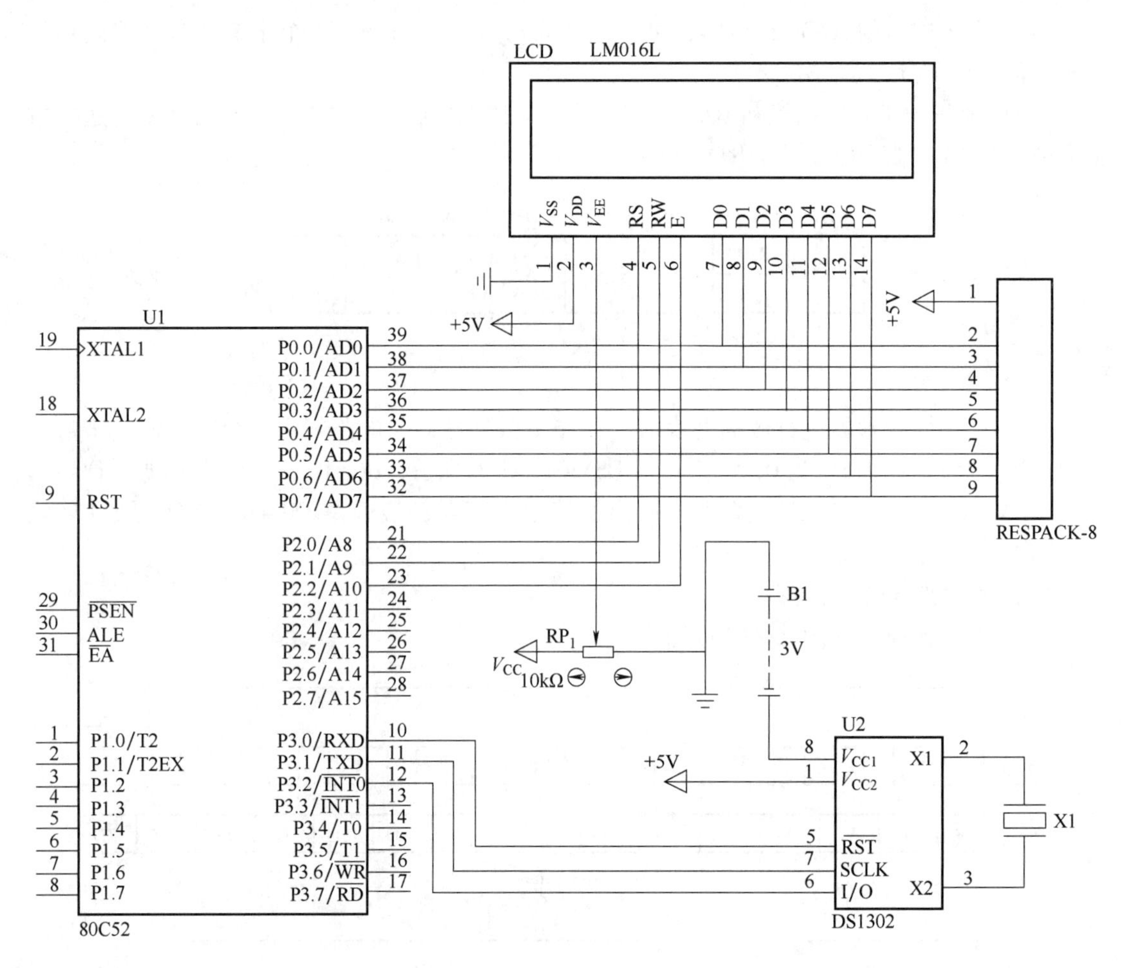

图 9.24　单片机与 DS1302 连接电路

```
#include<reg51.h>
#define uchar unsigned char
#define uint unsigned int
sbit DS1302_SCLK=P3^1;              //DS1302 引脚位变量定义
sbit DS1302_IO=P3^2;
sbit DS1302_RST=P3^0;
sbit LM1602_EN=P2^2;                //LM1602 引脚位变量定义
sbit LM1602_RW=P2^1;
sbit LM1602_RS=P2^0;
sbit ACC_7=ACC^7;                   //ACC 位变量定义
sbit ACC_0=ACC^0;
uchar second,minute,hour,week,day,month,year;
uchar table[]="0123456789";         //定义数字显示字符
uchar table1[]="Time:  ";
uchar table2[]="Date:";
```

```
uchar t1302[]={0x14,0x7,0x17,0x04,0x21,0x30,0x00};
                                          //DS1302 初值:年,月,日,星期,时,分,秒
void delay(uint x){                              //延时函数
     uint i;
     for(i=x;i>0;i--);
     }

uchar read_ds1302(uchar addr){                   //DS1302 读数据函数
     uchar i;
     DS1302_RST=0;
     DS1302_RST=1;                               //开放 DS1302 使能
     ACC=addr;                                   //ACC 中装入待发地址
     for(i=8;i>0;i--){
         DS1302_IO=ACC_0;                        //最低位数据由端口输出
         ACC >>=1;                               //整体右移 1 位
         DS1302_SCLK=0;                          //时钟线拉低
         DS1302_SCLK=1;                          //时钟线拉高
     }
     for (i=8;i>0;i--){
         ACC_7=DS1302_IO;                        //位数据移入最高位
         ACC >>=1;                               //整体右移 1 位
         DS1302_SCLK=1;                          //时钟线拉高
         DS1302_SCLK=0;                          //时钟线拉低
     }
     DS1302_RST=0;                               //关闭 DS1302 使能
     return(ACC);
}

void write_ds1302(uchar addr,uchar dat){ //DS1302 写数据函数
     uchar i;
     DS1302_RST=0;
     DS1302_RST=1;
     ACC=addr;                                   //ACC 中装入待发地址
     for(i=8;i>0;i--){                           //发送地址
         DS1302_IO=ACC_0;                        //最低位数据由端口输出
         ACC >>=1;                               //整体右移 1 位
         DS1302_SCLK=0;                          //时钟线拉低
         DS1302_SCLK=1;                          //时钟线拉高
     }
```

```
    ACC=dat;                                    //ACC 中装入待发数据
    for(i=8;i>0;i--){
         DS1302_IO=ACC_0;                       //最低位数据由端口输出
         ACC >>=1;                              //整体右移 1 位
         DS1302_SCLK=0;                         //时钟线拉低
         DS1302_SCLK=1;                         //时钟线拉高
    }
    DS1302_RST=0;                               //关闭 DS1302 使能
}

void read_1302time() {                          //读取 DS1302 信息
    second=read_ds1302(0x81);                   //读秒寄存器
    minute=read_ds1302(0x83);                   //读分寄存器
    hour=read_ds1302(0x85);                     //读时寄存器
    //week=read_ds1302(0x8b);                   //读星期寄存器
    month=read_ds1302(0x89);                    //读月寄存器
    day=read_ds1302(0x87);                      //读日寄存器
    year=read_ds1302(0x8d);                     //读年寄存器
}
void write_1602com(uchar com){                  //LM1602 写指令函数
    P0=com;                                     //送出指令
    LM1602_RS=0;LM1602_RW=0;LM1602_EN=1;        //写指令时序
    delay(100);
    LM1602_EN=0;
}
void write_1602dat(uchar dat){                  //LM1602 读数据函数
    P0=dat;                                     //送出数据
    LM1602_RS=1;LM1602_RW=0;LM1602_EN=1;        //写数据时序
    delay(100);
    LM1602_EN=0;
}
void init_1302(){                               //DS1302 初始化
    write_ds1302(0x8e,0x00);                    //开写保护寄存器
    write_ds1302(0x8c,t1302[0]);                //年
    write_ds1302(0x88,t1302[1]);                //月
    write_ds1302(0x86,t1302[2]);                //日
    write_ds1302(0x8a,t1302[3]);                //星期
    write_ds1302(0x84,t1302[4]);                //时
    write_ds1302(0x82,t1302[5]);                //分
```

```
        write_ds1302(0x80,t1302[6]);        //秒
        write_ds1302(0x8e,0x80);            //锁写保护寄存器
    }
    void init_1602(){                       //LM1602初始化
        write_1602com(0x38);                //设置16×2显示单元,5×7点阵
        write_1602com(0x0c);                //开显示,但不显示光标
        write_1602com(0x06);                //地址加1,写数据时光标右移1位
    }
    void display1602(void){                 //LM1602显示函数
        uchar i;
        write_1602com(0x80);                //第一行信息
        for(i=0;i<6;i++) write_1602dat(table1[i]); //显示字符"Time:"
        write_1602dat(table[(hour/16)]);//显示时、分、秒信息
        write_1602dat(table[(hour%16)]);
        write_1602dat(':');
        write_1602dat(table[minute/16]);
        write_1602dat(table[minute%16]);
        write_1602dat(':');
        write_1602dat(table[second/16]);
        write_1602dat(table[second%16]);
        write_1602com(0x80+0x40);           //第二行信息
        for(i=0;i<6;i++) write_1602dat(table2[i]);  //显示字符"Date:"
        write_1602dat(table[day/16]);       //显示日、月、年信息
        write_1602dat(table[day%16]);
        write_1602dat('-');
        write_1602dat(table[month/16]);
        write_1602dat(table[month%16]);
        write_1602dat('-');
        write_1602dat(table[(year/16)]);
        write_1602dat(table[(year%16)]);
    }
    int main(void){
        init_1302();                        //初始化DS1302
        init_1602();                        //初始化LM1602
        while (1){
            read_1302time();                //读DS1302日历时钟信息
            display1602();                  //显示日历时钟信息
        }
    }
```

7. 联合调试

单片机与 DS1302 调试仿真效果如图 9.25 所示。

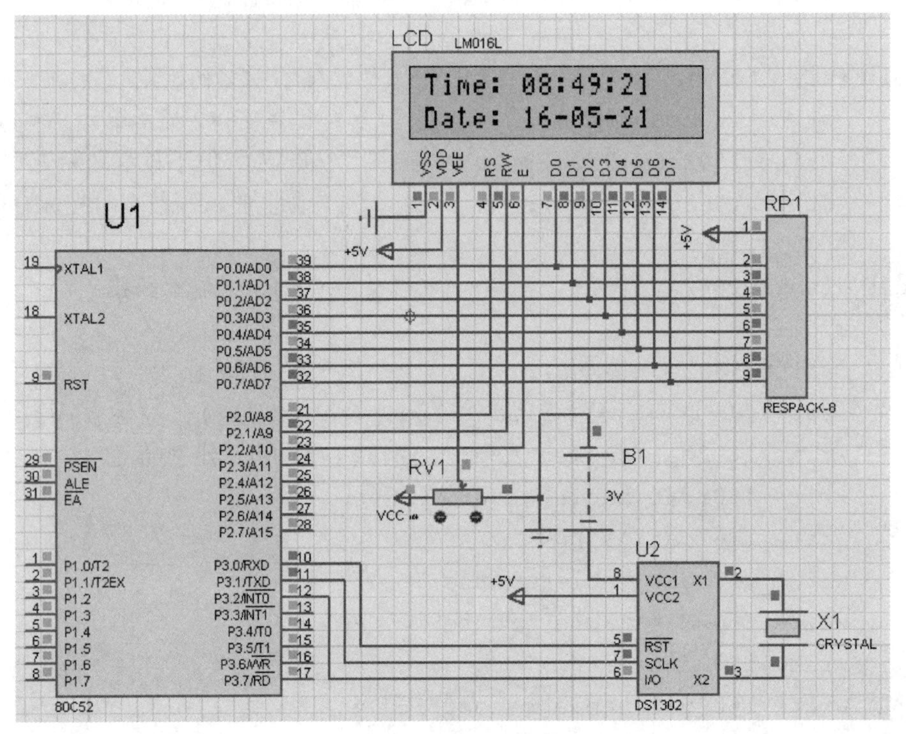

图 9.25　单片机与 DS1302 调试仿真效果

9.7　工程训练 9.6　单片机的 I^{2}C 接口设计

1. 工程任务要求

利用 I^{2}C 总线技术设计单片机与 AT24C××存储器扩展，完成硬件设计、软件设计，并进行联合调试。

2. 任务分析

熟悉 I^{2}C 总线技术、AT24C××工作原理与引脚功能，设计绘制单片机与 AT24C××电路图，完成软件设计、系统仿真调试。

3. I^{2}C 总线技术

(1) I^{2}C 总线协议

I^{2}C 是 inter-integrated circuit 的缩写，是一种同步、半双工的通信总线。I^{2}C 总线有两根双向数据线，即 SDA 和 SCL。

SCL 为边沿触发，上升沿将数据输入到每个 EEPROM 器件中，下降沿驱动 EEPROM 器件输出数据。

SDA 为漏极开路(OD)门，与其他任意数量的 OD 与集电极开路(OC)门呈线与关系。

每一个 I^{2}C 总线器件内部的 SDA、SCL 引脚电路结构都一样，引脚的输出驱动与输入缓冲连接在一起。其中，输出为漏极开路的场效应晶体管，输入缓冲为一个高输入阻抗的同相器。由于 SDA、SCL 为 OD 结构，因此它们必须接有上拉电阻，阻值大小常取 1kΩ、4kΩ 和

10kΩ，取 1kΩ 时性能最好；当总线空闲时，两根线均为高电平。

连到 I^2C 总线上的任一器件输出的低电平，都将使 I^2C 总线的信号变低。典型的 I^2C 总线结构如图 9.26 所示。

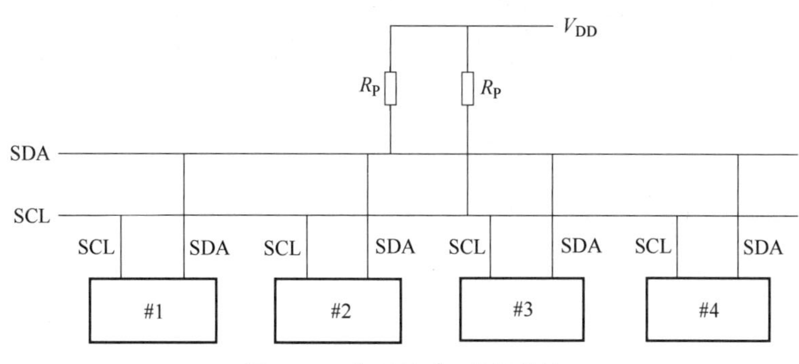

图 9.26　典型的 I^2C 总线结构

（2）I^2C 总线时序

I^2C 总线时序如图 9.27 所示。串行信号 SDA 在同步脉冲信号 SCL 配合下，按照图 9.27 格式一位一位串行传输，传输信息包括：起始信号、器件地址、读/写、应答位、数据、应答位、数据、应答位、…（每个数据有 8 位，每个数据后有个应答位）、停止信号。

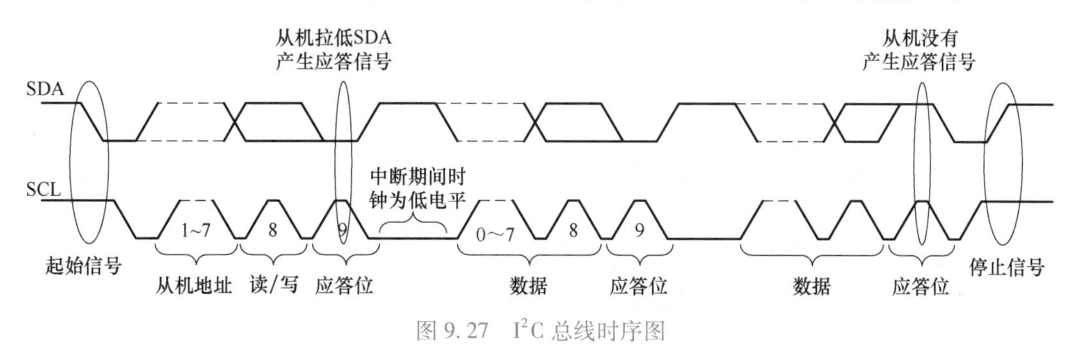

图 9.27　I^2C 总线时序图

1）起始、停止信号及重新开始信号。起始、停止信号及重新开始信号时序如图 9.28 所示。

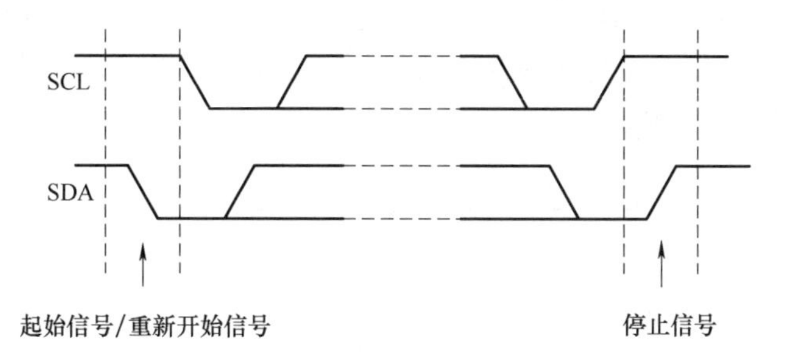

图 9.28　起始、停止信号及重新开始信号时序图

起始信号：SCL 为高电平时，SDA 从高电平向低电平切换。

停止信号：SCL 为高电平时，SDA 从低电平向高电平切换。

重新开始信号：在 I^2C 总线上，由主机发送一个起始信号启动一次通信后，在首次发送停止信号之前，主机通过发送重新开始信号，可以转换与当前从机的通信模式，或是切换到与另一个从机通信。当 SCL 为高电平时，SDA 由高电平向低电平跳变，产生重新开始信号，其本质就是一个起始信号。

2）应答信号。I^2C 总线上的所有数据都是以 8 位字节传送的，发送器每发送一个字节，就在第 9 个时钟脉冲期间释放数据线，由接收器反馈一个应答信号。应答信号为低电平时，规定为有效应答位(ACK)，表示接收器已经成功接收了该字节；应答信号为高电平时，规定为非应答位(NACK)，一般表示接收器接收该字节失败，应答信号时序如图 9.29 所示。

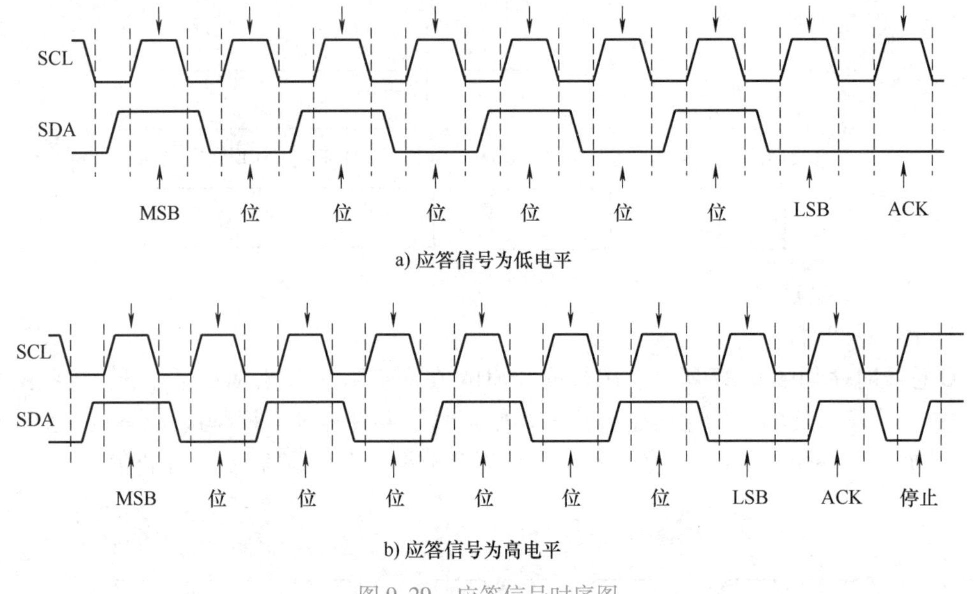

图 9.29　应答信号时序图

因此，一个完整的字节数据传输需要 9 个时钟脉冲。如果从机作为接收方向主机发送非应答信号，主机就认为此次数据传输失败；如果是主机作为接收方，在从机发送器发送完一个字节数据后，主机向从机发送了非应答信号，从机就认为数据传输结束，并释放 SDA 线。不论是以上哪种情况都会终止数据传输，这时主机或是产生停止信号释放总线，或是产生重新开始信号，开始一次新的通信。

3）数据位信号。在 I^2C 总线上传送的每一位数据都有一个时钟脉冲相对应(或同步控制)，即在 SCL 串行时钟的配合下，在 SDA 上逐位串行传送数据。进行数据传送时，在 SCL 呈现高电平期间，SDA 上的电平必须保持稳定。只有在 SCL 为低电平期间，才允许 SDA 上的电平改变状态，如图 9.30 所示。

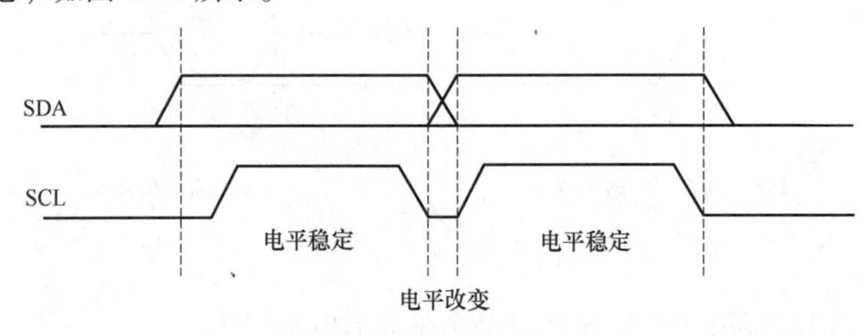

图 9.30　数据位信号时序图

4. AT24C××存储器

AT24C01A/02/04/08A/16A 存储器可提供 1024、2048、4096、8192、16384 个连续的可擦除的位，以及由每 8 位组成一个字节的可编程只读存储器(EEPROM)，其分别提供 128、

256、512、1024、2048 个字节。

(1) AT24C××引脚及功能

AT24C××引脚如图 9.31 所示。各引脚功能如下：

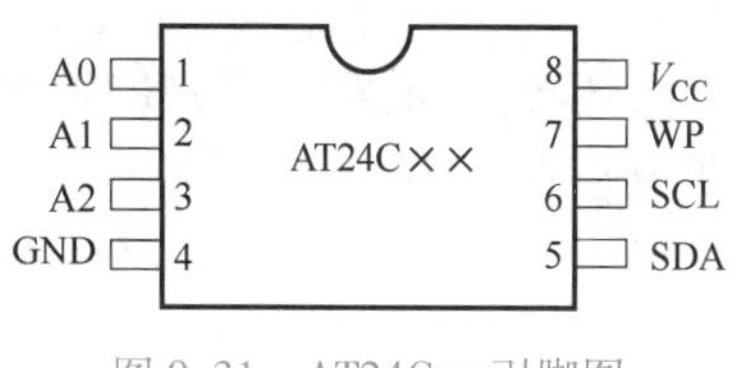

图 9.31 AT24C××引脚图

A2、A1、A0：用户设计进行硬件连线，根据连线可确定器件地址。这 3 个引脚接地为 0，接+5V 为 1，悬空为 0 或 1。一旦 A2、A1、A0 完成连线，就可以计算出器件地址。AT24C02A 的 3 个地址都用，最多可以挂 8 个 2KB 容量的器件。AT24C04A 只用 A2 和 A1 通过硬件连接进行寻址，A0 悬空，最多可以挂 4 个 4KB 容量的器件；AT24C08A 只用 A2 通过硬件连接进行寻址，A1、A0 悬空，最多可以挂 2 个 8KB 容量的器件；AT24C16A 不需要地址，A2、A1、A0 悬空，最多可以挂 1 个 16KB 容量的器件；

WP：写保护，用于提供数据保护。当写保护引脚连接至 GND 时，芯片可以正常读/写，当写保护引脚连接至 V_{CC}时，写保护特性被使能。

SCL：串行时钟，在时钟的上升沿数据写入 EEPROM，在时钟的下降沿 EEPROM 的数据被读出。

SDA：串行数据，为双向数据线，漏极开路(OD)，可以和任何 OD 或集电极开路(OC)器件进行线或。

GND：接地。

(2) AT24C××内部逻辑结构

AT24C××内部逻辑结构如图 9.32 所示。

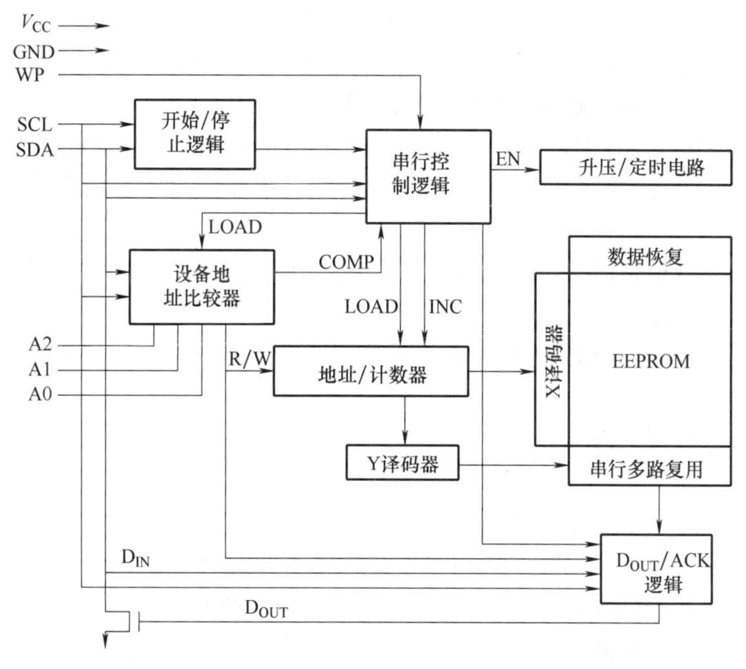

图 9.32 AT24C××内部逻辑结构

开始/停止逻辑：控制一次读/写操作的开始和停止。

串行控制逻辑：在 IC 卡中，SCL 为同步时钟，地址、数据和读/写控制命令从 SDA 输入，由串行控制逻辑区分。

地址/计数器：形成访问 EEPROM 的地址，分别送 X 译码器进行字选，送 Y 译码器进行位选。

升压/定时电路：EEPROM 的写入操作需要高电压，所以芯片内有升压电路，将标准电压提升至 12～20V。

设备地址比较器：AT24C01A 和 AT24C02 的 A2、A1 和 A0 引脚是配置器件的硬件地址输入，在一根总线上可连接 8 个 1KB/2KB 的设备。AT24C04 使用 A2 和 A1 引脚作为硬件地址输入，在一根总线上可连接 4 个 4KB 的设备，A0 引脚没有连接。AT24C08A 只使用 A2 引脚作为硬件地址输入，在一根总线上可连接 2 个 8KB 的设备，A0 和 A1 引脚没有连接。AT24C16A 不使用设备地址引脚。在一根总线上只能挂一个设备，A0、A1 和 A2 引脚没有连接。

(3) AT24C××器件寻址

1KB、2KB、4KB、8KB 和 16KB EEPROM 在开始状态后均需要一个 8 字节器件地址作为器件寻址码，使器件能进行读/写操作。图 9.33 为器件寻址码。

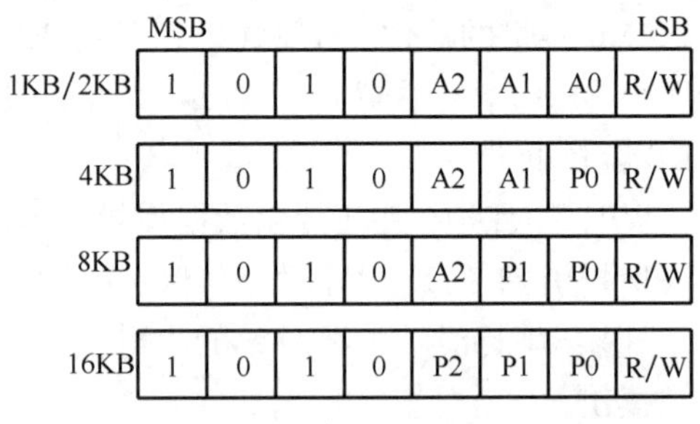

图 9.33　器件寻址码

由图 9.33 可以看出，器件寻址码的前 4 位为 1010，这在所有 EEPROM 器件中都是一样的。

对于 1KB、2KB EEPROM 来说，接下来的 3 位器件寻址码是 A2、A1、A0，这 3 位必须和它们相应的硬件连线，即与输入引脚相对应。

4KB EEPROM 仅用 A2 和 A1 器件寻址位，第三位是存储器页面寻址位 P0。这两个器件寻址位必须和它们相对应的硬件连线，即与输入引脚相对应，A0 引脚不连接。

8KB EEPROM 仅用 A2 器件寻址位，后两位为存储器页面寻址位 P1 和 P0。A2 必须和它相对应的硬件连线，即与输入引脚相对应，A1 和 A0 引脚不连接。

16KB EEPROM 没有任何设备寻址位，但有 3 位存储器页面寻址位 P2、P1、P0。4KB 和 16KB EEPROM 上的存储器页面寻址位应被视为后续数据寻址的最高位，A2、A1 和 A0 引脚不连接。

器件寻址的最低位是读/写操作选择位(R/W)，该位处于高电平时触发读操作；该位处于低电平时触发写操作。

器件寻址一经比较，EEPROM 将在 SDA 总线上输出一个确认，如果没有做比较，芯片将回到待机状态。

(4) AT24C××读写操作

1) 写操作。

① 写字节。写操作需要在给出起始状态、器件地址和确认之后，紧跟着给出一个 8 位数据字节地址。该地址一经收到，EEPROM 将通过 SDA 发出确认信号，并随时钟输入 8 位数据。在收到 8 位数据之后，EEPROM 将向 SDA 确认，数据传送设备必须用停止状态来终止写操作，这时，EEPROM 进入一个内计时固定存储器写入周期。在该写入周期时，所有输入被禁止，EEPROM 直到写完后才对通信应答。如图 9.34 所示。

② 写页面。1KB/2KB EEPROM 能进行 8 字节页面写入，4KB、8KB 和 16KB EEPROM 能进行 16 字节页面写入。激发写页面与激发写字节相同，只是数据传送设备无须在第一个字节随时钟输入之后，发出一个停止状态。在 EEPROM 确认收到第一个数据之后，数据传

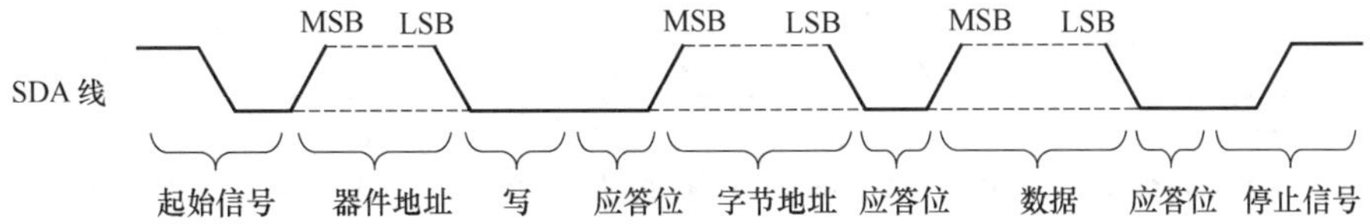

MSB LSB
MSB LSB
MSB LSB
SDA线
起始信号
器件地址
写
应答位
字节地址
应答位
数据
应答位
停止信号

图 9.34　写字节时序图

送设备能再传送 7 个(1KB、2KB)或 15 个(4KB、8KB、16KB)数据，每个数据收到之后，EEPROM 都将通过 SDA 回送一个确认信号，最后数据传送设备必须通过停止状态终止页面写序列。如图 9.35 所示。

MSB LSB
MSB LSB
SDA线
起始信号
器件地址
写
应答位
字节地址
应答位
多个字节数据
应答位
停止信号

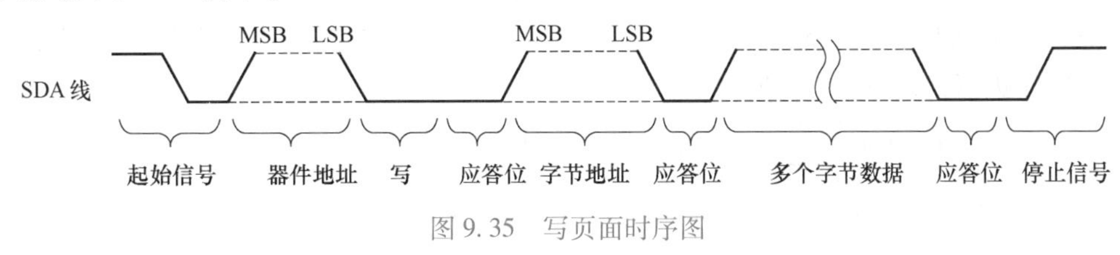

图 9.35　写页面时序图

数据字节地址的低 3 位(1KB、2KB)或低 4 位(4KB、8KB、16KB)在收到每个数据字节后，内部自动加 1，数据字节地址的高位字节保持不变，以保持存储器页地址不变。如果传送到 EEPROM 中的数据字节地址超过 8(1KB、2KB)或 16(4KB、8KB、16KB)字节，数据字节地址将重复滚动，以前的数据将被覆盖。

③ 确认询问。一旦内计时固定存储器写入周期开始，EEPROM 输入禁止，只有在内计时固定存储器写入循环完成时，EEPROM 才通过 SDA 总线上的确认应答，允许读或写过程继续进行。

2）读操作。除了器件地址码中读/写选择位置 1 以外，激发读操作与写操作是一样的。有 3 种读操作：立即地址读取、随机地址读取和顺序读取。

① 立即地址读取。内部数据字节地址指针保持在读/写操作中最后访问的地址，按 1 递增。只要芯片保持上电，该地址在两个操作之间一直有效，如果最后一个操作是在地址 n 处读取，则立即地址是 $n+1$；如果最后操作是在地址 n 处写入，则立即地址也是 $n+1$。

有一种情况例外，如果地址 n 是存储序列中的第八个(1KB、2KB)或第 16 个(4KB、8KB、16KB)字节地址，用增加的地址 $n+1$ 将“滚”置同一列的第一个字节地址。一旦读/写选择位置 1，器件地址随时钟输入，并被 EEPROM 确认，立即寻址数据随时钟串行输出。读数据的器件不是通过确认(使 SDA 总线处于高电平)来应答，而是随后产生一个停止状态。如图 9.36 所示。

MSB LSB
MSB LSB
SDA线
起始信号
器件地址
读
应答位
数据
无应答
停止信号

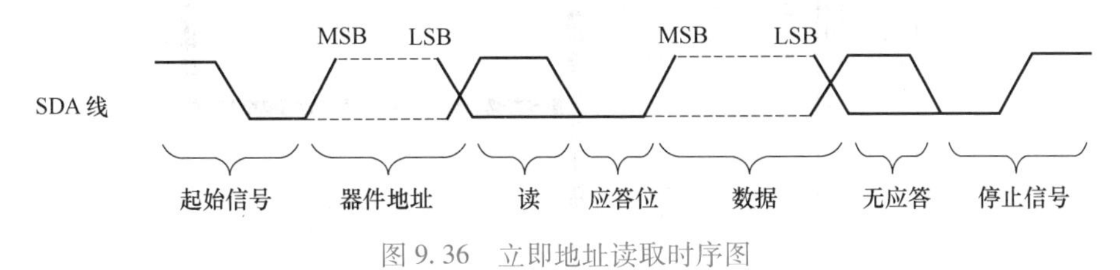

图 9.36　立即地址读取时序图

② 随机地址读取。随机读取需要一个“空”字节写序列来载入数据地址，一旦器件地址码和数据地址码时钟输入，并被 EEPROM 确认，数据传送设备就必须产生另一个开始条件。读/写选择位处于高电平时，通过送出一个器件地址，数据传送设备激发出一个立即寻址读取，EEPROM 确认器件地址，并随时钟串行输出数据。器件读数据不通过确认(使 SDA 总线处于高电平)应答，而通过产生一个停止条件应答。如图 9.37 所示。

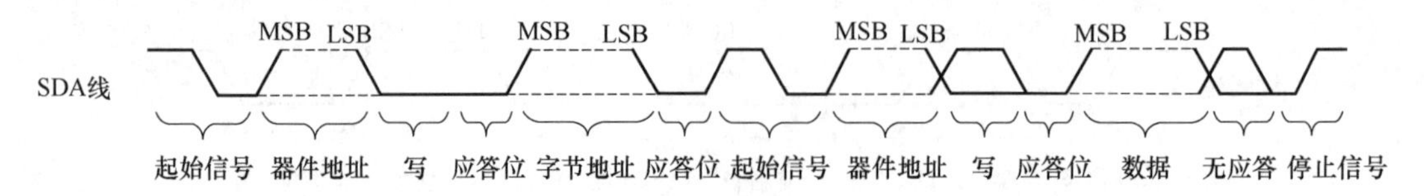

图 9.37　随机地址读取时序图

③ 顺序读取。顺序读取由立即地址读取或随机地址读取激发，在读数据器件收到一数据码之后，通过确认应答，只要 EEPROM 收到确认，之后便会继续增加数据地址码及串行输出数据码。当达到存储器地址极限时，数据地址码将重复“滚动”，顺序读取将继续。当读数据器件不通过确认(使 SDA 总线处于高电平)应答，而通过产生一个停止条件应答时，顺序读取操作被终止。如图 9.38 所示。

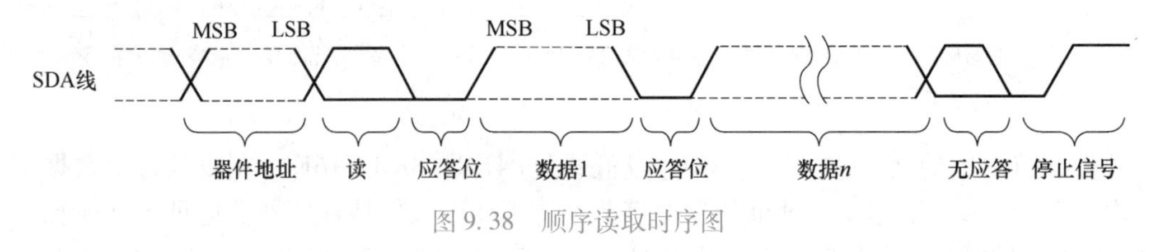

图 9.38　顺序读取时序图

5. 硬件设计

单片机与 AT24C02 连接电路如图 9.39 所示。U1 为单片机，U2 为 AT24C02 模块，单片机的 P3.0、P3.1 和 AT24C02 的 SCK、SDA 对应连接；AT24C02 的 WP 通过按钮 SB 接单片机的 P3.7；AT24C02 的 A2、A1 和 A0 接地。数码管显示按键次数。

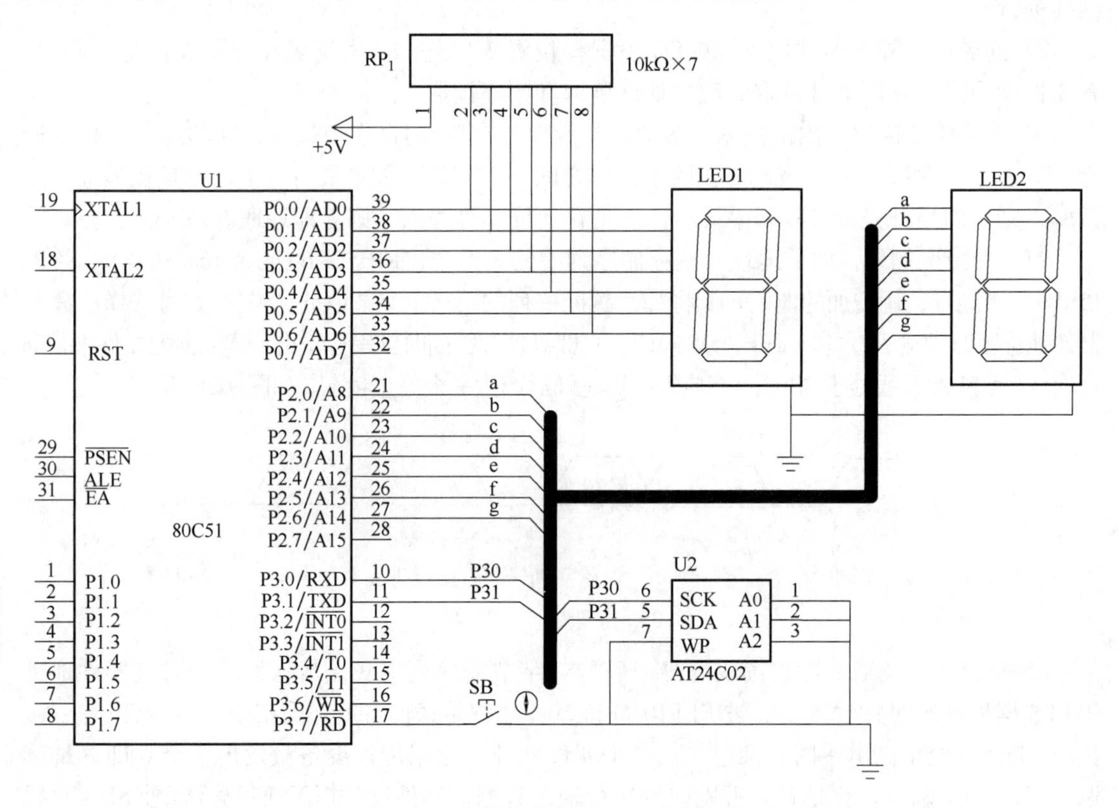

图 9.39　单片机与 AT24C02 连接电路

6. 软件设计

单片机参考程序如下：

```
#include <reg51.H>
#define E2PROM_ADDR 0x20
void read_e2prom(unsigned char rom_addr,unsigned char ram_addr,unsigned char size);
void write_e2prom(unsigned char rom_addr,unsigned char ram_addr,unsigned char size);
sbit P3_7=P3^7;                         //定义计数器端口
unsigned char count=0;                  //定义计数器
unsigned char code table[ ]={0x3f,0x06,0x5b,0x4f,0x66,0x6d,0x7d,0x07,0x7f,0x6f};

void main(void){
    read_e2prom(E2PROM_ADDR,(unsigned char)&count,1);
    P0=table[count/10];                 //显示计数器的十位
    P2=table[count%10];                 //显示计数器的个位
    while(1) {
        if(P3_7==0){                    //检测按钮是否按下
            count++;                    //计数器增1
            if(count==100) count=0;     //判断循环是否超限
            P0=table[count/10];         //十位输出显示
            P2=table[count%10];         //个位输出显示
            write_e2prom(E2PROM_ADDR,(unsigned char)&count,1);
            while(P3_7==0);             //等待按钮抬起,防止连续计数
        }
    }
}
PUBLIC _READ_E2PROM
PUBLIC _WRITE_E2PROM
DE SEGMENT CODE
RSEG DE
CAT24C02_SCK BIT P3.0
CAT24C02_SDA BIT P3.1
_READ_E2PROM:
    MOV     A,R7
    MOV     R2,A
    MOV     A,R5
    MOV     R0,A
```

```
    ACALL   STR_24C02
    MOV     A,#0A0H
    ACALL   WBYTE_24C02
    JC  READFAIL
    MOV     A,R2
    ACALL   WBYTE_24C02
    JC  READFAIL
    ACALL   STR_24C02
    MOV     A,#0A1H
    ACALL   WBYTE_24C02
    JC  READFAIL
    CLRF0
    DJNZ    R3,RD24C02_NEXT
    SJMP    RD24C02_LAST
RD24C02_NEXT:
    ACALL   RDBYTE_24C02
    MOV     @R0,A
    INC R0
    DJNZ    R3,RD24C02_NEXT
RD24C02_LAST:
    SETB    F0
    ACALL   RDBYTE_24C02
    MOV     @R0,A
    ACALL   STOP_24C02
    MOV     A,#00H
    RET
_WRITE_E2PROM:
    MOV     A,R7
    MOV     R2,A
    MOV     A,R5
    MOV     R0,A
    ACALL   STR_24C02
    MOV     A,#0A0H
    ACALL   WBYTE_24C02
    JC  WRITEFAIL
    MOV     A,R2
    ACALL   WBYTE_24C02
    JC  WRITEFAIL
WR24C02_NEXT:
```

```
    MOV    A,@R0
    ACALL   WBYTE_24C02
    ;JC  WRITEFAIL
    INC R0
    DJNZ    R3,WR24C02_NEXT
    ACALL   STOP_24C02
    MOV     R7,#30H
DELAY2:
    MOV     R6,#34H
DELAY1:
    DJNZ    R6,DELAY1
    DJNZ    R7,DELAY2
    MOV     A,#00H
    RET
;=====================================================
;以下为I²C总线模拟子程序
READFAIL:
    ACALL   STOP_24C02
    MOV     A,#0FFH
    RET
WRITEFAIL:
    ACALL   STOP_24C02
    MOV     A,#0FFH
    RET
STR_24C02:
    SETB    CAT24C02_SDA
    NOP
    SETB    CAT24C02_SCK
    NOP
    NOP
    NOP
    NOP
    CLRCAT24C02_SDA
    NOP
    NOP
    NOP
    NOP
    CLRCAT24C02_SCK
    RET
```

```
;_____________________________________
STOP_24C02:
    CLRCAT24C02_SDA
    NOP
    NOP
    NOP
    NOP
    SETB   CAT24C02_SCK
    NOP
    NOP
    NOP
    NOP
    SETB   CAT24C02_SDA
    NOP
    NOP
    NOP
    NOP
    RET
;**************************************
WBYTE_24C02:
    MOV    R7,#08H
WBYO:
    RLCA
    JC     WBY_ONE
    CLRCAT24C02_SDA
    SJMP   WBY_ZERO
WBY_ONE:
    SETB   CAT24C02_SDA
    NOP
WBY_ZERO:
    NOP
    SETB   CAT24C02_SCK
    NOP
    NOP
    NOP
    NOP
    CLRCAT24C02_SCK
    DJNZ   R7,WBYO
    MOV    R6,#5
```

```
WAITLOOP:
    SETB   CAT24C02_SDA
    NOP
    NOP
    SETB   CAT24C02_SCK
    NOP
    NOP
    NOP
    JB  CAT24C02_SDA,NOACK
    CLRC
    CLRCAT24C02_SCK
    RET
NOACK:DJNZ  R6,WAITLOOP
    SETB   C
    CLRCAT24C02_SCK
    RET
;******************************
RDBYTE_24C02:
    SETB   CAT24C02_SDA
    MOV    R7,#08H
RD24C02_CY1:
    NOP
    CLRCAT24C02_SCK
    NOP
    NOP
    NOP
    NOP
    SETB   CAT24C02_SCK
    NOP
    NOP
    CLRC
    JNB CAT24C02_SDA,RD24C02_ZERO
    SETB   C
RD24C02_ZERO:
    RLCA
    NOP
    NOP
    DJNZ   R7,RD24C02_CY1
    CLRCAT24C02_SCK
```

```
    NOP
    NOP
    NOP
    CLRCAT24C02_SDA
    JNBF0,RD_ACK
    SETB   CAT24C02_SDA
RD_ACK:
    NOP
    NOP
    SETB   CAT24C02_SCK
    NOP
    NOP
    NOP
    CLRCAT24C02_SCK
    NOP
    NOP
    CLRF0
    CLRCAT24C02_SDA
    RET
    END
```

7. 联合调试

单片机与 AT24C02 调试仿真效果如图 9.40 所示。

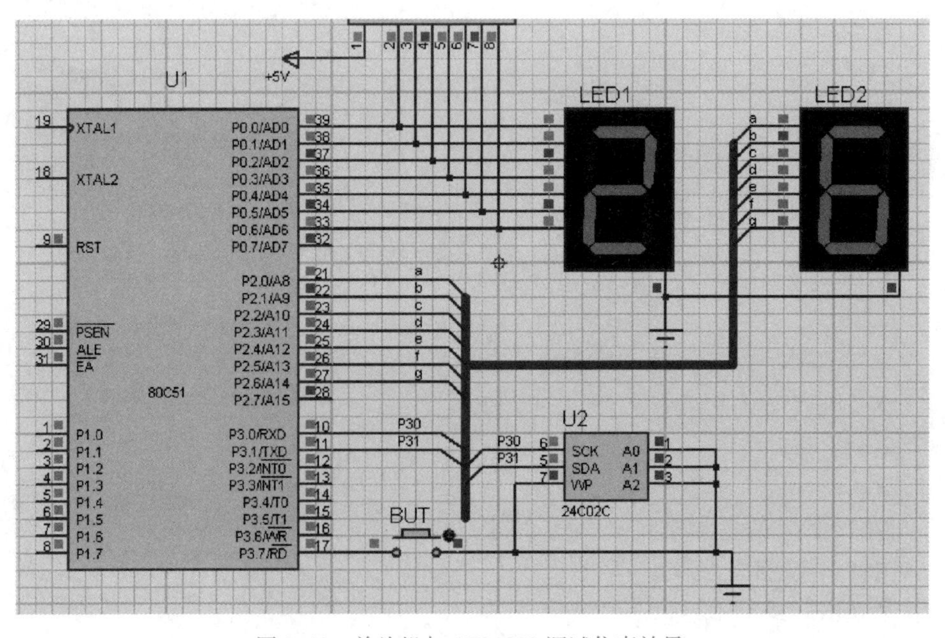

图 9.40 单片机与 AT24C02 调试仿真效果

本章小结

1）单片机应用系统的开发研制，从提出任务到投入使用应包括总体论证、总体设计、硬件及软件开发、联合调试和产品定型、系统工程报告的编制等步骤。

2）键盘分为独立按键和矩阵按键，当按键需要较多时，采用矩阵按键，可减少 I/O 口的占用。矩阵键盘识别与编码可以分为键盘列扫描、键码判断、键值获取。

3）字符型液晶显示模块是一种专门用于显示字母、数字和符号等的点阵式 LCD，常用 16×1、16×2 等模块。对 LCD1602 操作可通过写指令、写数据、读指令、读数据 4 种方式进行。

4）DAC0832 是 8 位 D/A 转换集成芯片，由 8 位输入锁存器、8 位 DAC 寄存器、8 位 D/A 转换电路及转换控制电路构成。DAC0832 有 3 种工作方式，即直通方式、单缓冲方式和双缓冲方式。

5）ADC0809 是 CMOS 单片型逐次逼近式 A/D 转换器，它由 8 路模拟开关、地址锁存与译码器、比较器、8 位开关树形 A/D 转换器、逐次逼近寄存器、逻辑控制和定时电路组成。

6）SPI 是一种高速、全双工、同步通信总线，在芯片的引脚上有 MISO、MOSI、SCLK 和 CS 共 4 根线，节约了芯片的引脚。SPI 通信有 4 种不同的模式，通过 CPOL(时钟极性)和 CPHA(时钟相位)来控制设备的通信模式。DS1302 是具有 SPI 总线的实时时钟芯片，可以对年、月、日、周、时、分、秒进行计时，并且具有闰年补偿功能。

7）I^2C 用 SDA 和 SCL 两根线进行数据传输。I^2C 总线时序格式按照一位一位串行传输，传输信息包括起始信号、地址、读/写、应答位、数据、应答位、数据、应答位、…、停止信号。AT24C××是具有 I^2C 总线的 EEPROM 存储器芯片，掉电情况下数据不会丢失。

习题与思考题

1. 传统认知中存在并行总线比串行总线速度快的惯性思维，随着芯片技术的发展和速度的提升，并行总线占用尺寸过大且对布线等长要求过于苛刻的问题逐渐凸显，越来越多的数字接口开始采用串行总线技术。针对此现象，谈谈自己对后发优势、比较优势理念的看法。
2. 简述单片机应用系统的开发流程。
3. 简述单片机典型应用系统的构成。
4. 简述单片机应用系统工程报告的作用。
5. 简述单片机应用系统工程报告的构成。
6. 用矩阵键盘、液晶显示模块和蜂鸣器设计一个电子闹钟。
7. 用 DAC0832 设计一个灯光亮度调节器。
8. 用 DS18B20 和数码管设计一个数字温度采集器。
9. 用 DS102 和 8 个数码管设计一个能够显示时、分、秒的电子钟。
10. 用 AT24C02 设计存储单片机的开启次数，每次单片机开启时用数码管显示开启前的开启次数。

附　录

附录 A　ASCII 码表

表 A.1　ASCII 码表

L	H							
	0000	0001	0010	0011	0100	0101	0110	0111
0000	NUL	DLE	SP	0	@	P	`	p
0001	SOH	DC1	!	1	A	Q	a	q
0010	STX	DC2	"	2	B	R	b	r
0011	ETX	DC3	#	3	C	S	c	s
0100	EOT	DC4	$	4	D	T	d	t
0101	ENQ	NAK	%	5	E	U	e	u
0110	ACK	SYN	&	6	F	V	f	v
0111	BEL	ETB	′	7	G	W	g	w
1000	BS	CAN	)	8	H	X	h	x
1001	HT	EM	(	9	I	Y	i	y
1010	LF	SUB	*	:	J	Z	j	z
1011	VT	ESC	+	;	K	[	k	{
1100	FF	FS	,	<	L	\	l	|
1101	CR	GS	—	=	M	]	m	}
1110	SO	RS	.	>	N	^	n	~
1111	SI	US	/	?	O	_	o	DEL

ASCII 码表中控制符含义：

NUL(null)空字符

SOH(start of handing)标题开始

STX(start of text)正文开始

ETX(end of text)正文结束

EOT(end of transmission)传输结束

ENQ(enquiry)请求

ACK(acknowledge)收到通知

BEL(bell)响铃

BS(backspace)退格

HT(horizontal tab)水平制表符

LF(line feed, new line)换行键
VT(vertical tab)垂直制表符
FF(form feed, new page)换页键
CR(carriage return)回车键
SO(shift out)不用切换
SI(shift in)启用切换
DLE(data link escape)数据链路转义
DC1(device control 1)设备控制 1
DC2(device control 2)设备控制 2
DC3(device control 3)设备控制 3
DC4(device control 4)设备控制 4
NAK(negative acknowledge)拒绝接收
SYN(synchronous idle)同步空闲
ETB(end of trans. block)传输块结束
CAN(cancel)取消
EM(end of medium)介质中断
SUB(substitute)替换
ESC(escape)溢出
FS(file separator)文件分割符
GS(group separator)分组符
RS(record separator)记录分离符
US(unit separator)单元分隔符
DEL(delete)删除

附录 B　C51 语言常用的库函数及头文件

1. 数学函数<math. h >

(1) cabs
原型：char cabs(char val);
功能：求字符数 val 的绝对值。
参数：val 为字符型数据。
返回：val 的绝对值。
(2) abs
原型：int abs(int val);
功能：求整型 val 的绝对值。
参数：val 为整型数据。
返回：val 的绝对值。
(3) labs
原型：long labs(long val);
功能：求长整数 val 的绝对值。
参数：val 为长整型数据。
返回：val 的绝对值。
(4) fabs
原型：float fabs(float val);
功能：求浮点数 val 的绝对值。
参数：val 为浮点型数据。
返回：val 的绝对值。
(5) sqrt
原型：float sqrt(float x);
功能：计算浮点数 x 的平方根。
参数：x 为浮点型数据。

返回：x 的正平方根。

(6) exp

原型：float exp(float x);

功能：计算 e 的 x 次幂。e≈2.71828182845953581496，是无限不循环小数。

参数：x 为浮点型数据。

返回：e^x 的值。

(7) log

原型：float log(float val);

功能：计算浮点数 val 的自然对数。自然对数基数为 e。

参数：val 为浮点型数据。

返回：val 的浮点自然对数。

(8) log10

原型：float log10(float val);

功能：计算浮点数 val 的常用对数。常用对数基数为 10。

参数：val 为浮点型数据。

返回：val 的浮点常用对数。

(9) sin

原型：float sin(float x);

功能：计算浮点数 x 的正弦值。

参数：x 为浮点型数据。

返回：x 的正弦。

(10) cos

原型：float cos(float x);

功能：计算浮点数 x 的余弦值。

参数：x 为浮点型数据。

返回：x 的余弦。

(11) tan

原型：float tan(float x);

功能：计算浮点数 x 的正切值。

参数：x 为浮点型数据。

返回：x 的正切。

(12) asin

原型：float asin(float x);

功能：计算浮点数 x 的反正弦值。

参数：x 为浮点型数据，取值必须在-1~1 之间。

返回：x 的反正弦，值在-π/2~π/2 之间。

(13) acos

原型：float acos(float x);

功能：计算浮点数 x 的反余弦值。

参数：x 为浮点型数据，取值必须在-1~1 之间。

返回：x 的反余弦，值在 0~π 之间。

(14) atan

原型：float atan(float x);

功能：计算浮点数 x 的反正切值。

参数：x 为浮点型数据，取值必须在-1~1 之间。

返回：x 的反正切，值在-π/2~π/2 之间。

(15) sinh

原型：float sinh(float x);

功能：计算浮点数 x 的双曲正弦值。

参数：x 为浮点型数据。

返回：x 的双曲正弦。

(16) cosh

原型：float cosh(float x);

功能：计算浮点数 x 的双曲余弦值。

参数：x 为浮点型数据。

返回：x 的双曲余弦。

(17) tanh

原型：float tanh(float x);

功能：计算浮点数 x 的双曲正切值。

参数：x 为浮点型数据。

返回：x 的双曲正切。

(18) atan2

原型：float atan2(float y, float x);

功能：计算浮点数 y/x 的反正切值。

参数：y 为浮点型数据，x 为浮点型数据。

返回：y/x 的反正切值，值在-π~π 之间。x 和 y 的符号确定返回值的象限。

(19) ceil

原型：float ceil(float val)

功能：计算大于或等于 val 的最小整数值(收尾取整)。

参数：val 为浮点型数据。

返回：不小于 val 的最小 float 整数值。

(20) floor

原型：float floor(float val);

功能：取整。

参数：val 为浮点型数据。

返回：不大于 val 的最大整数值。

(21) fmod

原型：float fmod(float x, float y);

功能：取模。

参数：x 为浮点型数据，y 为浮点型数据。

返回：x/y 的浮点余数。

（22）modf

原型：float modf(float val, float *ip);

功能：把浮点数 val 分成整数和小数部分。

参数：val 为浮点型数据，ip 为指向浮点型变量的指针变量。

返回：val 的小数部分。整数部分保存在 ip 指向的单元。

（23）pow

原型：float pow(float x, float y);

功能：计算 x 的 y 次幂。

参数：x 为浮点型数据，y 为浮点型数据。

返回：x^y 值。如果 x≠0、y=0，pow 返回值 1；如果 x=0、y≤0，pow 返回 NaN。如果 x<0 和 y 不是一个整数，pow 返回 NaN。

2. 空操作、左右位移等内嵌代码<intrins. h>

（1）_nop_

原型：void _nop_(void);

功能：插入一个 8051NOP 空操作指令到程序，用来停顿 1 个 CPU 周期。固有函数，代码要求内嵌而不是被调用。

参数：无。

返回：无。

（2）_testbit_

原型：bit _testbit_(bit b);

功能：在生成的代码中用 JBC 指令来测试位 b，并清 0。

参数：只能用于直接寻址位变量，对任何类型的表达式无效。固有函数，代码要求内嵌而不是被调用。

返回：b 值。

（3）_cror_

原型：unsigned char _cror_(unsigned char c,unsigned char b);

功能：将字符 c 循环右移 b 位。固有函数，代码要求内嵌而不是被调用。

参数：c 为无符号字符型数据，b 为无符号字符型数据。

返回：右移后的值。

（4）_iror_

原型：unsigned int _iror_(unsigned int i,unsigned char b);

功能：将整数 i 循环右移 b 位。固有函数，代码要求内嵌而不是被调用。

参数：i 为无符号整型数据，b 为无符号字符型数据。

返回：右移后的值。

（5）_lror_

原型：unsigned long _lror_(unsigned long l,unsigned char b);

功能：将长整数 l 循环右移 b 位。固有函数，代码要求内嵌而不是被调用。

参数：l 为无符号长整型数据，b 为无符号字符型数据。

返回：右移后的值。

(6) _crol_

原型：unsigned char _crol_(unsigned char c,unsigned char b);

功能：将字符 c 循环左移 b 位。固有函数，代码要求内嵌而不是被调用。

参数：c 为无符号字符型数据，b 为无符号字符型数据。

返回：左移后的值。

(7) _irol_

原型：unsigned int _irol_(unsigned int i,unsigned char b);

功能：将整数 i 循环左移 b 位。固有函数，代码要求内嵌而不是被调用。

参数：i 为无符号整型数据，b 为无符号字符型数据。

返回：左移后的值。

(8) _lrol_

原型：unsigned long _lrol_(unsigned long l,unsigned char b);

功能：将长整数 l 循环左移 b 位。固有函数，代码要求内嵌而不是被调用。

参数：l 为无符号长整型数据，b 为无符号字符型数据。

返回：左移后的值。

(9) _chkfloat_

原型：unsigned char _chkfloat_(float val);

功能：检查浮点数的状态。

参数：val 为浮点型变量。

返回：0，标准浮点数；1，浮点数 0；2，正溢出；3，负溢出；4，NaN(不是一个数)错误状态。

(10) _push_

原型：void _push_(unsigned char _sfr);

功能：将特殊功能寄存器_sfr 的内容压入堆栈。

参数：_sfr 为存放字符型数据的特殊功能寄存器。

返回：无。

(11) _pop_

原型：void _pop_(unsigned char _sfr);

功能：将堆栈中的数据弹出到特殊功能寄存器_ sfr。

参数：_sfr 为存放字符型数据的特殊功能寄存器。

返回：无。

3. 字串转数字、随机数和存储池管理<stdlib. h>

(1) atof

原型：float atof(void * string);

功能：将指针 string 指向的浮点数格式的字符串转换为浮点数。如果 string 指向的第一个字符不能转换成数字，就停止处理。

参数：格式为[{+|-}]数字[. 数字][{e|E}[{+|-}]数字]。如-12. 345e+67。

返回：转换后的浮点数。

(2) atoi

原型：int atoi(void * string);

功能：将指针 string 指向的字符串转换为一个整数值。string 是一个字符序列，可以解释为一个整数。如果 string 的第一个字符不能转换成数字，就停止处理。

参数：atoi 函数要求 string 的格式为[空格][{+|-}]数字，如 123456。

返回：转换后的整数值。

(3) atol

原型：long atol(void * string);

功能：atol 函数将 string 转换为一个长整数值。string 是一个字符序列，可以解释为一个长整数。如果 string 的第一个字符不能转换成数字，就停止处理。

参数：atol 函数要求 string 的格式为[空格][{+|-}]数字，如 1234567890。

返回：atol 函数返回 string 的长整数值。

(4) rand

原型：int rand(void);

功能：rand 函数产生一个 0~32767 之间的虚拟随机数。

参数：无。

返回：一个随机数。

(5) srand

原型：void srand(unsigned int seed);

功能：srand 函数设置 rand 函数所用的虚拟随机数发生器的起始值 seed，随机数发生器对任何确定值 seed 产生相同的虚拟随机数序列。

参数：seed 为无符号整型数据。

返回：无。

(6) strtod

原型：unsigned long strtod(const char * string, char ** ptr);

功能：strtod 函数将一个浮点数格式的字符串 string 转换为一个浮点数。字符串开头的空白字符被忽略。

参数：要求 string 的格式为[{+|-}]digits[.digits][{e|E}[{+|-}]digits]digits，可能是一个或多个十进制数。ptr 的值设置指针到 string 中转换部分的第一个字符。如果 ptr 是 NULL，则没有值和 ptr 关联。如果不能转换，则 prt 就设为 string 的值，strtod 返回 0。

返回：转换后的浮点数。

(7) strtol

原型：long strtol(const char * string,char ** ptr,unsigned char base);

功能：将一个数字字符串 string 转换为一个 long 值。

参数：输入 string 是一个字符序列，可以解释为一个整数。字符串开头的空白字符被忽略，符号可选。要求 string 的格式为[whitespace][{+|-}]digitsdigits，可能是一个或多个十进制数。如果 base 为 0，数值应该有一个十进制常数、八进制常数或十六进制常数的格式。数值的基数从格式推出。如果 base 为 2~36，数值必须是一个字母或数字的非零序列，表示指定基数的一个整数。字母 a~z(或 A~Z)分别表示值 10~36。只有小于 base 的字母表示的值是允许的。如果 base 为 16，数值可能以 0x 或 0X 开头，0x 或 0X 被忽略。prt 的值设置指针指向 string 中转换部分的第一个字符。如果 prt 是 NUL，则没有值和 ptr 关联。如果不能转换，prt 设置为 string 的值，strtol 返回 0。

返回：转换后的整数值。如溢出则返回 LONG_MIN 或 LONG_MAX。

(8) strtoul

原型：unsigned long strtoul(const char * string,char * * ptr,unsigned char base);

功能：将一个数字字符串 string 转换为一个 unsigned long 值。

参数：与 strtol 函数类似。

返回：strtoul 函数返回 string 生成的整数值。如溢出，则返回 ULONG_MAX。

(9) init_mempool

原型：void inti_mempool(void xdata * p,unsigned int size);

功能：初始化存储管理程序，提供存储池的开始地址和大小。本函数必须在任何其他的存储管理函数(calloc,free,malloc,realloc)被调用前设置存储池，只在程序的开头调用一次。可以修改源程序以适合硬件环境。

参数：p 参数指向一个 xdata 的存储区，用 calloc、free、malloc 和 realloc 库函数管理。size 参数指定存储池所用的字节数。

返回：无。

(10) malloc

原型：void xdata * malloc(unsigned int size);

功能：分配 size 字节的存储区。

参数：size 为无符号整型数据。

返回：一个指向所分配的存储块的指针，如果没有足够的空间，则返回一个 NULL 指针。

(11) free

原型：void free(void xdata * p);

功能：释放 p 所指的内存区。p 参数指向用 calloc、malloc 或 realloc 函数分配的存储块。一旦块返回到存储区就可以被再分配。如果 p 是一个 NULL 指针，被忽略。本程序的源代码在目录 C:\KEIL\C51\LIB 中，可以修改源程序，根据硬件来定制本程序。

参数：p 为指向外部数据区的无数据类型指针。

返回：无。

(12) realloc

原型：void xdata * realloc(void xdata * p,unsigned int size);

功能：改变已分配的存储块的大小。本程序的源代码在目录 C:\KEIL\C5I\LIB 中，可以根据硬件环境定制本函数。

参数：p 参数指向已分配块，size 参数指定新块的大小。

返回：一个指向新块的指针。如果存储池没有足够的存储区，返回一个 NULL 指针，存储块不受影响。

(13) calloc

原型：void xdata * calloc(unsigned int num,unsigned int len);

功能：从一个数组分配 num 个元素的存储区。每个元素占用 len 字节，并清 0。字节总数为 num * len。在 LIB 目录提供程序的源代码。可以修改源程序，为硬件定制本函数。

参数：num 为元素数目，len 为每个元素的长度。

返回：一个指针，该指针指向分配的存储区，如果不能分配，则返回一个 NULL 指针。

4. 流输入输出<stdio. h>

(1) _getkey

原型：char _getkey(void);

功能：等待从串口接收字符。_getkey 和 putchar 函数的源代码可以修改，提供针对硬件的字符级的 I/O。

参数：无。

返回：接收到的字符。

(2) getchar

原型：char getchar(void);

功能：读取一个字符。所读取的字符用 putchar 函数显示。本函数基于_getkey 或 putchar 函数的操作。本函数作为标准库提供，用 8051 的串口读/写字符。定制函数可以使用其他 I/O 设备。

参数：无。

返回：所读取的字符。

(3) ungetchar

原型：char ungetchar(char c);

功能：ungetchar 函数把字符 c 放回到输入流。子程序被 getchar 和其他返回 c 的流输入函数调用。getchar 在调用时只能传递一个字符给 ungetehar。

参数：c 为字符型数据。

返回：如果成功，ungetchar 函数返回字符 c。如果在读输入流时调用 ungetchar 多次，返回 EOF 表示一个错误条件。

(4) putchar

原型：char putchr(char c);

功能：putchar 函数用 8051 的串口输出字符 c。本程序指定执行，功能可能有变。因提供了_ getkey 和 putchar 函数的源程序，可以根据任何硬件环境修改以提供字符级的 I/O。

参数：c 为字符型数据。

返回：输出的字符 c。

(5) printf

原型：int printf(const char * fmtstr [,arguments]…);

功能：printf 函数格式化一系列的字符串和数值，生成一个字符串用 putchar 写到输出流。fmtstr 参数是一个格式化字符串，可能是字符、转义系列和格式标识符。普通的字符和转义系列按说明的顺序复制到流。格式标识符通常以百分号(%)开头，要求在函数调用中包含附加的参数 arguments。格式字符串从左向右读。第一个格式标识符使用 fmtstr 后的第一个参数，用格式标识符转换和输出。第二个格式标识符访问 fmtstr 后的第二个参数。如果参数比格式标识符多，多出的参数被忽略。如果参数不够，结果是不可预料的。格式标识符的格式为%[flags][width][.precision][{b|B|l|L}]type。格式标识符中的每个域可以是一个字符或数字，type 域是一个字符，指定参数是否解释为一个字符、字符串、数字或指针。可选字符 b、B、l 或 L 可直接放在 type 字符前，分别指定整数类型 d、i、u、o、x 和 X 的 char 或 long 版本。flags 域是单个字符，用来对齐、输出和打印+/-号、空白、小数点、八进制和十六进制的前缀。width 域是一个非负数字，指定显示的最小字符数。如果输出值的字符

数小于 width，空白会加到左边或右边(当指定了一个标记)以达到最小的宽度。如果 width 用一个‘0’作前缀，则填充的是 0 而不是空白。width 域不会截短一个域。如果输出值的长度超过指定宽度，则输出所有的字符。width 域可能是星号(*)，在这种情况下，参数列表的一个 int 参数提供宽度值。如果参数使用的是 unsigned char，在星号标识符前指定一个‘b’。precision 域是非负数字，指定显示的字符数、小数位数或有效位。precison 域可能使输出值切断或舍入。precision 域可能是星号(*)，在这种情况，参数列表的一个 int 参数提供宽度值。如果参数使用的是 unsigned char，在星号标识符前指定一个‘b’。本函数指定执行基于 putchar 函数的操作。本函数作为标准库提供，用 8051 的串口写字符，使用其他 I/O 设备可以定制函数。必须确保参数类型和指定的格式匹配。可用类型映射确保正确的类型传递到 printf。可传递给 printf 的总的字节数受到 8051 存储区的限制。SMALL 模式和 COMPACT 模式最多为 15 字节，LARGE 模式最多为 40 字节。

参数：fmtstr 为指向格式字符串的指针，arguments 为将输出的字符串。

返回：实际写到输出流的字符数。

(6) sprintf

原型：int sprintf(char *buffer,const char *fmtstr [,arguments]…);

功能：sprintf 函数格式化一系列的字符串和数字值，并保存结果字符串在 buffer fintstr。参数：参数是一个格式字符串，与 printf 函数指定的要求相同。

返回：实际写到 buffer 的字符数。

(7) vprintf

原型：void vprintf(const char *fmtstr,char *argptr);

功能：vprintf 函数格式化一系列的字符串和数字值，并建立一个用 puschar 函数写到输出流的字符串，函数类似于 printf 的副本，但使用参数列表的指针，而不是一个参数列表。本函数指定执行基于 putchar 函数的操作。本函数作为标准库提供，用 8051 的串口写字符。使用其他 I/O 设备可以定制函数。

参数：fmtstr 参数是一个指向一个格式字符串的指针，与 printf 函数的 fmtstr 参数有相同的形式和功能。argptr 参数指向一系列参数，根据格式中指定的对应格式转换和输出。

返回：实际写到输出流的字符数。

(8) vsprintf

原型：void vsprintf(char *buffer,const char *fmtstr,char *argptr);

功能：vsprintf 函数格式化一系列的字符串和数字值，并保存字符串在 buffer 中。函数类似于 sprintf 的副本，但使用参数列表的指针，而不是一个参数列表。

参数：fmtstr 参数是一个指向一个格式字符串的指针，与 printf 函数的 fmtstr 参数有相同的形式和功能。argptr 参数指向一系列参数，根据格式中指定的对应格式转换和输出。

返回：vsprintf 函数返回实际写到输出流的字符数。

(9) gets

原型：char *gets(char *string,int len);

功能：gets 函数调用 getchar 函数读一行字符到 string。这行字符包括所有的字符和换行符('\n')。在 string 中换行符被一个 NULL 字符('\n')替代。len 参数指定可读的最多字符数。如果长度超过 len，gets 函数用 NULL 字符终止 string 并返回。本函数指定执行基于_getkey 或 putchar 函数的操作。这些函数作为标准库提供，用 8051 的串口读/写字符。使用其他 I/O 设备可以定制函数。

参数：string 为要读的字符串，len 为最多字符数。

返回：string 指向的字符串首地址。

(10) scanf

原型：int scanf(sonst char *fmtstr [,argument]…);

功能：用 getchar 程序读数据。输入的数据保存在由 argument 根据格式字符串 fmtstr 指定的位置。

参数：每个 argument 必须是一个指针，指向一个变量，对应 fmtstr 定义的类型，fmtstr 控制解释输入的数据，fmtstr 参数由一个或单个空白字符、非空白字符和下面定义的格式标识符组成。

1) 空白字符：空白(' ')，制表('\t')或换行('\n')，使 scanf 跳过输入流中的空白字符。格式字符串中的单个的空白字符匹配输入流的 0 或多个空白字符。

2) 非空白字符：除了百分号('%')，使 scanf 从输入流读字符但不保存一个匹配字符。如果输入流的下一个字符和指定的非空白字符不匹配，scanf 函数终止。

3) 格式标识符：以百分号('%')开头，使 scanf 从输入流读字符，并转换字符到指定的类型值，转换后的值保存在参数列表的 argument 中。百分号后面的字符不被认为是一个格式标识符，只作为一个普通字符。如%%匹配输入流的一个百分号。格式字符串从左向右读，不是格式标识符的字符必须和输入流的字符匹配。这些字符从输入流读入，但不保存，如果输入流的一个字符和格式字符串冲突，scanf 函数终止。任何冲突的字符仍保留在输入流中。格式字符串中的第一个格式标识符引用 fmtstr 后面的第一个参数，并转化输入字符，用格式标识符保存值；第二个格式标识符访问 fmtstr 后面的第二个参数，……。如果参数比格式标识符多，多出的参数被忽略。如果没有足够的参数匹配格式标识符，结果是不可预料的。输入流中的值被输入域调用，用空白字符隔开。在转换输入域时，scanf 遇到一个空白字符就结束一个参数的转换，而且任何当前格式标识符不认识的字符会结束一个域转换。格式标识符的格式为%[*][width][{b | h | l}]type，其中的每个域可以是单个字符或数字，用来指定一个特殊的格式选项。type 域是单个字符，指定输入字符是否解释为一个字符、字符串或数字。type 域表见表 B.1，本域可以是表中的任何值。以星号(*)作为格式标识符的第一个字符，会使输入域被扫描但不保存。星号禁止和格式标识符关联。width 域是一个非负数，指定从输入流读入的最多字符数。从输入流读入的字符数不超过 width，并根据相应的 argument 转换。然而，如果先遇到一个空白字符或一个不认识的字符，则读入的字符数小于 width。可选字符 b、h 或 l 直接放在 type 字符前面，分别指定整数类型 d、i、u、o 和 x 的 char、short 或 long 版本。本函数指定执行基于_getkey 或 putchar 函数的操作。这些函数作为标准库提供，用 8051 的串口读/写字符。可使用 I/O 设备定制函数。可以传递给 scanf 的字节数受 8051 存储区的限制。SMALL 模式或 COMPACT 模式最多为 15 字节。LARGE 模式最多为 40 字节。

表 B.1　type 域表

类　型	说　明
d	按十进制有符号整数形式输出
i	按十进制有符号整数形式输出(同 d 格式)

（续）

类 型	说 明
u	按十进制无符号数形式输出
o	按八进制无符号数形式输出
x	按十六进制无符号数形式输出，输出时使用小写字母(a,b,c,d,e,f)
X	按十六进制无符号数形式输出，输出时使用大写字母(A,B,C,D,E,F)
f	按十进制小数形式输出浮点数，输出格式为，[-]ddd. dddddd(默认输出6位小数)
e	按十进制指数形式输出浮点数，输出格式为：[-]d. dddde[+/-]ddd，(e后面是指数)
E	按十进制指数形式输出浮点数，输出格式为：[-]d. ddddE[+/-]ddd，(E后面是指数)
g	按十进制形式输出浮点数，自动选择f或e格式中输出长度小的格式输出；g格式不输出无用的0
G	按十进制形式输出浮点数，自动选择f或E格式中输出长度小的格式输出；G格式不输出无用的0
c	输出单个字符
s	输出字符串

返回：成功转换的输入域的数目。如果有错误，则返回EOF。

(11) sscanf

原型：int sscanf(char * buffer,const char * fmtstr [,argument]…);

功能：从buffer读字符串。

参数：输入的数据保存在由argument根据格式字符串fmtstr指定的位置。每个argument必须是指向变量的指针，对应定义在fmtstr的类型，控制输入数据的解释。fmtstr参数由一个或多个空白字符、非空白字符和格式标识符组成，同scanf函数的定义。

返回：成功转换的输入域的数目，如果出现错误，则返回EOF。

(12) puts

原型：int puts(const char * string);

功能：用putchar函数写string和换行符\n到输出流。本函数指定执行基于putchar函数的操作。本函数作为标准库提供，写字符到8051的串口。可用其他I/O口定制函数。

参数：输出的字符串。

返回：如果出现错误，puts函数返回EOF；如果没有错误，则返回0。

5. 字符测试<ctype. h>

(1) isalpha

原型：bit isalpha(char c);

功能：测试参数c，确定是否是一个字母(A~Z,a~z)。

参数：c为字符型数据。

返回：如果c是一个字母，isalpha函数返回1(真)，否则返回0(假)。

(2) isalnum

原型：bit isalnum(char c);

功能：测试参数c，确定是否是一个字母或数字字符(A~Z，a~z，0~9)。

参数：c 为字符型数据。

返回：如果 c 是一个字母或数字字符，isalnum 函数返回 1(真)，否则返回 0(假)。

(3) iscntrl

原型：bit iscntrl(char c)；

功能：测试参数 c，确定是否是一个控制字符(0x00~0x1F 或 0x7F)。

参数：c 为字符型数据。

返回：如果 c 是一个控制字符，iscntrl 函数返回 1(真)，否则返回 0(假)。

(4) isdigit

原型：bit isdigit(char c)；

功能：测试参数 c，确定是否是一个十进制数(0~9)。

参数：c 为字符型数据。

返回：如果 c 是一个十进制数，isdigit 函数返回 1(真)，否则返回 0(假)。

(5) isgraph

原型：bit isgraph(char c)；

功能：测试参数 c，确定是否是一个可打印字符(0x21~0x7E，不包括空格)。

参数：c 为字符型数据。

返回：如果 c 是一个可打印字符，isgraph 函数返回 1(真)，否则返回 0(假)。

(6) isprint

原型：bit isprint(char c)；

功能：测试参数 c，确定是否是一个可打印字符(0x20~0x7E)。

参数：c 为字符型数据。

返回：如果 c 是一个可打印字符，isprint 函数返回 1(真)，否则返回 0(假)。

(7) ispunct

原型：bit ispunct(char c)；

功能：测试参数 c，确定是否是一个标点符号字符(!,. :;? ” # $ % & ’ `()< > [ ] { } * +-=/ | \ @ ^_ ~)。

参数：c 为字符型数据。

返回：如果 c 是一个标点符号字符，ispunct 函数返回 1(真)，否则返回 0(假)。

(8) islower

原型：bit islower(char c)；

功能：测试参数 c，确定是否是一个小写字母字符(a~z)。

参数：c 为字符型数据。

返回：如果 c 是一个小写字母字符，islower 函数返回 1(真)，否则返回 0(假)。

(9) isupper

原型：bit isupper(char c)；

功能：测试参数 c，确定是否是一个大写字母字符(A~Z)。

参数：c 为字符型数据。

返回：如果 c 是一个大写字母字符，isupper 函数返回 1(真)，否则返回 0(假)。

(10) isspace

原型：bit isspace(char c)；

功能：测试参数 c，确定是否是一个空白字符(0x09~0x0D 或 0x20)。

参数：c 为字符型数据。

返回：如果 c 是一个空白字符，isspace 函数返回 1(真)，否则返回 0(假)。

(11) isalnum

原型：bit isalnum(char c);

功能：测试参数 c，确定是否是一个十六进制数(A~F，a~f，0~9)。

参数：c 为字符型数据。

返回：如果 c 是一个十六进制数，isalnum 函数返回 1(真)，否则返回 0(假)。

(12) tolower

原型：char tolower(char c);

功能：转换 c 为一个小写字符。如果 c 不是一个字母，tolower 函数无效。

参数：c 为字符型数据。

返回：c 的小写字母。

(13) toupper

原型：char toupper(char c);

功能：转换 c 为一个大写字符。如果 c 不是一个字母，toupper 函数无效。

参数：c 为字符型数据。

返回：c 的大写字母。

(14) toint

原型：char toint(char c);

功能：转换 c 为十六进制值。ASCII 字符 0~9 生成值 0~9。ASCII 字符 A~F 和 a~f 生成值 10~15。如果 c 表示一个十六进制数，函数返回-1。

参数：c 为字符型数据。

返回：c 的十六进制 ASCII 码。

(15) _tolower

原型：#define _tolower(c) ((c)-'A'+'a');

功能：_tolower 宏是在已知 c 是一个大写字符的情况下可用的 lower 的一个版本。

参数：c 为字符型数据。

返回：c 的小写。

(16) _toupper

原型：#define _toupper(c) ((c)-'a'+'A');

功能：_toupper 宏是在已知 c 是一个小写字符的情况下可用的 toupper 的一个版本。

参数：c 为字符型数据。

返回：c 的大写。

(17) toascii

原型：#define toascii(c) ((c)& 0x7F);

功能：转换 c 为一个 7 位 ASCII 字符。宏只转换变量 c 的低 7 位。

参数：c 为字符型数据。

返回：c 的 7 位 ASCII 字符。

6. 跳转<setjmp. h>

(1) setjmp

原型：volatile int setjmp(jmp_buf env)；

功能：将当前 CPU 的状态保存在 env，该状态可以调用 longjmp 函数来恢复。同时使用 setjmp 和 longjmp 函数可执行非局部跳转。setjmp 函数保存当前指令地址和其他 CPU 寄存器。一个 longjmp 的并发调用恢复指令指针和寄存器，在 setjmp 调用后面恢复运行。只有 volatile 属性声明的局部变量和函数参数被恢复。

参数：env 为 jmp_buf 型结构体变量。

返回：当 CPU 的当前状态被复制到 env，setjmp 函数返回一个 0。一个非零值表示执行了 longjmp 函数来返回 setjmp 函数调用。在这种情况下，返回值是传递给 longjmp 函数的值。

(2) longjmp

原型：volatile void longjmp(jmp_buf env,int retval)；

功能：恢复用 setjmp 函数保存在 env 的状态。retval 参数指定从 setjmp 函数调用返回值。同时使用 longjmp 和 setjmp 函数可执行非局部跳转，通常用来控制一个错误恢复程序。只有用 volatile 属性声明的局部变量和函数参数被恢复。

参数：env 为 jmp_buf 型结构体变量，retval 为整型数据。

返回：无。

7. 字符串操作<string. h>

(1) strcat

原型：char * strcat(char * s1,char * s2)；

功能：连接或添加 s2 到 s1，并用 NULL 字符终止 s1。

参数：s1 为目标字符串，s2 为源字符串。

返回：s1。

(2) strncat

原型：char * strncat(char * s1,char * s2,int len)；

功能：从 s2 添加最多 len 个字符到 s1，并用 NULL 结束。如果 s2 的长度小于 len，s2 连带 NULL 全部复制。

参数：s1 为目标字符串，s2 为源字符串，len 为连接的最多字符数。

返回：strncat 函数返回 s1。

(3) strcmp

原型：char strcmp(char * s1, char * s2)；

功能：比较字符串 s1 和 s2 的内容，并返回一个值表示它们的关系。

参数：s1 为字符串 1，s2 为字符串 2。

返回：若 s1<s2，返回负数；若 s1=s2，返回 0；若 s1>s2，返回正数。

(4) strncmp

原型：char * strncmp(char * s1,char * s2,int len)；

功能：比较 s1 的前 len 字节和 s2，返回一个值表示它们的关系。

参数：s1、s2 为字符串，len 为比较的长度。

返回：若 s1<s2，返回负数；若 s1=s2，返回 0；若 s1>s2，返回正数。

(5) strcpy

原型：char * strcpy(char * s1,char * s2);

功能：复制字符串 s2 到字符串 s1，并用 NULL 字符结束 s1。

参数：s1 为目标字符串，s2 为源字符串。

返回：字符串 s1。

(6) strncpy

原型：char * strncpy(char * dest,char * s2,int len);

功能：从字符串 s2 复制最多 len 个字符到字符串 s1。

参数：s1 为目标字符串，s2 为源字符串。

返回：字符串 s1。

(7) strlen

原型：int strlen(char * s);

功能：计算字符串 s 的字节数，不包括 NULL 结束符。

参数：s 为要测试长度的字串。

返回：字符串 s 的长度。

(8) strchr

原型：char * strchr(const char * s,char c);

功能：搜索字符串 s 中第一个出现的 c。s 中的 NULL 字符表示终止搜索。

参数：s 为被搜索的字符串，c 为要查找的字符。

返回：字符串 s 中指向 c 的指针。如没有发现，则返回一个 NULL 指针。

(9) strops

原型：int strpos(const char * s,char c);

功能：查找字符串 s 中第一次出现的 c，包括 s 的 NULL 结束符。

参数：s 为被搜索的字符串，c 为要查找的字符。

返回：s 中和 c 匹配的字符的索引。如无匹配，则返回-1。s 中第一个字符的索引是 0。

(10) strrchr

原型：char * strrchr(const char * s,char c);

功能：查找字符串 s 中最后一次出现的 c，包括 s 的 NULL 结束符。

参数：s 为被搜索的字符串，c 为要查找的字符。

返回：s 中和 c 匹配的字符的指针，如无匹配，则返回一个 NULL 指针。

(11) strrpos

原型：int strrpos(const char * s,char c);

功能：strrpos 函数查找字符串 s 中最后一次出现的 c，包括 s 的 NULL 结束符。

参数：s 为被搜索的字符串，c 为要查找的字符。

返回：s 中和 c 匹配的最后字符的索引。如无匹配，则返回-1，s 中第一个字符的索引是 0。

(12) strcspn

原型：int strcspn(char * s,char * set);

功能：在字符串 s 中查找字符串 set 中的任何字符。

参数：s 为源字串，set 为查找的字串。

返回：s 中和 set 匹配的第一个字符的索引。如果 s 的第一个字符和 set 中的一个字符匹配，返回 0；如果 s 中没有字符匹配，则返回字符串的长度。

(13) strpbrk

原型：char * strpbrk(char * s,char * set);

功能：查找字符串 s 中第一个出现的 set 中的任何字符，不包括 NULL 结束符。

参数：s 为源字串，set 为查找的字串。

返回：s 匹配的字符的指针。如果 s 没有字符和 set 匹配，返回一个 NULL 指针。

(14) strrpbrk

原型：char * strrpbrk(char * s,char * set);

功能：查找字符串 s 中最后一个出现的 set 中的任何字符，不包括 NULL 结束符。

参数：s 为源字串，set 为查找的字串。

返回：s 最后匹配的字符的指针。如果 s 没有字符和 set 匹配，返回一个 NULL 指针。

(15) strspn

原型：int strspn(char * s,char * set);

功能：查找字符串 s 中 set 没有的字符。

参数：s 为源字串，set 为查找的字串。

返回：s 第一个和 set 不匹配的字符的索引。如果 s 中的第一个字符和 set 中的字符不匹配，返回 0；如果 s 中的所有字符 set 中都有，则返回 string 的长度。

(16) strstr

原型：char * strstr(const char * s,char * sub);

功能：在字符串 s 中搜索子串 sub。

参数：s 为源字串，sub 为搜索子串。

返回：子字符串 sub 在字符串 s 中第一次出现的位置的指针。指针指向第一次出现的开头。如果 s 中不存在 sub，则返回一个 NULL 指针。

(17) memcmp

原型：char memcmp(void * buf1,void * buf2,int len);

功能：比较两个缓冲区 buf1 和 buf2 长度为 len 的字节，并返回一个值。

参数：buf1 为缓冲区 1，buf2 为缓冲区 2。

返回：若返回 0，则 buf1=buf2；若返回负数，则 buf1<buf2；若返回正数，则 buf1>buf2。

(18) memcpy

原型：void * memcpy(void * s1,void * s2,int len);

功能：从字符串 s2 复制 len 字节到字符串 s1。如果存储缓冲区重叠，memcpy 函数不能保证 s2 中的那个字节在被覆盖前复制到 s1。如果缓冲区重叠用 memmove 函数。

参数：s1 为目标缓冲区，s2 为源缓冲区，len 为复制的字节数。

返回：s1。

(19) memchr

原型：void * memchr(void * buf,char c,int len);

功能：在 buf 的前 len 个字节中查找字符 c。

参数：buf 为目标缓冲区，c 为字符型数据，len 为整型数据。

返回：字符 c 在 buf 中的指针。如没有，则返回一个 NULL 指针。

(20) memccpy

原型：void * memccpy(void * dest,void * src,char c,int len);

功能：从 src 所指向的对象复制 n 个字符到 dest 所指向的对象中。如果复制过程中遇到了字符 c，则停止复制。

参数：dest 为目标字符串，src 为源字符串，c 为字符型数据，len 为整型数据。

返回：返回一个指针，指向 dest 最后一个复制的字符的后一个字节。如果最后一个字符是 c，则返回一个 NULL 指针。

(21) memmove

原型：void * memmove(void * dest,void * src,int len);

功能：从 src 复制 len 字节到 dest。如果存储缓冲区重叠，memmove 函数保证 src 中的那个字节在被覆盖前复制到 dest。

参数：dest 为目标缓冲区，src 为源缓冲区，len 为移动的字节数。

返回：dest。

(22) memset

原型：void * memset(void * buf,char c,int len);

功能：设置 buf 的前 len 字节为 c。

参数：buf 为要初始化的缓冲区，c 为要设值的值，len 为缓冲区长度。

返回：dest。

8. 可变参数<stdarg. h>

(1) va_arg

原型：type va_arg(argptr,type);

功能：返回参数列表中指针 arg_ptr 所指的参数，返回类型为 type，并使指针 arg_ptr 指向参数列表中的下一个参数。本宏对每个参数只能调用一次，且必须根据参数列表中的参数顺序调用。第一次调用 va_arg 返回 va_start 宏中指定的 prevparm 参数后的第一个参数。后来对 va_arg 的调用依次返回余下的参数。

参数：argptr 为参数列表指针，type 为数据类型。

返回：指定参数类型的值。

(2) va_end

原型：void va_end(argptr);

功能：终止可变长度参数列表指针 argptr 的使用，argptr 用 va_start 宏初始化。

参数：argptr 为参数列表中指针。

返回：无。

(3) va_start

原型：void va_start(argptr,prevparm);

功能：va_start 宏用在一个可变长度参数列表的函数中时，用 va_arg 和 va_end 宏初始化 argptr。prevparm 参数必须是用省略号(...)指定的可选参数前紧挨的函数参数。此函数必须在用 va_arg 宏访问前初始化可变长度参数列表指针。

参数：argptr 为参数列表指针，prevparm 为可变长度参数列表前紧挨着的一个变量，即“...”之前的那个参数。

返回：无。

9. #include <reg51.h>

#include<reg51.h>是 C51 的头文件，类似于头文件 AT89X51.h。这两个头文件基本一样，只是在使用时对位的定义不一样。AT89X51.h 文件中对 P1.1 的操作写成 P1_1；reg51.h 文件中对 P1.1 的操作则写成 P1^1。两者表示方法不一样而已。另外，前者是特指 ATMEL 公司的 MCS-51 系列单片机，后者指所有 MCS-51 系列单片机。

在用 C 语言编程时，往往第一行就是 reg51.h 或者其他的自定义头文件，reg51.h 头文件的内容和正确理解如下：

(1) 文件包含处理

程序的第一行是一个文件包含处理。所谓文件包含是指一个文件将另外一个文件的内容全部包含进来。程序中包含 reg51.h 文件的目的是为了使用 P1（还有其他更多的符号）这个符号，即通知 C 编译器，程序中所写的 P1 是指 80C51 单片机的 P1 口而不是其他变量。这是如何做到的呢?

打开 reg51.h 可以看到以下内容：

(此文件一般在 C:\KEIL\C51\INC 下，INC 文件夹根目录里有不少头文件，并且里面还有很多以公司分类的文件夹，也都是相关产品的头文件。如果要使用自己写的头文件，使用时只需把对应头文件复制到 INC 文件夹即可)

```
/*--------------------------------------------------------
    REG51.H
    Header file for generic 80C51 and 80C31 microcontroller.Copyright
  (c)1988-2002 Keil Elektronik GmbH and Keil Software,Inc.All rights re-
  served.
----------------------------------------------------------*/
    #ifndef __REG51_H__
    #define __REG51_H__
    /* BYTE Register */
    sfr P0=0x80;
    sfr P1=0x90;
    sfr P2=0xA0;
    sfr P3=0xB0;
    sfr PSW=0xD0;
    sfr ACC=0xE0;
    sfr B=0xF0;
    sfr SP=0x81;
    sfr DPL=0x82;
    sfr DPH=0x83;
    sfr PCON=0x87;
    sfr TCON=0x88;
    sfr TMOD=0x89;
    sfr TL0=0x8A;
```

```
sfr TL1=0x8B;
sfr TH0=0x8C;
sfr TH1=0x8D;
sfr IE=0xA8;
sfr IP=0xB8;
sfr SCON=0x98;
sfr SBUF=0x99;
/* BIT Register */
/* PSW */
sbit CY=0xD7;
sbit AC=0xD6;
sbit F0=0xD5;
sbit RS1=0xD4;
sbit RS0=0xD3;
sbit OV=0xD2;
sbit P=0xD0;
/* TCON */
sbit TF1=0x8F;
sbit TR1=0x8E;
sbit TF0=0x8D;
sbit TR0=0x8C;
sbit IE1=0x8B;
sbit IT1=0x8A;
sbit IE0=0x89;
sbit IT0=0x88;
/* IE */
sbit EA=0xAF;
sbit ES=0xAC;
sbit ET1=0xAB;
sbit EX1=0xAA;
sbit ET0=0xA9;
sbit EX0=0xA8;
/* IP */
sbit PS=0xBC;
sbit PT1=0xBB;
sbit PX1=0xBA;
sbit PT0=0xB9;
sbit PX0=0xB8;
/* P3 */
```

```
sbit RD=0xB7;
sbit WR=0xB6;
sbit T1=0xB5;
sbit T0=0xB4;
sbit INT1=0xB3;
sbit INT0=0xB2;
sbit TXD=0xB1;
sbit RXD=0xB0;
/* SCON */
sbit SM0=0x9F;
sbit SM1=0x9E;
sbit SM2=0x9D;
sbit REN=0x9C;
sbit TB8=0x9B;
sbit RB8=0x9A;
sbit TI=0x99;
sbit RI=0x98;
#endif
```

根据80C51内部结构可以看出，以上程序都是一些符号的定义，即规定符号名与地址的对应关系。其中sfr P1=0x90；定义P1与地址0x90对应，P1口的地址就是0x90(0x90是C语言中十六进制数的写法，相当于汇编语言中的90H)。从这里还可以看到一个频繁出现的词：sfr。

sfr并非标准C语言的关键字，而是Keil为能直接访问80C51中的SFR而提供的一个新的关键词，其用法是：sfrt变量名=地址值。

(2) 用符号P1_0表示P1.0引脚

在C语言里，如果直接写P1.0，C编译器并不能识别，而且P1.0也不是一个合法的C语言变量名，所以得给它另起一个名字，这里起名为P1_0。要把P1_0作为P1.0来使用，先得给它们建立联系，否则C编译器会认为是未定义的引脚。联系的建立可以使用Keil C的关键字sbit来定义，sbit的用法有3种：

sbit位变量名=地址值。

sbit位变量名=SFR名称^变量位地址值。

sbit位变量名=SFR地址值^变量位地址值。

如定义PSW中的OV可以使用以下三种方法：

1) sbit OV=0xD2；//0xD2是OV的位地址值。

2) sbit OV=PSW^2；//其中PSW必须先用sfr定义：sfr PSW=0xD0。

3) sbit OV=0xD0^2；//0xD0就是PSW的地址值。

因此，用符号P1_0表示P1.0引脚定义为

```
sfr P1_0=P1^0;
```


当然，也可以起类似P10的名字，只要后续程序对应名字进行更改即可。

附录 C　Keil C 调试常见错误信息

1. Warning 280:'i': unreferenced local variable

说明：局部变量 i 在函数中未进行任何的存取操作。

解决方法：消除函数中 i 变量的声明。

2. Warning 206:'Music3': missing function-prototype

说明：Music3()函数未声明或未外部声明，所以无法被其他函数调用。

解决方法：将叙述 void Music3(void)写在程序的最前端以进行声明，如果是其他文件的函数，则要写成 extern void Music3(void)，即外部声明

3. Compling: C:\8051\MANN. C

```
Error:318:can't open file 'beep.h'
```

说明：在编译 C:\8051\MANN. C 程序过程中，由于 main. c 使用了指令#i nclude "beep. h"，但却找不到该文档。

解决方法：编写一个 beep. h 的包含档，并存入 C:\8051 的工作目录中。

4. Compling: C:\8051\LED. C

```
Error 237:'LedOn':function already has a body
```

说明：LedOn()函数名称重复定义，即有两个以上一样的函数名称。

解决方法：修正其中的一个函数名称，使得函数名称都是独立的。

5. ***WARNING 16: UNCALLED SEGMENT, IGNORED FOR OVERLAY PROCESS

```
SEGMENT:?PR?_DELAYX1MS? DELAY
```

说明：DelayX1ms()函数未被其他函数调用也会占用程序记忆体空间。

解决方法：去掉 DelayX1ms()函数或利用条件编译#if …..#endif，可保留该函数并不编译。

6. ***WARNING 6: XDATA SPACE MEMORY OVERLAP

```
FROM:0025H
TO:0025H
```

说明：外部资料 ROM 的 0025H 重复定义地址。

解决方法：将外部资料 ROM 的定义为

```
Pdata unsigned char XFR_ADC _at_0x25
```

其中，XFR_ADC 变量的名称为 0x25，检查是否有其他变量名称也定义为 0x25 处并修正它。

7. WARNING 206:'DelayX1ms': missing function-prototype

```
C:\8051\INPUT.C
Error 267:'DelayX1ms ':requires ANSI-style prototype C:\8051\INPUT.C
```

说明：程序中有调用 DelayX1ms 函数，但该函数没定义，即未编写程序内容或函数已定

义但未声明。

解决方法：编写 DelayX1ms 的内容，编写完后也要声明或外部声明，可在 delay.h 的包含档外部声明，以便其他函数调用。

8. ***WARNING 1：UNRESOLVED EXTERNAL SYMBOL

```
SYMBOL:MUSIC3
MODULE:C:\8051\MUSIC.OBJ(MUSIC)
*** WARNING 2:REFERENCE MADE TO UNRESOLVED EXTERNAL
SYMBOL:MUSIC3
MODULE:C:\8051\MUSIC.OBJ(MUSIC)
ADDRESS:0018H
```

说明：程序中有调用 MUSIC 函数，但未将该函数的含扩档 C 加入到工程档 Prj 做编译和连接。

解决方法：设 MUSIC3 函数在 MUSIC C 里，将 MUSIC C 添加到工程文件中去。

9. ***ERROR 107：ADDESS SPACE OVERFLOW

```
SPACE:DATA
SEGMENT:_DATA_GOUP_
LENGTH:0018H
*** ERROR 118:REFERENCE MADE TO ERRONEOUS EXTERNAL
SYMBOL:VOLUME
MODULE:C:\8051\OSDM.OBJ(OSDM)
ADDRESS:4036H
```

说明：data 存储空间的地址范围为 0～0x7f，当公用变量数目和函数里的局部变量，如存储模式设为 SMALL，则局部变量先使用工作寄存器 R2～R7 作暂存，当存储器不够用时，则会以 data 型别的空间作暂存，当个数超过 0x7f 时，就会出现地址不够的现象。

解决方法：将以 data 型别定义的公共变量修改为 idata 型别的定义说明。

10. ***WARNING L15：MULTIPLE CALL TO SEGMENT

```
SEGMENT:?PR?_WRITE_GMVLX1_REG?D_GMVLX1
CALLER1:?PR?VSYNC_INTERRUPT?MAIN
CALLER2:?C_C51STARTUP
*** WARNING L15:MULTIPLE CALL TO SEGMENT
SEGMENT:?PR?_SPI_SEND_WORD?D_SPI
CALLER1:?PR?VSYNC_INTERRUPT?MAIN
CALLER2:?C_C51STARTUP
*** WARNING L15:MULTIPLE CALL TO SEGMENT
SEGMENT:?PR?SPI_RECEIVE_WORD?D_SPI
CALLER1:?PR?VSYNC_INTERRUPT?MAIN
CALLER2:?C_C51STARTUP
```

说明：该警告表示连接器发现有一个函数可能会被主函数和一个中断服务程序(或者调用中断服务程序的函数)同时调用，或者同时被多个中断服务程序调用。出现这种问题的原因如下：

1) 这个函数是不可重入性函数，当该函数运行时它可能会被一个中断打断，从而使得结果发生变化，并可能会引起一些变量形式的冲突，即引起函数内一些数据的丢失。可重入性函数在任何时候都可以被中断服务程序打断，一段时间后又可以运行，相应数据不会丢失。

2) 用于局部变量和变量(即 arguments，自变量，变元一数值，用于确定程序或子程序的值)的内存区被其他函数的内存区所覆盖，如果该函数被中断，则它的内存区就会被使用，这将导致与其他函数的内存冲突。

例如，第一个警告中函数 WRITE_GMVLX1_REG 在 D_GMVLX1. C 或 D_GMVLX1. A51 中被定义，它被一个中断服务程序或者一个调用了中断服务程序的函数所调用，调用它的函数是 MAIN. C 中的 VSYNC_INTERRUPT。

解决方法是如果能够确定两个函数绝不会在同一时间执行(该函数被主程序调用并且中断被禁止)，并且该函数不占用内存(假设只使用寄存器)，则这种警告可以完全忽略。

解决方法：

1) 如果该函数占用了内存，则应该使用连接器(linker) OVERLAY 指令将函数从覆盖分析(overlay analysis)中除去，如 OVERLAY(?PR?_WRITE_GMVLX1_REG?D_GMVLX1 !*)指令可防止该函数使用的内存区被其他函数覆盖。

2) 如果该函数中调用了其他函数，而这些被调用函数在程序中其他地方也被调用，则可能需要将这些函数也排除在覆盖分析之外。这种 OVERLAY 指令能使编译器除去上述警告信息。如果函数可以在其执行时被调用，则情况会变得更复杂。这时可以采用以下几种方法：

1) 主程序调用该函数时禁止中断，可以在该函数被调用时使用#pragma disable 语句来实现禁止中断的目的。必须使用 OVERLAY 指令将该函数从覆盖分析中除去。

2) 复制两份该函数的代码，一份到主程序，另一份到中断服务程序。

3) 将该函数设为重入型。如

```
void myfunc(void)reentrant {
...
}
```

这种设置将会产生一个可重入堆栈，该堆栈被用于存储函数值和局部变量。使用这种方法时重入堆栈必须在 STARTUP. A51 文件中配置。这种方法将消耗更多的 RAM 并会降低重入函数的执行速度。

11. ***WARNING L16：UNCALLED SEGMENT，IGNORED FOR OVERLAY PROCESS

```
SEGMENT:?PR?_COMPARE?TESTLCD
```

说明：程序中有些函数(或片段)以前(调试过程中)从未被调用过，或者根本没有调用它的语句。这条警告信息前应该还有一条信息指示出是哪个函数导致了这一问题。

解决方法：去掉 COMPARE()函数或利用条件编译语句#if …..#endif，可保留该函数并不编译。

附录 D　编译常见错误信息中英文对照

1. Ambiguous operators need parentheses：不明确的运算，需要括号括起。
2. Ambiguous symbol 'xxx'：不明确的符号。
3. Argument list syntax error：参数表语法错误。
4. Array bounds missing：丢失数组界限符。
5. Array size too large：数组尺寸太大。
6. Bad character in paramenters：参数中有不适当的字符。
7. Bad file name format in include directive：包含命令中文件名格式不正确。
8. Bad ifdef directive syntax：编译预处理 ifdef 有语法错误。
9. Bad undef directive syntax：编译预处理 undef 有语法错误。
10. Bit field too large：位字段太长。
11. Call of non-function：调用未定义的函数。
12. Call to function with no prototype：调用的函数，需要先声明和定义。
13. Cannot modify a const object：不允许修改常量。
14. Case outside of switch：Case 语句不在 switch 分支之内。
15. Case syntax error：Case 语法错误。
16. Code has no effect：代码不可述，不可能执行到。
17. Compound statement missing{：分程序漏掉"{"。
18. Conflicting type modifiers：不明确的类型说明符。
19. Constant expression required：要求常量表达式。
20. Constant out of range in comparison：在比较中常量超出范围。
21. Conversion may lose significant digits：转换时会丢失意义的数字。
22. Conversion of near pointer not allowed：近指针转换不允许。
23. Could not find file 'xxx'：找不到"xxx"文件。
24. Declaration missing ';'：声明缺少";"。
25. Declaration syntax error：声明中出现语法错误。
26. Default outside of switch：Default 出现在 switch 语句之外。
27. Define directive needs an identifier：指示性指令定义需要标识符。
28. Division by zero：除数不能是 0。
29. Do statement must have while Do-while：语句中缺少 while 部分。
30. Enum syntax error：枚举类型语法错误。
31. Enumeration constant syntax error：枚举常数语法错误。
32. Error directive 'xxx'：错误的指示性命令。
33. Error writing output file：写输出文件错误。
34. Expression syntax error：表达式语法错误。
35. Extra parameter in call：调用时出现多余参数。
36. File name too long：文件名太长。
37. Function call missing)：函数调用缺少右括号。

38. Fuction definition out of place：函数定义位置错误。
39. Fuction should return a value：函数必须返回一个值。
40. Goto statement missing label：Goto 语句没有标号。
41. Hexadecimal or octal constant too large：十六进制或八进制常数太大。
42. Illegal character '×'：非法字符“×”。
43. Illegal initialization：非法的初始化。
44. Illegal octal digit：非法的八进制数字。
45. Illegal pointer subtraction：非法的指针相减。
46. Illegal structure operation：非法的结构体操作。
47. Illegal use of floating point：非法的浮点运算。
48. Illegal use of pointer：指针使用非法。
49. Improper use of a typedef symbol：类型定义符号使用不恰当。
50. In-line assembly not allowed：不允许使用行间汇编。
51. Incompatible storage class：存储类别不相容。
52. Incompatible type conversion：不相容的类型转换。
53. Incorrect number format：错误的数据格式。
54. Incorrect use of default：Default 使用不当。
55. Invalid indirection：无效的间接运算。
56. Invalid pointer addition：指针相加无效。
57. Irreducible expression tree：无法执行的表达式运算。
58. L value required：缺少逻辑值。
59. Macro argument syntax error：宏参数语法错误。
60. Macro expansion too long：宏扩展太长。
61. Mismatched number of parameters in definition：定义中参数个数不匹配。
62. Misplaced break：此处不应出现 break 语句。
63. Misplaced continue：此处不应出现 continue 语句。
64. Misplaced decimal point：此处不应出现小数点。
65. Misplaced elif directive：此处不应出现预处理 elif。
66. Misplaced else：此处不应出现 else。
67. Misplaced else directive：此处不应出现编译预处理 else。
68. Misplaced endif directive：此处不应出现编译预处理 endif。
69. Must be addressable：必须是可编址的。
70. Must take address of memory location：必须存储定位的地址。
71. No declaration for function '×××'：没有函数“×××”的说明。
72. No stack：缺少堆栈。
73. No type information：没有类型信息。
74. Non-portable pointer assignment：不可移动的指针(地址常数)赋值。
75. Non-portable pointer comparison：不可移动的指针(地址常数)比较。
76. Non-portable pointer conversion：不可移动的指针(地址常数)转换。
77. Not a valid expression format type：不合法的表达式格式。

78. Not an allowed type：不允许使用的类型。

79. Numeric constant too large：数值常量太大。

80. Out of memory：内存不够用。

81. Parameter 'xxx'is never used：参数“xxx”没有用到。

82. Pointer required on left side of ->：符号“->”的左边必须是指针。

83. Possible use of 'xxx'before definition：在定义之前就使用了“xxx”(警告)。

84. Possibly incorrect assignment：赋值可能不正确。

85. Redeclaration of 'xxx'重复定义了“xxx”。

86. Redefinition of 'xxx'is not identical：“xxx”两次定义不一致。

87. Register allocation failure：寄存器定址失败。

88. Repeat count needs an lvalue：重复计数需要逻辑值。

89. Size of structure or array not known：结构体或数组大小不确定。

90. Statement missing ';'：语句后缺少“;”。

91. Structure or union syntax error：结构体或共用体语法错误。

92. Structure size too large：结构体容量(字节数)太大。

93. Sub scripting missing ']'：下标缺少右方括号。

94. Superfluous & with function or array：函数或数组中有多余的“&”。

95. Suspicious pointer conversion：可疑的指针转换。

96. Symbol limit exceeded：符号超限。

97. Too few parameters in call：函数调用参数不够。

98. Too many default cases：Default 太多(switch 语句中一个)。

99. Too many error or warning messages：错误或警告信息太多。

100. Too many type in declaration：声明中类型太多。

101. Too much auto memory in function：函数用到的局部存储太多。

102. Too much global data defined in file：文件中全局数据太多。

103. Two consecutive dots：两个连续的句点。

104. Type mismatch in parameter 'xxx'：参数“xxx”类型不匹配。

105. Type mismatch in redeclaration of 'xxx'：“xxx”重定义的类型不匹配。

106. Unable to create output file 'xxx'：无法建立输出文件“xxx”。

107. Unable to open include file 'xxx'：无法打开被包含的文件“xxx”。

108. Unable to open input file 'xxx'：无法打开输入文件“xxx”。

109. Undefined label 'xxx'：没有定义的标号“xxx”。

110. Undefined structure 'xxx'：没有定义的结构“xxx”。

111. Undefined symbol 'xxx'：没有定义的符号“xxx”。

112. Unexpected end of file in comment started on line xxx：在第xxx行开始的注释中出现意外的文件结束。

113. Unexpected end of file in conditional started on line xxx：在第xxx行开始的条件中出现意外的文件结束。

114. Unknown assemble instruction：未知的汇编指令。

115. Unknown option：未知的操作。

116. Unknown preprocessor directive: 'xxx': 未知的预处理命令"xxx"。
117. Unreachable code: 执行不到的代码。
118. Unterminated string or character constant: 字符串或字符缺少引号。
119. User break: 用户强行中断了程序。
120. Void functions may not return a value: Void 类型的函数不应有返回值。
121. Wrong number of arguments: 参数数目个数错误。
122. 'xxx'not an argument: "xxx"不是参数。
123. 'xxx'not part of structure: "xxx"不是结构体的一部分。
124. xxx statement missing(: xxx语句缺少左括号。
125. xxx statement missing): xxx 语句缺少右括号。
126. xxx statement missing';': xxx缺少分号。
127. 'xxx'declared but never used: 声明了xxx，但整个程序没有用到。
128. 'xxx'is assigned a value which is never used: 给xxx赋了值，但未用过。
129. Zero length structure: 结构体的长度为 0。

参 考 文 献

[1] 陈忠平. 基于Proteus的51系列单片机设计与仿真[M]. 4版. 北京：电子工业出版社，2020.
[2] 林立，张俊亮. 单片机原理及应用：基于Proteus和Keil C[M]. 4版. 北京：电子工业出版社，2018.
[3] 孟洪兵，白铁成. 单片机程序架构[M]. 北京：北京邮电大学出版社，2019.
[4] 王贤辰，葛和平，李丹. 单片机应用技术[M]. 2版. 北京：机械工业出版社，2021.
[5] 张志良. 单片机应用项目式教程：基于Keil和Proteus[M]. 北京：机械工业出版社，2019.
[6] 郭文川. MCS-51单片机原理、接口及应用[M]. 2版. 北京：电子工业出版社，2021.
[7] 张青春，纪剑祥. 传感器与自动检测技术[M]. 北京：机械工业出版社，2018.
[8] 张青春，李洪海. 传感器与检测技术实践训练教程[M]. 北京：机械工业出版社，2019.
[9] 张青春. 基于LabVIEW和USB接口数据采集器的设计[J]. 仪表技术与传感器，2012(12)：32-34.
[10] 白秋产. 基于物联网的农田智能灌溉系统[J]. 江苏农业科学，2017，45(22)：247-251.
[11] 付丽辉，杨玉东，徐大华，等. 单片机原理及应用技术实训教程[M]. 南京：南京大学出版社，2017.
[12] 戴峻峰，付丽辉. 单片机原理及应用技术实训教程：Proteus仿真[M]. 西安：西安电子科技大学出版社，2017.
[13] 付丽辉，尹文庆. 基于新型神经网络PID控制器的温室温度控制技术[J]. 计算机测量与控制，2012(20)：2423-2425.
[14] 付丽辉，尹文庆. 基于嵌入式系统的洪泽湖水产养殖污染环境的远程数据采集与监测[J]. 安徽农业科学，2012，40(13)：7884-7886.
[15] 侯杰林. 化工企业废水质量远程监测系统[D]. 淮安：淮阴工学院，2017.
[16] 陈沛谦. 基于GPRS/GSM高压开关柜远程监测系统前端设计[D]. 淮安：淮阴工学院，2019.
[17] 杨涛. 水产养殖环境参数监测系统的终端设计[D]. 淮安：淮阴工学院，2021.
[18] 陈震. 家用火灾及入侵检测报警系统设计[D]. 淮安：淮阴工学院，2021.
[19] 夏侯彬. 仓储库房环境监控系统的软件设计[D]. 淮安：淮阴工学院，2020.
[20] 沈良斌. 基于GPRS的土壤参数在线采集系统[D]. 淮安：淮阴工学院，2019.